87
7

H. J. Goldstein
Siegen
Wickersbacher. Weg 80

Jagdflugzeuge der deutschen Luftwaffe
1935–1945

Herbert Ringlstetter

Jagdflugzeuge der deutschen Luftwaffe 1935–1945

GeraMond

Impressum

Redaktion: Herbert Ringlstetter, Markus Wunderlich

Layout: Axel Ladleif

Repro: Cromika s.a.s, Verona

Umschlag: jarzina kommunikationsdesign, Holzkirchen, unter Verwendung von Zeichnungen von Herbert Ringlstetter

Herstellung: Anna Katavic

Printed in Germany by Stürtz GmbH

Alle Angaben dieses Werks wurden vom Autor sorgfältig recherchiert und auf den aktuellen Stand gebracht sowie vom Verlag geprüft. Für die Richtigkeit der Angaben kann jedoch keine Haftung übernommen werden.

Für Hinweise und Anregungen sind wir jederzeit dankbar. Bitte richten Sie diese an:

GeraMond Verlag – Lektorat
Postfach 40 02 09 · D-80702 München
E-Mail: lektorat@verlagshaus.de

Die Deutsche Nationalbibliothek verzeichnet diese Publikation in der deutschen Nationalbibliographie; detaillierte bibliographische Angaben sind über http://dnb.d-nb.de im Internet abrufbar.

Sonderausgabe mit freundlicher Genehmigung von FLUGZEUG CLASSIC

ISBN 978-3-86245-319-8

Inhalt

Während die Messerschmitt Me109G-10 den Höhepunkt in der Entwicklung kolbengetriebener Jagdflugzeuge darstellte, läutete die Messerschmitt Me262 »Schwalbe« die Ära der Strahlflugzeuge in der Luftfahrt ein. Beide Maschinen gehören zur Messerschmitt Stiftung und wurden von Walther Eichhorn (Me109) und Wolfgang Schirdewahn (Me262) anlässlich der ILA 2008 in Berlin geflogen. Foto: Robert Kysela

Jagd-Doppeldecker der ersten Stunde

Heinkel He 51

Unweigerlich verbunden mit den Anfangsjahren der neuen Deutschen Luftwaffe ist Heinkels Jagdeinsitzer He 51, der gleichzeitig auch für das Ende einer langen Ära von Jagd-Doppeldeckern steht

Fotos, falls nicht anders angegeben: Sammlung Ringlstetter

Dicht nebeneinander startet eine Kette He 51 A-0

Erstmals im Sommer 1933 geflogen, war die Heinkel He 51 praktisch eine weiterentwickelte He 49, die ebenfalls als Jagdflugzeug konzipiert war und sich kaum von der He 51 unterschied. Die in herkömmlicher Gemischtbauweise hergestellte He 51 war zu jener Zeit zwar ein brauchbares, robustes Jagdflugzeug, bei dem man sich einige Mühe hinsichtlich der Aerodynamik gegeben hatte, doch war die Doppeldecker-Konstruktion an sich veraltet und es war klar ersichtlich, dass es sich bei dem Typ nur um eine Übergangslösung handeln konnte.

»Zivile« He 51-Jäger

Im Juli 1934 wurden die ersten He 51 aus der A-0-Serie an die noch geheime, da per Versailler Vertrag untersagte, Luftwaffe geliefert. Die Maschinen flogen hier zunächst in einer zivil getarnten Einheit, die offiziell als »Reklamestaffel Mitteldeutschland« bezeichnet wurde. Nach eingehender Erprobung, besonders hinsichtlich der Bewaffnung, erhielt das Jagdgeschwader Richthofen Nr. 132 ab April 1935 nach und nach die neue Maschine, welche damit die Arado Ar 65, ebenfalls ein Doppeldecker, ablöste.

Die kommenden Jahre sollte die He 51 trotz ihrer veralteten Konstruktion gute Dienste in der deutschen Luftwaffe leisten, deren Bestehen, beziehungsweise Aufstellung, im März 1935 offiziell bekannt

Mechaniker, die »Schwarzen Männer«, machen zwei He 51 A-1 des JG 132 startklar

He 51 C-1 der Jagdgruppe 88 in Spanien. Besonders gegen die sowjetischen Eindecker Polikarpow I-16 der Republikaner standen die veralteten Heinkel-Jäger auf verlorenem Posten

Startbereit zu einem Übungsflug: Mit sicherlich imposanter Geräuschkulisse laufen die 47-Liter-BMW-Motoren an

gegeben wurde. Erst jetzt konnten die Maschinen der Luftwaffe, die bis zu diesem Zeitpunkt mit zivilen Kennungen flogen, mit militärischen Kennzeichen versehen werden. Die Art der Kennzeichnung unterschied sich bei den Jagdflugzeugen zunächst einmal nicht von der der Kampfflugzeuge, bis man zu einer speziellen Kombination aus Zahlen, Balken und Winkeln bei den Jagdeinheiten wechselte, die ähnlich den ganzen Krieg hindurch beibehalten wurde.

Konstruktionsmerkmale

Wie die komplette Konstruktion der He 51 war auch deren Antrieb keine Neuheit. Der 1925 erstmals vorgestellte BMW VI-Motor wurde vorher schon in zahlreichen anderen Flugzeugen sehr erfolgreich eingesetzt und galt als absolut ausgereift und zuverlässig. Zum Einbau kam die Version BMW VI 7.3 Z. Seine Leistung von 750 PS gab das Triebwerk mit imposanten 47 Litern Hubraum direkt an die Luftschraube weiter. Ebenso imposant dürfte wohl die Geräuschkulisse dieses mächtigen, stehend installierten V-12-Zylinder-Reihenmotors gewesen sein. Gekühlt wurde der Motor über einen Kühler unterhalb des vorderen Rumpfbereichs mittels einer Ethylen-Glykol-Mischung, die eine höhere Temperatur zuließ als Wasser. Der Kraftstoff für den bulligen Motor befand sich in einem 200 Liter fassenden Rumpftank, der benötigte Schmierstoff in einem 30-Liter-Behälter.

Bewaffnet war die He 51 mit zwei synchronisierten Maschinengewehren MG 17, die über dem Motor montiert wa-

Für einen Propagandastreifen dreht die UFA Filmaufnahmen einer »fliegenden« He 51

He 51 A-0 der sogenannten »Reklamestaffel Mitteldeutschland« 1934 auf einem Fotoflug. Bis Mitte September 1935 trugen die Flugzeuge der Luftwaffe auf der rechten Seite des Seitenleitwerks die Farben der Nationalflagge, während die linke Seite das Hakenkreuz in weißem Kreis auf rotem Untergrund zeigte. Danach wurde das Hakenkreuz als Hoheitszeichen beidseitig verwendet

Ein Jagdflieger in seiner He 51 dreht nach dem »Angriff« auf eine He 45 ab

ren und über 500 Schuss Munition verfügten.

Nachdem von der A-1-Serie bis Anfang 1936 75 Maschinen zur Auslieferung kamen, wurde mit der B-Version eine strukturell verbesserte Variante gebaut und ebenfalls an die Luftwaffe überstellt. Wie zuvor schon bei der He 49 wurde auch von der He 51 ein Modell mit zwei Schwimmern als Seejäger gebaut. Der schwimmfähige Typ, von dem 38 gefertigt wurden, war um etwa 15 km/h langsamer und naturbedingt weitaus behäbiger zu fliegen. Die meisten der als He 51 W (auch He 51 D) bezeichneten Wasserflugzeuge waren für den Einsatz von Schiffen mit einem Katapultstarthaken versehen und konnten sechs 10-kg-Bomben unter den Flächen hängend mitführen.

Einsatzzeit

Ein willkommenes Testfeld für die neue Luftwaffe ergab sich während des Spanischen Bürgerkriegs 1936 bis 1939. In der eigens dafür aufgestellten Legion Condor bewährte sich die He 51 als Jagdflugzeug jedoch nicht. Der von den Republikanern geflogene, extrem wendige sowjetische Jagd-Doppeldecker Polikarpow I-15 war schon eine harte Nuss für die He 51-Piloten. Der Ende 1936 folgende Tiefdecker mit Einziehfahrwerk I-16, bald auch unter dem Namen »Rata« (Ratte) bekannt, deklassierte den Heinkel-Jäger dann derart, dass Jagdeinsätze nur noch in sehr begrenztem Umfang geflogen wurden.

Erst mit dem Erscheinen der Messerschmitt Bf 109 konnten die deutschen Jägerpiloten wieder Stärke zeigen. Die He 51 wurden in Spanien daher in erster Linie als Schlachtflugzeuge gegen Erdziele eingesetzt, wofür unter den Flächen Aufhängungen für vier 50-kg-Bomben installiert wurden. Als He 51 C-1

Sauber in Reih und Glied werden He 51 A auf dem Flugfeld abgestellt. Die Feinarbeit übernimmt dabei der Mann am Schleppwagen, auf dem das Spornrad aufliegt

Charles Lindbergh zu Besuch beim JG 132 Richthofen

Technische Daten Heinkel He 51

Heinkel He 51 B-1	
Typ:	einsitziges Jagdflugzeug
Triebwerk:	BMW VI 7.3 Z, stehender V-12-Zylinder-Reihenmotor
Leistung:	750 PS bei 1700 U/min
Länge:	8,40 m
Spannweite:	11,00 m – oben 8,60 m – unten
Höhe:	3,20 m
Flügelfläche:	27,20 m^2
Leergewicht:	1473 kg
Startgewicht max.:	1920 kg
Höchstgeschwindigkeit:	315 km/h in Bodennähe 295 km/h in 4000 m
Marschgeschwindigkeit:	260 km/h
Landegeschwindigkeit:	95 km/h
Steigzeit auf 1000 m: auf 2000 m: auf 4000 m:	1,4 min 3,2 min 8,0 min
Dienstgipfelhöhe:	7700 m
Max. Reichweite ca.:	700 km
Startrollstrecke:	100 m
Landerollstrecke:	150 m
Bewaffnung:	zwei starre 7,92 mm MG 17, vier 50 kg-Bomben (C-1 u. 2)

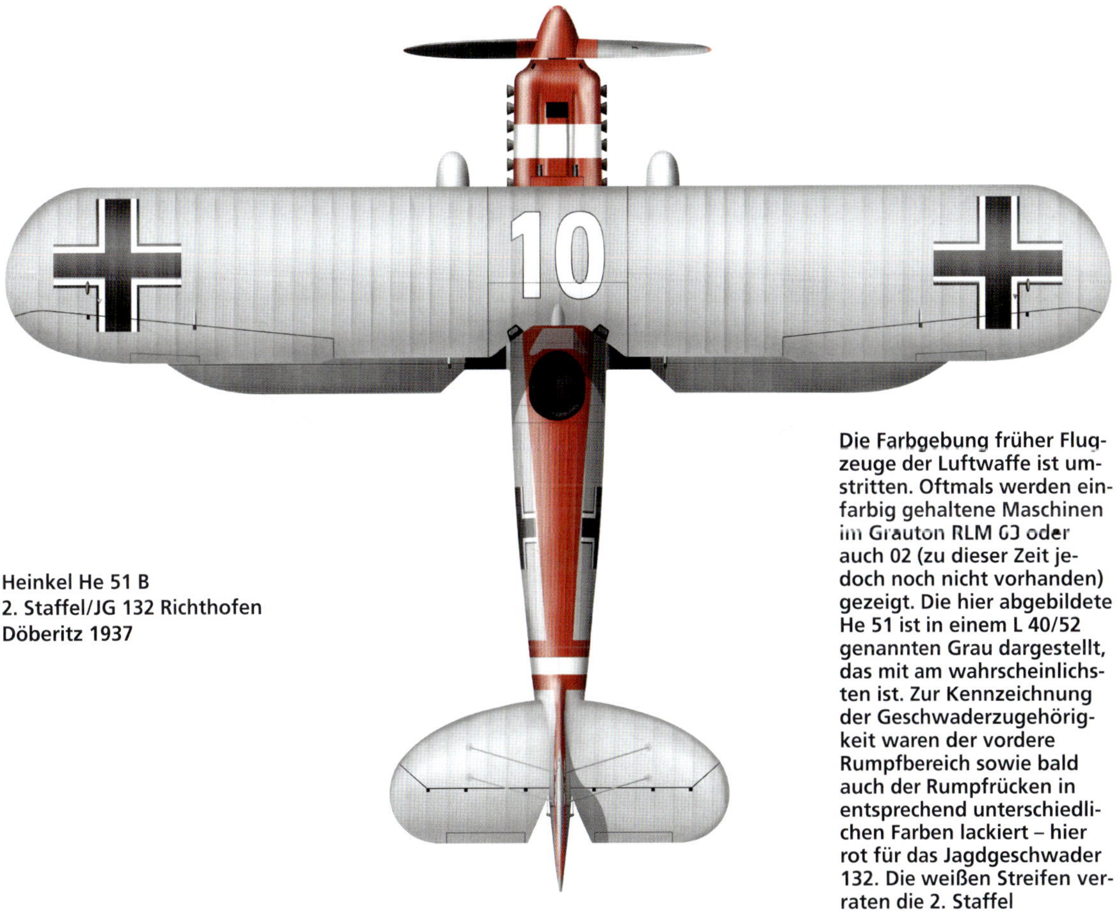

Heinkel He 51 B
2. Staffel/JG 132 Richthofen
Döberitz 1937

Die Farbgebung früher Flugzeuge der Luftwaffe ist umstritten. Oftmals werden einfarbig gehaltene Maschinen im Grauton RLM 63 oder auch 02 (zu dieser Zeit jedoch noch nicht vorhanden) gezeigt. Die hier abgebildete He 51 ist in einem L 40/52 genannten Grau dargestellt, das mit am wahrscheinlichsten ist. Zur Kennzeichnung der Geschwaderzugehörigkeit waren der vordere Rumpfbereich sowie bald auch der Rumpfrücken in entsprechend unterschiedlichen Farben lackiert – hier rot für das Jagdgeschwader 132. Die weißen Streifen verraten die 2. Staffel

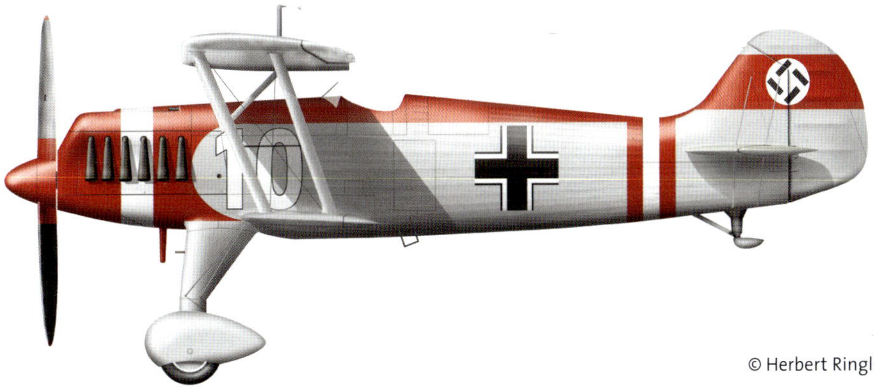

Bruchgelandete He 51 C der Jagdgruppe 88

und C-2 wurden diese Maschinen mit 170-Liter-Zusatztank als Exportversion für Spanien gebaut. Mit einer vergrößerten Spannweite ging man bei Heinkel noch daran, eine Variante für große Höhen zu entwickeln. Wahrscheinlich entstand aber nur ein Versuchsexemplar, die He 51 V5, D-ABAA, W.Nr. 994. Zur Serienproduktion gelangte der Typ nicht. Viele Piloten schworen auf wendige und gut zu fliegende Doppeldecker, wie die He 51 einer war. Als fliegerisch unproblematisch zeigte sich die He 51 jedoch nicht. Besonders das tückische Trudelverhalten erwies sich als gefährlich und führte immer wieder zu Unfällen.

Auch wenn mit der Arado Ar 68 noch einmal ein Doppeldeckertyp zur Ablösung der He 51 in die Jagdeinheiten kam, die Ära der Doppeldecker war endgültig vorbei – der freitragende Tiefdecker mit Einziehfahrwerk war überall auf dem Vormarsch. Mit der Einführung der Messerschmitt Bf 109 B ab dem Frühjahr 1937 war die Zeit der He 51 und Ar 68 abgelaufen und nach und nach wurden die veralteten Doppeldecker an Jagdfliegerschulen abgegeben, wo sie teilweise bis 1943 noch gute Dienste leisteten. Insgesamt sollen etwa 500 He 51 gefertigt worden sein.

Eine He 51 W (D), die Wasserflugzeug-Variante der He 51, mit zwei fest montierten Schwimmern

Eine He 51 während des Kriegs bei einer Jagdfliegerschule. Um ein eventuelles Blockieren der Räder auf schwerem Boden zu vermeiden, wurden die Radverkleidungen abgenommen. Rechts im Hintergrund eine He 46

Heinkel He 51 C, 3. Staffel der Jagdgruppe 88, Legion Condor, Spanien 1937, geflogen von Oberleutnant Adolf Galland, dem späteren General der Jagdflieger. Seitlich am Rumpf ist das Micky Maus-Emblem der 3. Staffel aufgemalt. Farbgebung: RLM 61/62/65

Ar 68 – der letzte Jagddoppeldecker der Luftwaffe

Arado Ar 68

Zahlreiche Jagdflieger schworen Mitte der 1930er-Jahre noch auf wendige Doppeldecker mit offenem Führersitz, wie die Arado Ar 68. Doch der Jäger sollte der letzte Jagddoppeldecker der Luftwaffe werden

Fotos, sofern nicht anders vermerkt: Sammlung Ringlstetter

Ar 68 F in Reih und Glied. Selbst die Luftschrauben sind im selben Winkel ausgerichtet

Der im Jahr 1931 entwickelte Jagd-Doppeldecker Arado Ar 65 kam 1933/34 zu den Einheiten der noch geheimen Deutschen Luftwaffe. Als Nachfolgemodell war zunächst die Ar 67 geplant. Doch obwohl leichter und aerodynamisch verbessert, konnte der Prototyp nicht überzeugen und es blieb bei einem Versuchsmuster.

Die Jägerentwicklung bei Arado wurde 1933/34 von Walter Blume und Walter Rethel mit der Ar 68 fortgesetzt. Wieder wählte man eine zweiflächige, in klassischer Art verstrebte und verspannte Konstruktion. Um

Ar 68 F-1 mit BMW VI 7.3 Z-Motor und zwei darüber angeordneten 7,92-mm-MG 17

Arado Ar 68 F-1 der 6./JG 334 – der Jagddoppeldecker gehörte zur Vorkriegsausrüstung der neuen Luftwaffe

die Manövrierbarkeit zu erhöhen, fielen die unteren Flügel wesentlich kleiner aus als bei den Vorgängern.

Altbewährt und solide gab sich die Gemischtbauweise des schnittigen Anderthalbdeckers. Dabei wurde der Rumpf aus einem Stahlrohrgerüst mit Form gebenden Holzleisten und Stoffbespannung gefertigt. Rumpfvorderteil und -rücken waren mit Blech beplankt. Die hölzernen Tragflächen erhielten im vorderen Bereich eine Sperrholzbeplankung und waren ebenfalls stoffbespannt. Die groß dimensionierten Querruder waren in die obere Fläche integriert, während die unteren Flügel mit langen, bis annähernd zum Rumpf reichenden, metallbeplankten Landeklappen versehen waren. Seiten- und Höhenleitwerk waren als Metallgerippe ausgeführt, wobei die Flossen mit Blech und die Ruder mit Stoff verkleidet waren. Erstmals bei der Ar 67 angewandt, erhielt auch die Ar 68 das von dieser Zeit an für Arado-Flugzeuge so typische, weit vor dem Höhenleitwerk liegende Seitenleitwerk, das dem Flugzeug ein hohes Maß an Trudelsicherheit verlieh. Das starre Fahrwerk war strömungsgünstig verkleidet und mit Stoßdämpfern und Bremsen ausgestattet. Als Starrbewaffnung verfügte die Ar 68 über zwei MG 17, Kaliber 7,92 mm, mit je 500 Schuss Munition. Als Außenlast konnten unter den Flächen sechs 10-kg-Bomben mitgeführt werden.

Erstflug mit BMW VI-Motor

Das erste Versuchsmuster der Ar 68, die Werknummer 99 mit der Kennung D-IKIN, flog 1934 mit einem BMW VI 7.3 Z 12-Zylinderreihenmotor. In die V2 und V3 installierte man dagegen den 1935 verfügbar gewordenen Ladermotor Junkers Jumo 210 A, der gegenüber dem veralteten BMW VI wesentlich kleiner war und eine bessere Höhenleistung bot. Der bei den ersten beiden V-Maschinen noch unbefriedigend, da zuviel Widerstand leistend, eingebaute Kühler wurde bei der V3 neu angeordnet.

Die Ar 68 V4 (D-ITAR) erhielt abermals einen BMW VI, die V5 (D-ITEP), das Musterflugzeug für die E-Serie, dagegen einen Jumo 210 D mit Zweistufenlader, der sich eindeutig als die bessere Wahl herausstellte.

Lieferschwierigkeiten hinsichtlich der Jumo-Aggregate verhinderten jedoch die Ausrüstung der ersten Ar 68-Serie mit dem modernen Motor und so wurde die Ar 68 F-1-Serie mit BMW-Motoren bestückt.

Die Ar 68 bei der Truppe

Ab Sommer 1936 kamen die ersten Ar 68 zur Truppe, als erste Einheit erhielt die I. Gruppe des Jagdgeschwaders 134

Vorgängermodell der Ar 68 und Erstausstattung der noch geheimen deutschen Luftwaffe: Arado Ar 65

Ar 68 F der II./JG 134

Männer des Bodenpersonals, auch »schwarze Männer« genannt, lassen den BMW VI-Motor, einen mächtigen 12-Zylinder mit 47 Litern Hubraum, einer Ar 68 F an

Kriegsspiele: ein Ar 68-Pilot kurvt nach recht weg

»Horst Wessel« den neuen Jäger. Neben der Erstausrüstung neuer Verbände sollte die Ar 68 langsam auch die bis dahin geflogenen Heinkel He 51 ablösen.

Im Vergleich zur He 51, ebenfalls ein Doppeldecker alter Auslegung, zeigte sich die Ar 68 als das wendigere und insgesamt überlegene Flugzeug. Generalluftzeugmeister Ernst Udet demonstrierte während eines Schaukampfes die Qualitäten der Ar 68, indem er die »gegnerische« He 51 mühelos auskurvte. Zudem galt der Arado-Jäger im Gegensatz zur He 51 als trudelsicher und fliegerisch weitaus gutmütiger als die He 51.

Wie viele andere Flugzeugtypen der Luftwaffe wurden auch zwei Ar 68 F der Legion Condor überstellt, um im Einsatz über Spanien erprobt zu werden. Ende 1936 lief die Serienproduktion der mit Jumo 210 ausgestatteten Ar 68 E-1 an.

Eine weitere Variante des Arado-Jägers, die Ar 68 G, war als Höhenjäger geplant. Da es am geeigneten Antrieb fehlte, konnte das Vorhaben nicht verwirklicht werden. Ende 1936 erschien die verbesserte Ar 68 H. Angetrieben von einem 850 PS starken 9-Zylinder-Sternmotor BMW 132 konnte eine achtbare Höchstgeschwin-

Ar 68 E-1 mit Jumo 210-Motor – die Versionen D und E des 20-Liter-Aggregats verfügten über einen zweistufigen Lader und boten eine bessere Höhenleistung als der BMW VI

Arado Ar 68 E-1. Gegenüber dem BMW-Motor konnte der kleinere Jumo 210 erheblich strömungsgünstiger verbaut werden. Zudem hatte der Flugzeugführer eine bessere Sicht nach vorn und blieb von Abgasen weitgehend verschont

Arado Ar 68 H mit 850 PS starkem BMW-132-Sternmotor, vier 7,92-mm-MGs und geschlossenem Führersitz

Arado Ar 68 E der 10.(Nachtjagd)/JG 53. Kurzzeitig flog die Staffel im Winter 1939/40 Dämmerungs- und Nachtjagdeinsätze Sammlung Mayer

Technische Daten – Arado Ar 68

Arado Ar 68	E-1	F-1
Typ:	Einsitziges Jagdflugzeug	
Antrieb:	Jumo 210 E hängender flüssigkeitsgekühlter V-12-Zylinder-Reihenmotor mit Untersetzung	BMW VI 7.3 Z stehender ohne Untersetzung
Startleistung:	690 PS	750 PS bei 1700 U/min
Spannweite:	11,00 m oben 8,00 m unten	11,00 m 8,00 m
Länge:	9,67 m	9,50 m
Höhe:	3,30 m	3,30 m
Flügelfläche:	27,30 m²	27,30 m²
Leergewicht:	1600 kg	1580 kg
Startgewicht:	2020 kg	2000 kg
Höchstgeschw.:	305 km/h in Bodennähe 325 km/h in 4000 m	330 km/h 305 km/h
Marschgeschw.:	–	295 km/h
Landegeschw.:	–	110 km/h
Steigleistung:	1,35 min auf 1000 m 10 min auf 6000 m	– 10,2 min auf 5000 m
Reichweite:	500 km	500 km
Dienstgipfelhöhe:	8100 m	7400 m
Starrbewaffnung:	2 × MG 17, Kaliber 7,92 mm mit je 500 Schuss	
Außenlast:	6 × SC 10-Bombe (10 kg)	

digkeit von rund 400 km/h und eine Gipfelhöhe von 9 000 m erreicht werden. Hinsichtlich der Flugleistungen hatte die neue Version damit enorm zugelegt. Den Führersitz der Ar 68 H umgab eine moderne geschlossene Kabinenhaube, die nach hinten aufgeschoben werden konnte. Des Weiteren erhöhte man die Bewaffnung auf vier MGs, indem man in der oberen Tragfläche zwei zusätzliche MG 17 einbaute. Es blieb jedoch bei einem Einzelstück, D-ISIX.

Bis 31. März 1938 wurden insgesamt 514 Exemplare des letzten deutschen Jagddoppeldeckers gebaut. Mit Verfügbarkeit des Ganzmetalleindeckers Messerschmitt Bf 109 B im Frühjahr 1937 war die Zeit der He 51 und Ar 68 in den Fronteinheiten abgelaufen. Die veralteten Jagddoppeldecker wurden nach und nach an Flugschulen abgegeben, wo sie bis ins Jahr 1943 hinein, und in geringer Stückzahl sogar bis Kriegsende, zur Fortgeschrittenen- und Jagdfliegerschulung dienten. Zu Beginn des Zweiten Weltkriegs waren die meisten Ar 68 aus den Fronteinheiten verschwunden.

Ein paar Ar 68 wurden in den ersten Kriegsmonaten noch behelfsmäßig zu Dämmerungs- und Nachtjagd-Einsätzen herangezogen.

Arado Ar 68 E der 3./JG 234 in Lippspringe 1937. Die weißen Scheiben weisen die Maschine als zur 3. Staffel und somit I. Gruppe des Geschwaders gehörend aus. Die Zahl diente lediglich zur Durchnummerierung der Flugzeuge in der Staffel. Ob das Flugzeug wie hier in L 40/52 oder in RLM 63, das zu dieser Zeit mehr und mehr zur Anwendung kam, lackiert war, ist unklar

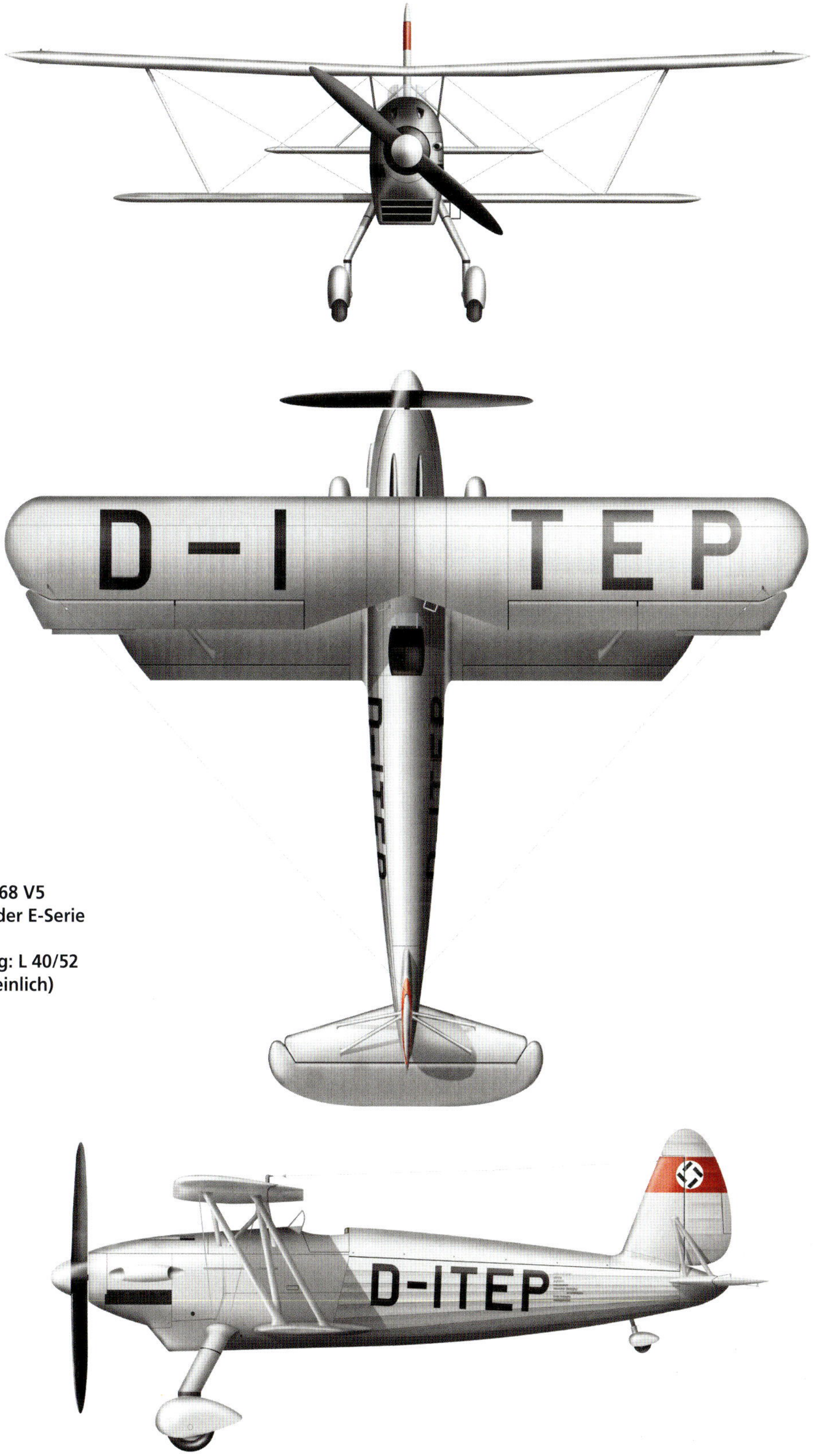

Arado Ar 68 V5
Prototyp der E-Serie

Lackierung: L 40/52
(wahrscheinlich)

Jagdflugzeug-Konkurrent der Bf 109

Heinkel He 112

Bis weit in die 1930er-Jahre hinein bestimmten vorwiegend Doppeldecker das Bild des Jagdflugzeugs in den Luftstreitkräften. Doch deren Zeit war abgelaufen und es galt, einen modernen Verfolgungs-Jagdeinsitzer zu entwerfen. Auch bei Heinkel befasste man sich mit einem derartigen Projekt – dem P 1015, der späteren He 112

Fotos, falls nicht anders angegeben: Sammlung Ringlstetter

Heinkel He 112 V1 mit offenem Führersitz. Das Einziehen des Fahrwerks erfolgte mühevoll per Handpumpe

Die Arbeiten an diesem Projekt reichen bis ins Jahr 1933 zurück, als es offiziell noch nicht einmal eine deutsche Luftwaffe gab. Die Vorgaben für den neuen Jäger, das Rüstungsflugzeug IV, kamen folglich vom Heer und beinhalteten unter anderem folgendes: Tag- und Nachteinsatz mit einer Höchstgeschwindigkeit von 400 km/h und einer Flugdauer von 1,5 Stunden in 6000 m Höhe, die in 7 Minuten erklommen sein sollte. Als Arbeitshöhe waren 9 km vorgegeben. Die Maschine sollte mit einem 400 x 400 m großen Rollfeld auskommen können. Als Bewaffnung sah man wahlweise zwei starre MG mit je 1000 oder eine 20-mm-Maschinenkanone mit 200 Schuss vor. Oberste Priorität wurde auf die Horizontal-Fluggeschwindigkeit gelegt, gefolgt von Steigleistung und Wendigkeit.

Im Mai 1934 war die Attrappe des Heinkel-Projekts fertiggestellt und schon im Oktober desselben Jahres konnte mit den Konstruktionsarbeiten begonnen werden.

Mit DB 600 ausgerüstete He 112 V10, D-IQMA, W.Nr. 2253

Konstruktiver Aufbau

Der Ganzmetallentwurf, der an eine verkleinerte He 70 erinnert, ohne jedoch deren Eleganz zu erreichen, war als freitragender Tiefdecker mit nach außen einziehbarem Hauptfahrwerk ausgelegt, selbst das Spornrad konnte großteils eingezogen werden. Die durchgehende stattliche 12,60

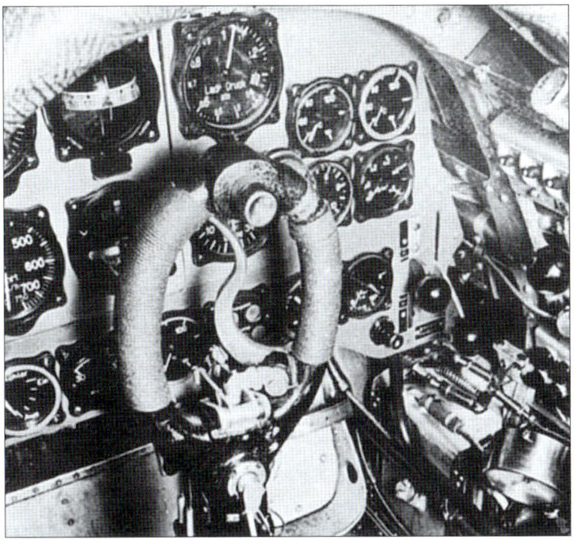

Instrumentenbrett einer offenen He 112

He 112 R: die mit Raketenantrieb versehene V3, W.Nr. 1292, D-IDMO. Höhen- und Seitenleitwerk sind durch Streben verstärkt

Vorserienmaschine He 112 A-03, D-IZMY, 1937 auf der Internationalen Luftfahrt-Ausstellung in Mailand

m spannende Tragfläche war einholmig mit elliptischem Grundriss aufgebaut und im Bereich der Fahrwerksbeine geknickt. Der Führersitz blieb anfangs offen, wurde später aber mit einer nach hinten aufschiebbaren Haube versehen.

Bei der Motorisierung griff man mangels eines geeigneten deutschen Triebwerks vorerst noch auf einen Rolls-Royce Kestrel IIS zurück, der eine hölzerne Zweiblatt-Luftschraube antrieb.

Mit Werkpilot Gerhard Nitschke am Steuer hob die He 112 V1 (D-IADO, W.Nr. 1290) am 1. September 1935 erstmals ab. Eineinhalb Monate später flog auch die V2 (D-IHGE), die bereits von einem Junkers Jumo 210 C-Motor mit Dreiblatt-Propeller aus Metall angetrieben wurde, der einen Durchmesser von 3,10 m aufwies.

Fliegerisch vermochte die He 112 zwar durchaus zu überzeugen, doch war die etwas plump wirkende Maschine zu schwer geraten, was besonders im Vergleich zum stärksten Rivalen, der Bf 109 der Bayerischen Flugzeugwerke (Messerschmitt), zu Tage trat. Die beiden anderen Mitbewerber um den künftigen Standard-Jäger der neuen deutschen Luftwaffe, Arado Ar 80 und Focke Wulf Fw 159, waren bald ausgeschieden, die Entscheidung sollte zwischen Messerschmitt (BFW) und Heinkel fallen.

He 112 oder Bf 109

Drei Versuchsflugzeugen sollten laut Entwicklungsprogramm vom 1. November 1935 zunächst sieben A-0-Vorserienmaschinen folgen. Bei Heinkel ließ man sich einiges einfallen, um die He 112 leistungsfähiger zu machen, unter anderem wurde die Spannweite auf 11,50 m verkürzt.

Während eines Vergleichsfliegens bei der Erprobungsstelle in Travemünde am 15. April 1936 kam es für die Heinkel-Mannschaft jedoch zu einem schweren Rückschlag, als Nitschke die He 112 V2 aus dem Flachtrudeln nicht mehr herausbekam. Nitschke musste mit dem Fallschirm abspringen.

Sowohl Ernst Udet, Ritter von Greim als auch die Testpiloten der E-Stelle Conrad und

He 112 V9, D-IGSI, die später mit der Kennung 8•2 bei der Legion Condor in Spanien flog. Die V9 war eines der Muster-Flugzeuge für die B-Serie

He 112 V7 mit verbessertem Rumpf und 900-PS-DB 600

Francke sprachen sich für die Bf 109 aus. Messerschmitts Flugzeug erbrachte die besseren Flugleistungen und konnte zudem schneller und günstiger hergestellt werden. Andererseits war die He 112 von einem Durchschnittsflugzeugführer leichter zu handhaben, besonders das Landen war mit der He 112 erheblich einfacher. Einem völlig anderen Zweck dienten die Versuchsflugzeuge 3 und 4, die von Ende 1936 bis Mitte 1940 der Erprobung von Raketen-Triebwerken von Walter (V3) und von Braun (V4) dienten. Die Jumo-Motoren blieben eingebaut, Versuche liefen jedoch auch mit abgeschaltetem Propellerantrieb.

Postkartenmotiv He 112 B. Das Flugzeug trägt ein Hakenkreuz ohne weißen Kreis, wie es erst relativ kurz vor Kriegsbeginn üblich war – ein retuschiertes Foto, das einen späteren Aufnahmezeitpunkt vortäuschen soll

He 112 E (B-1) der ungarischen Luftwaffe

Am 18. Juni 1940 stürzte Gerhard Reins mit der He 112 V4 nach 24 erfolgreichen Flügen mit Raketenantrieb tödlich ab, was auch das Ende dieser Versuche bedeutete, die wichtige Aufschlüsse über das Fliegen mit Raketenantrieb einbrachten.

Während die V5 unter anderem der Erprobung kleinerer Tragflächen diente, brachte man die V6 Ende 1936 zu Testzwecken nach Spanien zur Versuchs-Jagdstaffel 88 (VJ/88) der Legion Condor. Bewaffnet war das Flugzeug mit einer 20-mm-Kanone MG C/30L, die durch die Luftschraubennabe schoss.

Neuer Anlauf

Mit komplett überarbeitetem Rumpf präsentierte sich die He 112 V7, W.Nr. 1953. Die Kabine war zwar verbessert worden, jedoch immer noch offen. Als Motorisierung diente der neue 900 PS starke Daimler-Benz-Motor DB 600, der auch in die mit dem alten Rumpf gebaute V8 installiert wurde. Für eine Serienfertigung konnte das DB-Aggregat jedoch nicht in ausreichender Stückzahl zugesichert werden, so blieb es für die Serie beim Jumo 210.

Mit dem neuen Rumpf (Schneidenrumpf) und kürzeren aerodynamisch verfeinerten Tragflächen entstand mit der V9 dann praktisch ein neues Flugzeug. Die daraus resultierende He 112 B hatte merklich an Eleganz gewonnen und reichte leistungsmäßig an die Bf 109 B heran oder übertraf sie sogar. Auch die Bewaffnung war verstärkt und bestand nun aus zwei MG/FF, Kaliber 20 mm, in den Tragflächen sowie zwei 7,92-mm-MG 17 im Rumpf. Doch es war zu spät, die Bf 109 entschied Anfang 1937 das Ren-

Heinkel He 112 B, ein robustes und fliegerisch gutes Flugzeug

Heinkel He 112 V9
W.Nr. 1944, 1937
Lackierung: wahrscheinlich
Grauton L 40/52

He 112 V9, Werknummer 1944, bei der Legion Condor in Spanien 1938. Die Bewaffnung soll aus drei MG 17 bestanden haben. Möglicherweise war sie nun in RLM 63 lackiert, vielleicht auch mit hellblauer Unterseite

nen endgültig für sich und Heinkel blieb nur der Exportmarkt.

Zur Erhöhung der Flugleistungen erhielten auch die Versuchs-Flugzeuge V10 und 11 (W.Nr. 2253 u. 2254) Daimler-Benz-Aggregate (DB 600 bzw. 601). Zu einer Serienfertigung mit diesen Hochleistungsmotoren kam es jedoch nicht mehr.

Nicht wenige Flugzeugführer, die das Glück hatten, sowohl die Bf 109 als auch Heinkels He 112 zu fliegen, hielten den Heinkel-Jäger für das insgesamt bessere Flugzeug. Zumindest die Entscheidung der Zuständigen im Reichsluftfahrtministerium (RLM), nur einen Jägertyp für die Luftwaffe auszuwählen, dürfte wohl falsch gewesen sein. Erst ab 1941 sollte mit der Fw 190 ein zweites Jagdflugzeugmuster in die Einheiten kommen.

Kurzer Auftritt bei der Luftwaffe

Bei der deutschen Luftwaffe hatte die He 112 nur ein kurzes Gastspiel, als für den Export bestimmte Maschinen kurzerhand der Luftwaffe einverleibt wurden, wo sie in der IV. Gruppe des Jagdgeschwaders 132 ab Herbst 1938 während der Sudetenkrise in Dienst standen. Nach Umbenennung der IV./JG 132 in I./JG 331 bzw. I./JG 77 verschwanden die He 112 wieder aus den Reihen dieser Jägereinheit.

Trotz ausländischem Interesse an der He 112 gestaltete sich der Export des Heinkel-Jägers schwierig, da das RLM in Wahrung eigener Interessen Exporte oder Lizenzvergaben immer wieder zu behindern wusste. Dennoch fanden 80 He 112 E (Exportversion der B) sowie mindestens zwei V-Maschinen den Weg ins Ausland, so nach Japan (30), Rumänien (30) und Ungarn (3). Außerdem wurden 19 He 112 E an die nationalspanische Luftwaffe geliefert, wo der deutsche Jäger überwiegend zur Unterstützung von Bodentruppen während des Spanischen Bürgerkriegs eingesetzt und von den Piloten sehr geschätzt wurde. Nur zwei He 112, V6 (5•1) und V9 (8•2), kamen bei der deutschen Legion Condor in Spanien zum Einsatz.

Wären die deutschen Jagdverbände mit der He 112 ausgerüstet worden, hätte sich sicherlich ein großes Problem aufgetan: Verwechslungen mit der ebenfalls mit elliptischen Tragflächen ausgestatteten britischen Supermarine Spitfire wären vorprogrammiert und an der Tagesordnung gewesen.

1938 kurzzeitig im Einsatz bei der Luftwaffe: He 112 B (E) der IV./JG 132. Die Kabinenhaube bot hervorragende Rundumsicht und war seiner Zeit weit voraus

Technische Daten – Heinkel He 112

Typ:	Einsitziges Jagdflugzeug
Triebwerk:	Flüssigkeitsgekühlter hängender V-12-Zylinder-Reihenmotor Junkers Jumo 210 E
Leistung:	680 PS bei 2700 U/min
Luftschraubendurchmesser:	3,10 m
Länge:	9,30 m
Spannweite:	9,10 m
Höhe:	3,85 m (mit Luftschraube)
Flügelfläche:	17,00 m²
Leergewicht:	1620 kg
Zuladung:	630 kg
Startgewicht max.:	2250 kg
Höchstgeschwindigkeit:	430 km/h in Bodennähe 510 km/h in 4700 m 485 km/h in 6000 m
Reisegeschwindigkeit:	430 km/h in 4000 m
Steigzeit:	1,3 min auf 1000 m 2,6 min auf 2000 m 9,5 min auf 6000 m
Landegeschwindigkeit:	135 km/h
Dienstgipfelhöhe:	8500 m
Reichweite max. ca.:	700 – 1000 km
Bewaffnung:	2 x 7,92 mm – MG 17 2 x 20 mm – MG-FF 6 x 10-kg-Bombe

Die gerade fertig gestellte aerodynamisch hervorragend ausgebildete He 100 V1, W.Nr. 1901

Der Propaganda-Jäger

Heinkel He 100

Nach der He 112, die sich gegen Messerschmitts Bf 109 nicht behaupten konnte, unternahm Heinkel mit der He 100, dem Projekt P 1035, einen weiteren Anlauf, den Produktionsauftrag für einen modernen Jagdeinsitzer zu bekommen. Doch auch die He 100 konnte das RLM nicht überzeugen

Unter der Leitung von Siegfried Günther arbeitete man bei Heinkel vorerst ohne Wissen des Reichsluftfahrtministeriums (RLM) an einem neuen Jagdflugzeug, einem Super-Verfolgungsjäger, der mindestens 650 km/h schnell und leichter als die Bf 109 sein sollte. Ab Mitte 1937 liefen die Konstruktionsarbeiten auf vollen Touren. Gegenüber der He 112 stellte das Projekt P 1035 einen komplett neuen Entwurf dar, der durch seine außerordentlich saubere aerodynamische wie auch konstruktive Ausführung beeindruckte. An Einzelteilen konnten im Vergleich zur He 112 beachtliche 62 % und an Nieten 57 % eingespart werden. Alles war so knapp wie

Ein weiteres Foto der V1 (oft fälschlicherweise als V3 bezeichnet), nun mit umgebautem Leitwerk und veränderter Kabinenhaube

He 100 V2 – Ernst Udet erflog mit der D-IUOS am 5. Juni 1938 den Weltrekord für Landflugzeuge über 100 km und erreichte dabei 634,73 km/h

Werkpilot Hans Dieterle am Steuer der He 100 V8, mit der er am 30. März 1939 eine Durchschnittsgeschwindigkeit von 746,606 km/h erreichte und damit den absoluten Geschwindigkeits-Weltrekord erstmals nach Deutschland holte. Unebenheiten an der V8 wurden verspachtelt und glattgeschliffen

möglich bemessen. Der Rumpf war in Schalenbauweise mit integriertem Motorträger gefertigt. Die Tragfläche war durchgehend konstruiert. Das breitspurige Hauptfahrwerk war zum Rumpf hin einziehbar und komplett verkleidet. Auch das Spornrad konnte eingezogen werden. Angetrieben wurde das Flugzeug durch einen Daimler-Benz DB 601-V-12-Reihenmotor. Die Motorkühlung wurde über eine neuartige Oberflächenkühlung erreicht, die einen Geschwindigkeitsvorteil von ca. 80 km/h bewirken sollte. Dabei wurden Teilflächen der Tragflügel, der Seitenflosse und des Rumpfrückens hinter der Kabine zur Kühlung herangezogen. Unter der Blechbeplankung dieser Flächen wurde der beim Kühlvorgang entstehende Wasserdampf abgekühlt und das kondensierte Wasser wieder in den Kreislauf zurückgeführt.

Auf Rekordjagd

Das neue Flugzeug sollte neben seiner Verwendung als Jäger auch die Geschwindigkeitsrekorde über 3, 100 und 1000 km brechen. Das RLM bestellte zunächst drei Versuchsmaschinen.

Am 22. Januar 1938 startete die He 100 V1 (D-ISVR) mit Heinkel-Chefpilot Gerhard Nitschke am Steuer zum Erstflug. Doch schon nach kurzer Zeit zwangen Probleme mit der Oberflächenkühlung zum Abbruch des Fluges. Unter anderem kam es zu drastischen Verzugserscheinungen an den Kühlflächen. Daraufhin vergrößerte man diese und für Start und Steigflug baute man einen einziehbaren Bauchkühler ein.

Am 17. Mai flog erstmals die He 100 V2 (D-IUOS), mit der Ernst Udet am 5. Juni 1938 den Weltrekord für Landflugzeuge über eine 100-km-Distanz auf 634,73 km/h ver-

Die Rekord-Flugzeuge V3 (Foto) und V8 erhielten auf 7,60 m Spannweite verkürzte Tragflächen

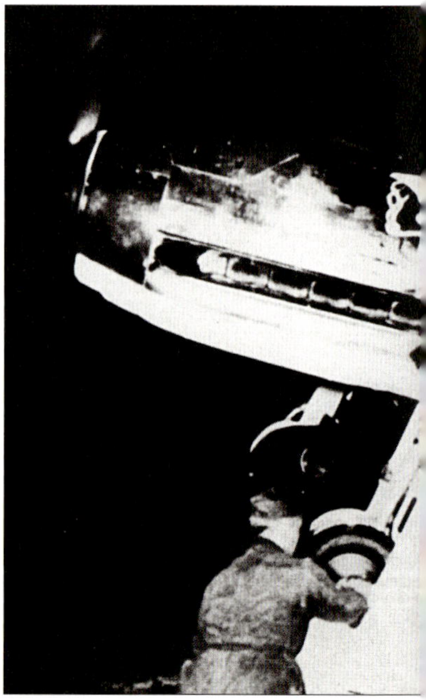

He 100 als He 113-Nachtjä-

Später meist als V8 ausgegeben, zeigt das Foto wahrscheinlich die V3. Um den »Jäger« der Luftwaffe zuzuordnen, versah man die Maschine öffentlichkeitswirksam mit der aufgeklebten Kennung 42C+11 (korrekt wäre 42+C11 gewesen).

besserte. Neben den weiterhin auftretenden Kühlsystem-Schwierigkeiten bereitete auch das Fahrwerk Probleme. Die V3, die für den absoluten Geschwindigkeits-Weltrekord vorgesehen war, ging wegen eines streikenden Fahrwerksbeins verloren – Nitschke konnte aussteigen.

Vorserie

Mit der He 100 V4 baute Heinkel im September 1938 das erste Musterflugzeug für die A-0-Vorserie, die oftmals auch als He100 D-Serie bezeichnet wird. Die V4 hatte eine den Forderungen des RLM folgende veränderte gerade Frontscheibe erhalten, die wegen des Reflexvisiers nötig war. Auch wurde das Höhenleitwerk etwas nach unten verlegt. Die vorgesehene Bewaffnung bestand aus zwei 7,92-mm-MGs in den Flügeln nahe dem Rumpf sowie einem durch die hohle Luftschraubenwelle feuernden MG-FF, Kaliber 20 mm. Im November 1938 erhielt Heinkel vom RLM die Absage, die He 100 sollte nicht für die Luftwaffe gebaut werden. Bei Erprobungsflügen durch Luftwaffe-Testpiloten in Rechlin wurde die beträchtliche Flächenbelastung beanstandet, die eine sehr hohe Landegeschwindigkeit von etwa 150 km/h verlangte. Außerdem stand es mit der Längsstabilität nicht zum Besten. Die Wartung des Motors gestaltete sich durch die extrem eng anliegenden Teilschalen des Motorträgers schwierig. Auch die Verdampfungskühlung stieß auf wenig Zuspruch. So schlug Heinkel vor, etliche Maschinen aus der A-0-Serie mit normalen Flächenkühlern auszurüsten.

ger mit Fantasie-Staffelemblem

Beilage zur Heinkel-Werkzeitung vom April 1939

LINKS UND OBEN **Propagandaaufnahmen der He 100 A-0 (teilnet) als He 113**

Als zweites Rekordflugzeug wurde die He 100 V8, W.Nr. 1905, entsprechend aufgebaut. Um den Luftwiderstand weiter zu verringern, reduzierte man die Spannweite auf 7,60 m, Unebenheiten wie Stöße und Nieten wurden verspachtelt und verschliffen, das ganze Flugzeug poliert. Auch die Windschutzscheibe wurde strömungsgünstiger gestaltet.

Angetrieben wurde der Rekordjäger von einem speziell hergerichteten DB 601 mit 1800 PS bei 3000 U/min, für den eine Lebensdauer von maximal einer Stunde erwartet wurde.

Am 30. März 1939 holte der erst 23-jährige Werkspilot Hans Dieterle in der He 100 V8 mit einer Durchschnittsgeschwindigkeit von 746,606 km/h über die 3 km lange Messstrecke den absoluten Geschwindigkeits-Weltrekord nach Deutschland. Offiziell wurde die Rekordmaschine als He 112 U bezeichnet.

Export-Jäger

Doch Heinkels Triumph währte nicht lange, denn bereits am 26. April 1939 überbot Fritz Wendel in der Messerschmitt Me 209 R (offiziell Bf 109 R) mit 755,138 km/h Heinkels Rekord. Zwar strebte

Unter dem Rumpf ist der einziehbare Bauchkühler zu erkennen

weise als He 100 D bezeich-

Gegenüber den ersten V-Mustern erhielt die Serienausführung ein stärker abgerundetes Höhenleitwerk

Heinkel an, sich den Rekord zurückzuholen, doch wurde ihm eindringlichst nahe gelegt, einen nochmaligen Rekordversuch zu unterlassen. Am 1. September 1939 verhinderte der Kriegsbeginn weitere Anstrengungen Heinkels.

Gebaut wurden von der He 100 wahrscheinlich nur 23 oder 24 Exemplare. Nachdem der Heinkel-Jäger für den Export freigegeben war, gingen zwei Maschinen nach Japan, zehn Maschinen orderte die UdSSR – fünf davon wurden mit normaler Kühlanlage, fünf mit Verdampfungskühlung bestellt. Ob diese auch alle geliefert wurden, ist unklar. Angeblich sollen es nur sechs Stück gewesen sein, die Russlands Jägerentwicklung zugute kamen.

Werkschutz und Propaganda

Aus den übrigen He 100 wurde im Oktober 1939 eine Werkschutzstaffel gebildet. Die deutsche Propaganda gaukelte der Öffentlichkeit mit fingierten Staffelemblemen und gestellten Einsatzfotos vor, es gäbe neben der Bf 109 einen zweiten Jagdeinsitzer im Dienst der Luftwaffe, die He 113. Doch dies war zu keinem Zeitpunkt der Fall, die Rolle des zweiten einmotorigen Standardjägers übernahm etwas später Focke-Wulfs Fw 190, die von einem luftgekühlten BMW-Sternmotor angetrieben wurde, womit die DB 601-Produktion nicht zusätzlich belastet werden musste. Ob die He 100 im Vergleich zur Bf 109 insgesamt die bessere Wahl gewesen wäre, sei dahin gestellt, sicher aber war die He 100 eines der außergewöhnlichsten Flugzeuge seinerzeit.

Technische Daten

Heinkel He 100	V4	A-0 (D)	V8
Typ:	Einsitziges Jagdflugzeug		Rekordflugzeug
Antrieb:	Daimler-Benz DB 601 A flüssigkeitsgekühlter hängender V-12-Zylinder-Reihenmotor	DB 601 M	DB 601 R
Startleistung: Kampfleistung:	1100 PS 960 PS in 0 m 1020 PS in 4000 m	1175 PS 1075 PS in 0 m 1030 PS in 4500 m	1800 PS – –
Spannweite:	9,42 m	9,40 m	7,60 m
Länge:	8,20 m	8,20 m	8,18 m
Höhe:	3,60 m (waagrecht)	3,60 m	3,60 m
Flügelfläche:	14,50 m²	14,60 m²	11,00 m²
Flächenbelastung:	173 kg/m²	174 kg/m²	–
Leergewicht:	–	1810 kg	1865 kg
Rüstgewicht:	2097 kg	2010 kg	2053 kg
Abfluggewicht:	2540 kg	2500 kg	2475 kg
Höchstgeschw. in Bodennähe:	670 km/h in 5000 m 560 km/h	670 km/h 575 km/h	– 770 km/h
Marschgeschw.:	555 km/h in 2000 m	550 km/h in 2000 m	–
Landegeschw.:	150 km/h	150 km/h	–
Startstrecke:	350 m	365 m	–
Steigleistung ca.:	2000 m in 2,0 min 4000 m in 4,0 min 6000 m in 6,5 min 8000 m in 10,5 min	2000 m in 2,2 min 4000 m in 5,0 min 6000 m in 7,8 min –	– – – –
Reichweite max.:	1050 km	1000 km	–
Dienstgipfelhöhe:	11000 m	11000 m	–
Bewaffnung:	keine, jedoch vorgesehen	2 x MG 17 – 7,92 mm 1 x MG/FF – 20 mm od. 2 x MG 151 – 15 mm	keine

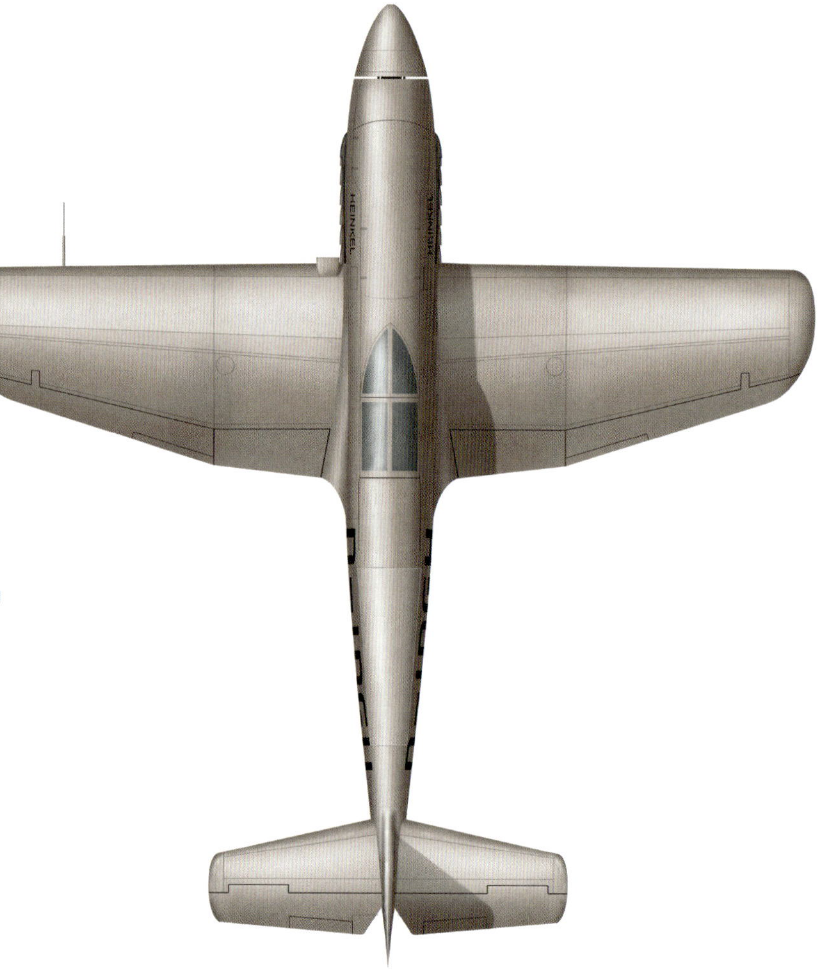

Heinkel He 100 V3
in Rekordausführung
Lackierung: RLM 02

Standardjäger der Luftwaffe 1937–45

Messerschmitt Bf 109

Teil 1 – V1 bis D

Am 28. Mai 1935 erhob sich erstmals ein Flugzeug in den Himmel über Augsburg, das schon bald Luftfahrtgeschichte schreiben und mit rund 33 000 Maschinen das meistgebaute Jagdflugzeug der Welt werden sollte – die Messerschmitt Bf 109

Fotos, sofern nicht anders vermerkt: Sammlung Ringlstetter

Messerschmitt Bf 109 V1 beim Probelauf des Rolls-Royce Kestrel-Motors noch ohne Kennung – D-IABI. Zur Unterbringung der dicken Ballonreifen waren die Tragflächen über den Fahrwerksschächten ausgebeult

Gemäß einer Ausschreibung des Reichsluftfahrtministeriums (RLM) vom Februar 1934 erhielten die Flugzeugbau-Firmen Arado, Heinkel und Bayerische Flugzeugwerke (BFW) den Auftrag, einen modernen Verfolgungs-Jagdeinsitzer für die noch geheim operierende neue Deutsche Luftwaffe zu entwerfen. Sieben Monate später erhielt auch Focke-Wulf einen entsprechenden Auftrag.

Laut den Anforderungen des RLM an den neuen einsitzigen Jäger für Tag- und Nachteinsätze, das Rüstungsflugzeug IV, sollte mindestens eine Höchstgeschwindigkeit von 400 km/h und eine Flugdauer von 1,5 Stunden in 6000 m erzielt werden. Die verlangte Steigzeit auf diese Höhe belief sich auf sieben Minuten, als Dienstgipfelhöhe waren 9000 m vorgegeben. Des Weiteren sollte der Einsatz von einem 400 x 400 m großen Rollfeld möglich sein. Als Bewaffnung sah man wahlweise eine 20-mm-Maschinenkanone mit 200 oder zwei Maschinengewehre mit je 1000 Schuss vor. Den größten Wert legte man auf die Horizontal-Fluggeschwindigkeit, gefolgt von Steigleistung und Wendigkeit.

Die Aussichten für die als Außenseiter eingestuften BFW, die Ausschreibung gegen Heinkel und Arado – zwei renommierte Firmen und erfahren in der Konstruktion von Jagdflugzeugen – zu gewinnen, wurden in Fachkreisen als relativ gering angesehen.

Unter der Leitung von Robert Lusser entstand der

Bf 109 V3 im Juni 1936 über dem Lech

Bf 109 B-2 der J/88 in Spanien. Die Maschine trägt den Standardanstrich aus RLM 70/71/65 Foto: Matthiesen

Bf 109 B-1 mit charakteristischem großen Kühlerlufteinlass und starrer Holzluftschraube

erste Entwurf, der im Mai 1934 als Attrappe zu besichtigen war. Richard Bauer, Leiter der Konstruktionsabteilung, zeichnete schließlich für die konkrete Umsetzung des Entwurfs verantwortlich.

Konstruktionsmerkmale

Wie unschwer zu erkennen, kamen zahlreiche Konstruktionsmerkmale des viersitzigen Reiseflugzeugs Bf 108 (1934) auch beim Jägerentwurf zur Anwendung. So entstand ein freitragender Tiefdecker mit abgestrebter Höhenflosse und nach außen einziehbarem Hauptfahrwerk. Der verhältnismäßig enge Führersitz war geschlossen und mit einer im Mittelteil nach rechts aufklappbaren Kabinenhaube aus Plexiglas versehen. Zum Notausstieg konnten das mittlere und hintere Haubenteil abgeworfen werden. Der Rumpf war unter der Verwendung von Dural-Glattblech in leichter Ganzmetall-Schalenbauweise ausgeführt. Die einholmigen Tragflächen waren über je drei Anschlüsse mit dem Rumpf verbunden. Über etwa die Hälfte der Flügelvorderkante verliefen automatische Handley-Page-Vorflügel. Zwischen Querruder und Rumpf erstreckten sich bis 40° ausfahrbare Landeklappen, die, wie alle Ruderflächen, stoffbespannt waren.

Das Hauptfahrwerk war am Rumpf angeschlossen, wodurch die Maschine zur Demontage der Tragflächen auf den eigenen Beinen stehen konnte sowie Transport und Wartung erleichtert wurden. Daraus ergab sich aber auch eine recht enge Spurweite von gerade mal zwei Metern. Diese begünstigte einen Mangel der 109-Konstruktion, der sie ihr ganzes Leben begleiten sollte: Das engstehende Hauptfahrwerk, gepaart mit der Neigung, während Start und Landung die linke Fläche hängen zu lassen, führte immer wieder zu Unfällen. Da noch kein geeigneter deutscher Antrieb zur Verfügung stand, wurde für das erste Versuchsmuster ein britischer Rolls-Royce Kestrel II S, ein stehender V-12-Reihenmotor mit 695 PS Startleistung, gewählt.

Mit Werkspilot Hans Dietrich Knoetzsch am Steuer hob

Rutschpartie: bruchgelandete Bf 109 D. Gut sichtbar sind die langen Auspuffrohre, wie sie bei den Varianten Cäsar und Dora verbaut wurden

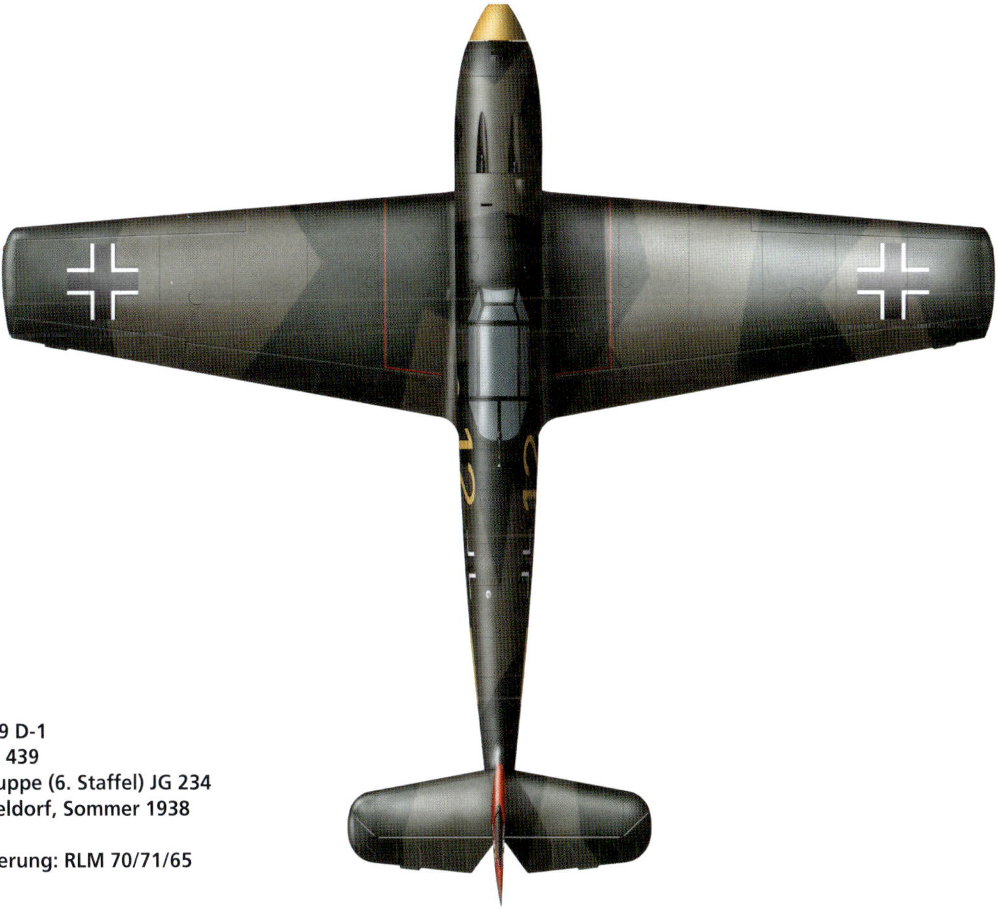

Bf 109 D-1
W.Nr. 439
II. Gruppe (6. Staffel) JG 234
Düsseldorf, Sommer 1938

Lackierung: RLM 70/71/65

Messerschmitt-Versuchspilot Hermann Wurster in einer Bf 109 B

Technische Daten – Messerschmitt Bf 109, Teil 1

Messerschmitt Bf 109	B-1 (B-2)	C-1 (D-1)
Typ:	Einsitziges Jagdflugzeug	
Antrieb:	Junkers Jumo 210 D flüssigkeitsgekühlter hängender V-12-Zylinder-Reihenmotor	Jumo 210 G (D)
Startleistung:	680 PS	730 (680) PS
Spannweite:	9,90 m	9,90 m
Länge:	8,70 m	8,70 m
Höhe:	2,45 m (Spornlage)	2,50 m (Spornlage)
Spurweite:	2,00 m	2,00 m
Flügelfäche:	16,40 m^2	16,40 m^2
Leergewicht:	1432 kg	–
Startgewicht max.:	1955 kg	2160 kg
Höchstgeschw.:	460 km/h	470 (460) km/h
in Bodennähe	430 km/h	410 km/h
Marschgeschw.:	350 km/h	360 (355) km/h
Landegeschw.:	105 km/h	110 km/h
Steigleistung:	1000 m in 1,25 min 4000 m in 5,60 min 6000 m in 9,80 min	1000 m in 1,00 min 4000 m in 5,40 min 6000 m in 10,30 min
Reichweite:	450 km	450 km
Dienstgipfelhöhe:	8750 m	9000 m
Bewaffnung:	2–3 x MG 17–7,92 mm mit je 500 (600) Schuss	4 x MG 17–7,92 mm je 500 (Rumpf) bzw. 475 Schuss

die Bf 109 V1 (D-IABI, W.Nr. 758) am 28. Mai 1935 erstmals auf dem Werksflugplatz in Haunstetten bei Augsburg ab. Die Flugeigenschaften der 109 waren insgesamt gut, die Längsstabilität ließ jedoch zu wünschen übrig. Diese verbesserte sich durch eine etwas vergrößerte V-Stellung der Flügel von 4° auf 7° 10'.

V2 mit Jumo 210

Schon das zweite Versuchsflugzeug, die V2 (D-IILU), die erstmals Ende 1935 flog, erhielt einen Junkers Jumo 210 A mit 680 PS Startleistung als Antrieb. Aus Test- und Vergleichsflügen mit den Konkur renzmustern Arado Ar 80, Heinkel He 112 und Focke-Wulf Fw159 bei der Erprobungsstelle in Travemünde ging letztlich Messerschmitts (BFW) Flugzeug als Sieger hervor, wenngleich einiges für die He 112 gesprochen hatte, die, zumindest für einen Durchschnittsflugzeugführer, besonders bei Start und Landung leichter zu handhaben war. Etwas bessere Flugleistungen und die wahrscheinlich billigere Bauweise sprachen aber für die Bf109 als neuen Standardjäger für die seit März 1935 offiziell existierende neue Deutsche Luftwaffe. Die Entwürfe von Arado und Focke-Wulf hatten dagegen keine Chance, den Wettbewerb zu gewinnen. Als erstes Versuchsflugzeug erhielt die Bf 109 V3 im Frühjahr 1936 eine Bewaffnung. Zwar waren zwei synchronisierte MG 17 über dem Jumo 210 sowie eine durch die hohle Luftschraubenwelle feuernde Motorkanone C/30 L, Kaliber 20 mm, vorgesehen, doch wegen Schwierigkeiten mit der MK beließ man es vorerst bei den beiden MG 17. Nach wenigen A-Serienflugzeugen mit zwei MGs ging die B-1-Variante mit starrer Holzluftschraube und drei MGs in Serie, gefolgt von der verbesserten Bf 109 B-2 mit VDM-Verstellpropeller aus Metall. Angetrieben wurde die Berta von einem Jumo 210 D.

Da die Motor-Bewaffnung weiterhin Schwierigkeiten bereitete, erhielt die Folgeversion C-1 stattdessen zwei zusätzliche MG 17, die in den Flächen außerhalb des Propellerkreises eingebaut waren, was eine Überarbeitung der Tragflächen erforderte. Erstmals erprobt wurde der neue Waffenflügel im März 1937 mit der V11. Als Antrieb bekam die 1938 in geringer Stückzahl gefertigte C-1 einen Jumo 210 G mit Kraftstoffeinspritzung, der 730 PS Startleistung erbrachte. Zudem erhöhte man den Treibstoffvorrat von 235 auf 337 l. Die strukturell verbesserte Bf 109 Dora erhielt wiederum den Vergaser-Motor Jumo 210 D, da der wesentlich stärkere

Bf 109 B-2, 2./J 88 der Legion Condor, geflogen von Leutnant Reinhard Seiler, Spanien 1938. Lackierung: RLM 63/65

Unbewaffnete Bf 109 V7, D-IJHA, während des IV. Züricher Flugmeetings 1937 in Dübendorf, an dem fünf »109« teilnahmen

Daimler Benz DB 600 nicht verfügbar war. Im Sommer 1937 nahmen fünf Bf 109 am IV. Züricher Flugmeeting teil, aus dem sie in mehreren Wettbewerbskategorien als Sieger hervorgingen und weltweit für großes Aufsehen sorgten. Einmal mehr stand fest, der BFW-Mannschaft um Willy Messerschmitt war mit der leichten, kleinen 109 ein großer Wurf gelungen.

Ein willkommenes Testfeld erschloss sich ab Ende 1936 (zunächst V3, 4, 5 in der VJ/88) während des Spanischen Bürgerkrieges beim Einsatz im Rahmen der deutschen Legion Condor. Anfängliche Schwierigkeiten bei der Umstellung der Piloten vom langsamen offenen Doppeldecker auf die für die meisten deutschen Jagdflieger völlig neuartige geschlossene Kanzel, das Einziehfahrwerk und ganz besonders die wesentlich höhere Geschwindigkeit währten nicht lange. Mit einer der schnellen Bf 109 angepassten neuen Kampftaktik errangen die deutschen Piloten bald die Luftherrschaft über Spanien. Ab 1937 begann die Ausstattung der Jagdeinheiten in Deutschland mit den ebenso modernen wie schnittigen Messerschmitt-Jägern. Auch die Schweizer Flugwaffe erhielt mit der Lieferung von zehn D-1, die Anfang 1939 eintrafen, ihre ersten Bf 109.

Bf 109 D des ZG 76. Beim Zerstörergeschwader 76 flogen von Mai 1939 bis Februar/März 1940 neben zweimotorigen Bf 110 überwiegend 109 D

Foto: Matthiesen

Anmerkung: Das korrekte Kürzel lautet Bf (für Bayerische Flugzeugwerke AG – BFW). Mit Umwandlung der BFW in die Messerschmitt AG Mitte 1938 änderte sich das Kürzel für die von da an konstruierten Flugzeuge in Me. Umgangssprachlich wurde und wird die 109 jedoch meist als Me 109 bezeichnet.

Bf 109 D der 2. Staffel des JG 132 (später 2) Richthofen

Bf 109 V1, W.Nr. 758, Augsburg 1935. Lackierung: L 40/52

Bf 109 B-1, 2. Staffel der Jagdgruppe 88, Legion Condor 1937, geflogen von Unteroffizier Norbert Flegel. Lackierung: L 40/52

Bf 109 B-2, W.Nr. 1062, Internationales Flugmeeting in Dübendorf 1937. Lackierung: RLM 70/71/65

Bf 109 C, W.Nr. 2724, der Jagdfliegerschule Werneuchen während des Kriegs. Im Bereich der Auspuffanlage ist das Flugzeug der E-Serie angeglichen. Lackierung: RLM 71/02/65

Standardjäger der Luftwaffe 1937–45

Messerschmitt Bf 109

Teil 2 – »Emil«

Während der ersten gut eineinhalb Jahre des Zweiten Weltkriegs bestimmte die E-Reihe das Bild bei den einsitzigen deutschen Jägern. Besonders die Battle of Britain, dic Luftschlacht um England, im Sommer und Herbst 1940 kennzeichnet die Einsatzzeit der Bf 109 E

Fotos, sofern nicht anders vermerkt: Sammlung Ringlstetter

Bf 109 V26, die zur Abwurfanlagen-Erprobung diente

Gegen die britischen Hurricanes und Spitfires erkämpften die ersten deutschen Experten wie Mölders, Galland und Wick ihren Ruhm. Zweifellos war die Bf 109 E damals neben der Spitfire das beste im Einsatz befindliche Jagdflugzeug überhaupt.

Enorme Leistungssteigerung

Nachdem schon für die D-Reihe der 1000 PS starke DB 600 (Vergasermotor) vorgesehen war, in der Serie aber nicht verwirklicht werden konnte, kam mit der E-Serie endlich das lange erhoffte stärkere Triebwerk zum Einbau. Inzwischen stand der Daimler-Benz DB 601 A mit Einspritzanlage zur Verfügung. Das gewaltige Aggregat mit 33,9 Liter Hubraum und einer Startleistung von maximal 1100 PS drehte eine Dreiblatt-Verstellluftschraube und verhalf dem kleinen Messerschmitt-Jäger zu einem enormen Leistungszuwachs gegenüber den bisher in Serie gebauten Typen. Allein die Höchstgeschwindigkeit stieg um rund 100 km/h an.

Schon vor Einführung der E-Reihe hatte Werkpilot Hermann Wurster am 11. November 1937 mit der speziell präparierten Bf 109 V13 mit 610,95 km/h einen neuen Geschwindigkeits-Weltrekord für Landflugzeuge aufgestellt. Der hierfür benutzte Antrieb war ebenfalls ein DB 601, wenngleich dieser auf 1660 PS

Kopfstand einer Bf 109 E-1 des JG 51. Die Maschine trägt einen seltenen Tarnanstrich mit überwiegend in RLM Dunkelgrün 71 lackierten Rumpfseiten und allen Oberseiten in Schwarzgrün 70. Die Unterseite müsste Hellblau 65 gewesen sein. Rumpf-Balkenkreuze und Hoheitszeichen scheinen ohne Schwarz auszukommen, sind aber in einem Schwarzgrauton gehalten

Bf 109 E-3, CE+BM, W.Nr. 1953, die zu Testzwecken mit einer Schleppkupplung in der hohlen Propellernabe zur Vergrößerung der Reichweite ausgerüstet wurde

Unteroffizier Zimmermann musste die Weiße 13, eine Bf 109 E-1 der 7./JG 54, am 27. Oktober 1940 auf der britischen Insel notlanden. Die Motorhaube (mit weißem Staffelemblem) und großteils auch das Seitenruder waren zur besseren Freund-Feind-Erkennung gelb lackiert

hochgezüchtet und damit ein reiner Rekordflug-Motor war. Offiziell hieß das Flugzeug B.F.113.R. und wurde von einem DB 600 mit 950 PS angetrieben. Vom künftigen Hochleistungs-Serienmotor sollte nichts nach außen dringen.

Neben den Flugleistungen änderte sich mit Einführung der Emil, die praktisch auf den Versuchsflugzeugen V15 (Erstflug Mitte Dezember 1937) und V15a basierte, auch einiges am Erscheinungsbild der 109. Das Flugzeug wirkte schnittiger und eleganter. Der Ölkühler war jetzt unterhalb des Motors installiert, während die Kühlflüssigkeit über zwei flache Kühler unter den Tragflächen im Anschluss an die Landeklappen nahe am Rumpf auf Temperatur gehalten wurde. Seitlich links an der Motorhaube war der Lufteinlass für den Lader. Die Struktur der Zelle wurde überarbeitet und entsprechend den gestiegenen Anforderungen verstärkt, genauso wie das Fahrwerk. Die Bewaffnung der ersten in nennenswerter Stückzahl gebauten Emil, der Bf 109 E-1, die 1938 in Fertigung ging, bestand wie bei den C- und D-Modellen aus vier MG 17. Zwei waren versetzt über dem Motor untergebracht, die anderen beiden in den Flügeln. Die vorgesehene Motorkanone, die durch die hohle Luftschraubennabe schoss, machte zu große Probleme und wurde zunächst wieder gestrichen. Der Kraftstofftank wurde wegen des stärkeren und trinkfreudigeren Motors auf 400 l

Bf 109 E-4, 7./JG 53, geflogen von Leutnant Herbert Schramm, Frankreich im Dezember 1940. Das Fehlen des Hakenkreuzes, neben dem Balkenkreuz das damalige Hoheitszeichen, hat in diesem Fall nichts mit heutiger staatlicherseits verordneter Retusche zu tun – die Flugzeugführer der III. Gruppe drückten mit dem Übermalen der Hakenkreuze schlichtweg ihren Unmut über die ungerechtfertigten Vorwürfe gegen die deutschen Jagdflieger seitens der dilettantisch arbeitenden Luftwaffenführung aus! (siehe auch Foto) Lackierung: RLM 71/02/65

Bf 109 E vom Stab der III./JG 53 rollen zum Start. Bei der vorderen Maschine wurde der Tarnanstrich extrem verändert, wodurch der ehemalige Segmentanstrich vollends aufgelöst wird. Die Hakenkreuze auf den Seitenflossen wurden übermalt (siehe auch Zeichnung)

Bf 109 E der 1./J 88 der Legion Condor in Spanien. Flugzeuge der Baureihe E-1 und E-3 kamen dort 1938/39 noch zum Einsatz. Lackiert waren sie in RLM 02/65

Technische Daten – Messerschmitt Bf 109 Teil 2

Messerschmitt Bf 109	E-1	E-3/4
Typ:	Einsitziges Jagdflugzeug	
Antrieb:	Daimler-Benz DB 601 A flüssigkeitsgekühlter hängender V-12-Zylinder-Reihenmotor	DB 601 Aa
Startleistung: Dauerleistung:	1100 PS – 960 PS in 4000 m	1175 PS 860 PS in Bodennähe 1000 PS in 4500 m
Spannweite:	9,90 m	9,90 m
Länge:	8,76 m	8,76 m
Höhe:	2,60 m (Spornlage)	2,60 m (Spornlage)
Spurweite:	2,00 m	2,00 m
Flügelfläche:	16,40 m²	16,40 m²
Leergewicht:	1860 kg	1865 kg
Rüstgewicht:	2029 kg	2053 kg
Abfluggewicht:	2573 kg	2608 kg
Höchstgeschwindigkeit: in Bodennähe	550 km/h in 4000 m 460 km/h	560 km/h in 4500 m 460 km/h
Marschgeschwindigkeit:	375 km/h	380 km/h
Landegeschwindigkeit:	135 km/h	135 km/h
Startstrecke:	410 m über 20 m Hindernis	410 m über 20 m Hindernis
Landestrecke:	530 m über 20 m Hindernis	530 m über 20 m Hindernis
Steigleistung:	1000 m in 1,0 min 3000 m in 3,0 min – –	1000 m in 1,0 min 3000 m in 3,0 min 6000 m in 6,3 min 9000 m in 16,0 min
Reichweite:	560 km	560 km
Dienstgipfelhöhe:	10 300 m	10 500 m
Bewaffnung:	2 x MG 17 – 7,92 mm mit je 1000 Schuss 2 x MG 17 (Flächen) je 500 Schuss	2 x MG 17 – 7,92 mm je 1000 Schuss 2 x MG FF – 20 mm je 60 Schuss

vergrößert. Durch den Einbau von zwei MG FF, Kaliber 20 mm, in den Tragflächen konnte mit der Bf 109 E-3 die Feuerkraft erheblich gesteigert werden. Die E-2 soll dagegen nicht in Serie gegangen sein, wenngleich in Unterlagen der Wiener Neustädter Flugzeugwerke von der E-2 als erstem dort gebauten 109-Typ die Rede ist.

Mit Sternmotor

Zur Ermittlung der Auswirkungen hinsichtlich Aerodynamik sowie Flug- und Bodeneigenschaften bei Verwendung eines Sternmotors wurde 1938/39 ein 1200 PS starker amerikanischer Pratt & Whitney SC-G-Doppelsternmotor in die V-21 (W.Nr. 1770) installiert und im Sommer 1939 fliegerisch untersucht. Neben den nötigen Umbauten bedingt durch den wesentlich breiteren Sternmotor wurde der Rumpfrücken der V-21 im hinteren Teil abgetragen und der Kabinenaufbau, ähnlich dem der He 112, völlig neu gestaltet.

Ein weiteres Exemplar mit Sternmotor, diesmal mit dem neuen 14-Zylinder BMW 801 und auf 9,33 Meter verkürzter Spannweite, führte die Projektbezeichnung Bf 109 X und basierte schon auf der Folgeversion F. Das Flugzeug flog erstmals am 2. September 1940. Da der Sternmotor keine Leistungsvorteile brachte und zudem für die Focke-Wulf Fw 190 gebraucht wurde, kam eine Serienfertigung nicht infrage.

Bf 109 E-3 und E-4

Durch den Einbau von zwei MG-FF, Kaliber 20 mm, in den Tragflächen konnte mit der Bf 109 E-3 die Feuerkraft erheblich gesteigert werden. Mittels Bombenträger ETC 500 konnte eine 250-kg-Bombe oder, etwas umgerüstet, auch ein 300 Liter fassender Zusatztank unter den Rumpf gehängt werden. Für die Kanalkämpfer während der Luftschlacht um England leider zu spät. Über London hatten die 109-Piloten maximal 15 Minuten Kampfzeit, dann mussten sie Gefechte egal in welcher Lage abbrechen und den Heimflug antreten, andernfalls aber damit rechnen, in den »Bach« zu fallen, was nicht selten auch geschah. Ein Rost aus vier ETC 50 diente dagegen zur Aufhängung von vier 50-kg-Bomben, die paarweise hintereinander ebenfalls unter dem Rumpf mitgenommen werden konnten.

Die Bf 109 E-4 kam mit dem MG FF/M in den Flächen zu den Einheiten. Mit dieser Waffe konnte eine weitaus wir-

DB 601 einer Emil, darüber die beiden MG 17. Unterhalb des Motors ist der Ölkühler zu sehen. Der Kraftstoffverbrauch des DB 601 lag zwischen 260 und 430 l/h

Eine 250-kg-Bombe wird mittels ETC 500 an eine Bf 109 E gehängt

kungsvollere Munition abgefeuert werden. Außerdem war die E-4 mit einer verbesserten, oben eckigen, verstärkten Kabinenhaube ausgerüstet, die bis zur kommenden F-Serie Standard bleiben sollte und wohl schon gegen Ende der E-3-Serie Einzug hielt. Serienmäßig kam auch ein Kopf- und Rückenpanzer zum Einbau, der bei älteren Flugzeugen nachgerüstet werden konnte. Einige E-4 erhielten den leistungsgesteigerten DB 601 N-Motor, der mit höheroktanigem C3-Kraftstoff betrieben werden musste.

Für den Einsatz in südlichen Gefilden gab es eine Tropen-Ausrüstung, die nachträglich installiert werden konnte. Derart ausgestattete Maschinen führten entsprechend die Zusatzbezeichnung Trop. Neben dem Sandfilter vor dem Laderlufteinlass waren ein Sonnenschirm und ein Karabiner obligatorisch.

Bf 109 E-5 bis E-9

Die Version E-5 war ein Nahaufklärer mit Reihenbildkamera und auf die beiden Rumpf-MGs reduzierter Bewaffnung, während die Bf 109 E-6 – ebenfalls ein Nahaufklärer, jedoch mit zwei motorisierten Handkameras – serienmäßig den stärkeren N-Motor erhielt.

Es folgte die E-7, die mit einem Träger zur Aufnahme eines 300-l-Zusatztanks ausgestattet war, der gegen einen ETC 500 ausgetauscht werden konnte. Mit dem Zusatz Z versehen waren Maschinen, die mit einer in Höhen über 6500 m leistungssteigernd wirkenden GM-1-Anlage ausgerüstet waren – die Mehrleistung betrug bis zu 280 PS. Während die E-8 wieder ein Jäger mit erhöhter Reichweite war, stellte die E-9 einen Höhenaufklärer dar.

Schon mit Maschinen der B- und D-Serie hatte man begonnen, die 109 flugzeugträgertauglich zu machen. Basierend auf der E-Reihe wurde an einer Bf 109-Version für den Einsatz auf dem in Bau befindlichen Flugzeugträger Graf Zeppelin gearbeitet. Um die Kurzstart- und Langsamflugeigenschaften der Trägervariante Bf 109 T den Erfordernissen entsprechend zu verbessern, hatte man die Spannweite auf 11,08 m vergrößert. Überdies waren die Flügel beiklappbar, wodurch die Breite auf 4,59 m sank. Fanghaken, Katapultbeschläge und Nachtbeleuchtung stellten weitere Ausrüstungs-

Zwei Bf 109 E-4 der I./JG 27 mit nachträglich ausgeführtem, der Umgebung angepassten Tarnschema über Libyen

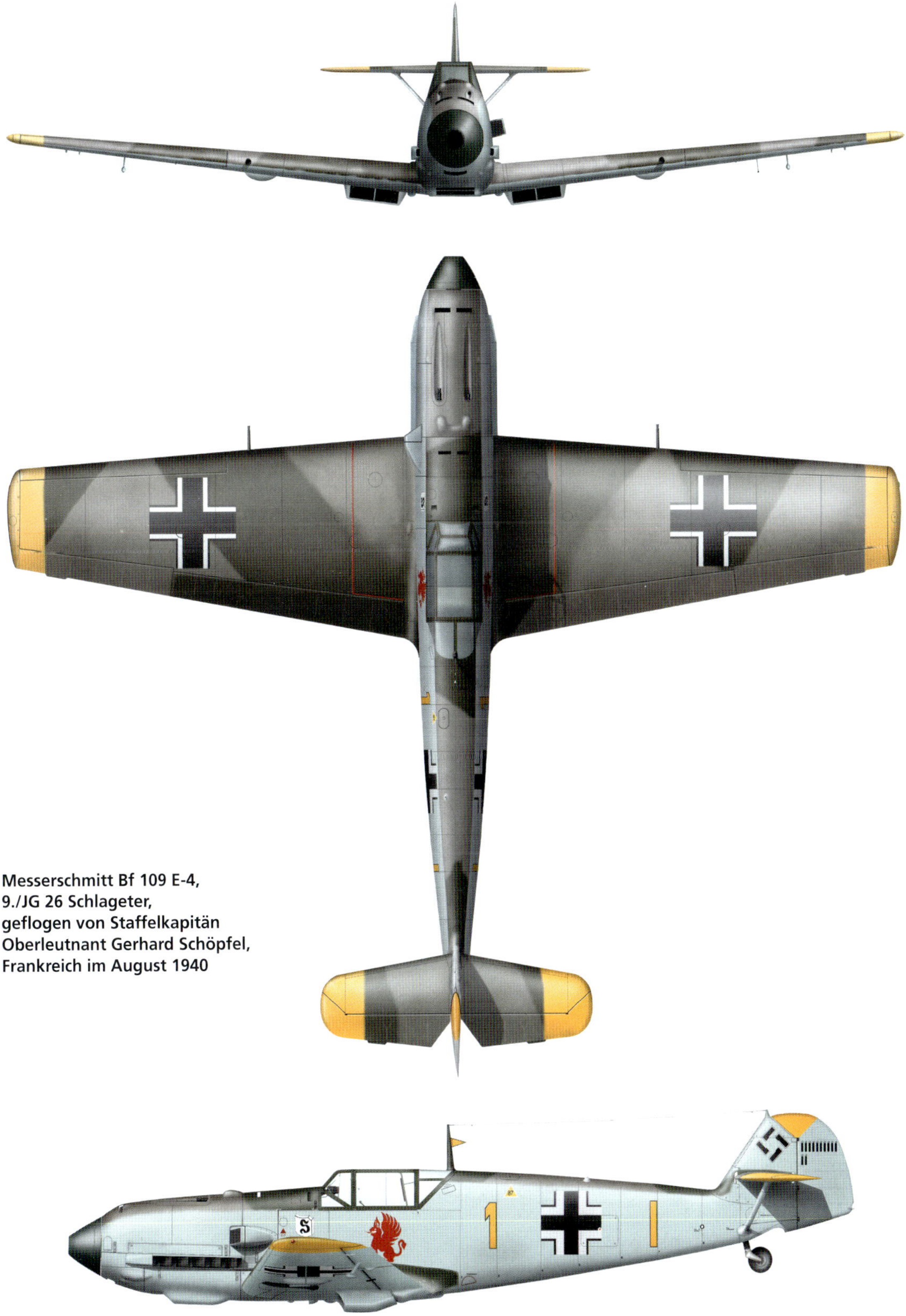

Messerschmitt Bf 109 E-4,
9./JG 26 Schlageter,
geflogen von Staffelkapitän
Oberleutnant Gerhard Schöpfel,
Frankreich im August 1940

Bf 109 E-7/N Trop mit geschlossener Propellerhaube, 300-l-Zusatztank und Sandfilter vor dem Laderlufteinlass

Instrumentenbrett einer Bf 109 E mit ausgebautem Reflexvisier

merkmale der Bf 109 T dar. Von der Bf 109 T wurden 70 Stück gebaut, von denen die meisten letztlich aber ohne spezielle Trägerausrüstung in anderen Einheiten geflogen wurden, da der Bau des einzigen deutschen Flugzeugträgers eingestellt wurde.

Auch Jugoslawien, Bulgarien, Rumänien, die Schweiz und Spanien hatten die Bf 109 E im Dienst ihrer Luftstreitkräfte. Die Japaner zeigten Interesse, konnten sich jedoch nicht so recht für den deutschen Jäger begeistern. Die UdSSR soll im Frühjahr 1941 drei Bf 109 E-3 erhalten haben. Bei der Luftwaffe war man schon ein Stück weiter, dort füllte zu dieser Zeit die nächste 109-Version, die F wie Friedrich, langsam die Geschwader. ◀

Die enge Kabine der 109 konnte zwar nicht als komfortabel bezeichnet werden, gab aber dem Flugzeugführer durch den direkten Kontakt ein gutes Gefühl für die Maschine. Besonders mit dem anfangs benutzten Schwimmwestentyp herrschte jedoch akuter Platzmangel

Bf 109 E-1 der 2./JG 52, geflogen von Unteroffizier Leo Zaunbrecher, der am 12. August 1940 nach einem Luftkampf mit Hurricanes der 615 Squadron über Hastings auf einem Kornfeld notlanden musste und den Rest des Kriegs in Gefangenschaft verbrachte. Die 14 war möglicherweise auch schwarz. Die Maschine trug den 1939/40 eingeführten Anstrich aus RLM 71(auch 70)/02/65 und das Emblem der 2. Staffel

Bf 109 E-3 der 9./JG 54, Frankreich im Sommer 1940, geflogen von Leutnant Waldemar Wübke. Die Maschine trug – entgegen anderen Darstellungen – keine Welle nach dem Balkenkreuz, wie sonst bei Flugzeugen einer III. Gruppe (auch Senkrecht Balken) üblich. Auf der Motorhaube: das Emblem der 9. Staffel

Bf 109 E-4, W.Nr. 5344, Stab/JG 2, geflogen von Geschwaderkommodore Major Helmut Wick, dem erfolgreichsten Jagdflieger während der Luftschlacht um England, Beaumont-le-Roger/Frankreich, Anfang November 1940. Die seitliche Abdunklung der Grundlackierung RLM 71/02/65 wurde wohl mittels Schwamm oder großem Pinsel in 71 aufgetragen. Auch das Weiß in den Balkenkreuzen auf dem Rumpf und den Flügelunterseiten wurde reduziert. Die Motorhaube ziert das Emblem der 3. Staffel, schräg unterhalb der Kabinenhaube ist sein persönliches Zeichen, ein kleines Vögelchen aufgemalt

Bf 109 E-7 der 7./JG 26, geflogen von Oberleutnant Klaus Mietusch, Sizilien im Frühjahr 1941. Auf der Motorhaube: das Emblem der 7. Staffel. Lackierung: RLM 74/75/76

Standardjäger der Luftwaffe 1937–45

Messerschmitt Bf 109
Teil 3 – »Friedrich«

Mit der Bf 109 F brachte Messerschmitt die in fliegerischer Hinsicht sicherlich ausgewogenste und für viele auch schönste 109 heraus

Fotos, sofern nicht anders vermerkt: Sammlung Ringlstetter

Bf 109 F-0, PH+BE, W.Nr. 6631, aus der Vorserie mit DB 601 und eckigem Ladereinlass

Schon Mitte 1938 wurde mit der Entwicklung des Nachfolgemodells für die E-Serie begonnen. Sowohl in fertigungs- wie auch flugtechnischer Hinsicht erfuhr die Zelle eine gründliche Überarbeitung. So konnte die Produktionszeit um etwa ein Drittel auf ungefähr 6000 Stunden gesenkt werden.

Weitreichende Änderungen

In aerodynamischer Hinsicht machte man bei Messerschmitt einen großen Schritt nach vorne. Eine wesentlich vergrößerte Propellerhaube und die entsprechend angepasste Motorverkleidung verliehen dem neuen Modell ein stark verändertes schnittigeres Aussehen. Strömungsgünstiger wurden auch die Flüssigkeitskühler unter den Tragflächen gestaltet, die nun zwar breiter aber auch weniger hoch waren und über automatisch arbeitende Kühlklappen verfügten. Überarbeitet wurde auch das Landeklappensystem, wobei die hinteren Kühlerklappen auch die Funktion von Landeklappen übernahmen. Daran anschließend verliefen normale Landeklappen. Die Querruder hatte man gegenüber den Vorgängermustern gekürzt. Die automatischen Vorflügel waren aus der E-Reihe übernommen, die Flächenenden erhielten neue runde Endkappen, außerdem entfielen die Streben zur Höhenleitwerksflosse. Das Spornrad war halb einziehbar und steuerte so ebenfalls seinen Teil zur verbesserten

Bf 109 F-4/B der 10.(Jabo)/ JG 26 mit 250-kg-Bombe am ETC 250 in Frankreich im Juni 1942

Aerodynamik der F-Reihe bei. Der Ladereinlass war zunächst noch eckig ausgebildet, bekam für die Serie aber einen runden Querschnitt. Angetrieben wurde die Maschine anfangs von dem Daimler-Benz DB 601 A, den auch die Emil nutzte. Bis zum Serienanlauf war jedoch der leistungsstärkere 601 N mit 1175 PS Startleistung, der auch in späten E-Modellen eingebaut war, verfügbar. Daneben wurde die Verwendung eines Sternmotors in Erwägung gezogen und ein entsprechendes Versuchsflugzeug, V21, das noch auf der E-Reihe basierte, mit einem amerikanischen Doppelsternmotor Pratt & Whitney Twin Wasp ausgestattet. Für die Bf 109 X, ein Umbau aus der F-Serie, verwendete man Mitte 1940 noch ein BMW 801 A-Doppelsternmotor. Zur Serienproduktion einer Sternmotor-109 kam es jedoch trotz insgesamt guter Beurteilung nicht.

Gegenüber den Vorgängermodellen entfielen bei der Friedrich die MG-FF in den Tragflächen, dafür kam eine ungesteuerte Motorkanone MG-FF/M, die durch die hohle Luftschraubennabe schoss, zum Einbau. Die beiden MG 17 über dem Motor blieben. Die nun zentrierte Waffenauslegung hatte zwar insgesamt an Feuerkraft verloren, das Flugzeug wurde aber durch das Wegfallen der schweren ungünstig platzierten Flügelbewaffnung wendiger.

Überlegene Bf 109 F-1

Mit all den Verfeinerungen kam eine 109 heraus, die in fliegerischer Hinsicht wohl den Höhepunkt in der Bf 109-Entwicklung darstellt. Im Herbst 1940 erschienen die ersten Vorserienmaschinen der neuen Bf 109 F mit DB 601 N an der Kanalfront, bald darauf die ersten F-1. Den britischen Gegnern Hawker Hurricane (Mk I, II) und Supermarine Spitfire Mk II gegenüber zeigte sich die Friedrich als das überlegene Flugzeug, erst mit der Spitfire V konnten die Briten im Frühjahr 1941 wieder gleichziehen.

Manche Luftwaffe-Piloten sahen die geänderte bzw. schwächere Bewaffnung der F schlichtweg als Rückschritt an und zogen es vor, weiterhin die E zu fliegen. Besonders gute Schützen vermochten dagegen die Verbindung von verbesserten Flugleistungen und zentrierter Feuerkraft voll auszunutzen.

In der Jagdbomber-Version konnte ein Bombenträger ETC 250 montiert und eine 250-kg-Bombe oder ein Rost aus vier ETC 50 für 50-kg-Bomben mitgeführt werden. Auch der abwerfbare 300-Liter-Zusatztank fand wieder optional unter dem Rumpf Verwendung. Ebenso die Tropenausrüstung mit Sandfilter vor dem Ladereinlass sowie Notverpflegung, Signalausrüstung und Karabiner. Ein schwerer Makel der ersten F-Maschinen war deren offenbar zu schwach ausgelegter Leitwerksträger – nach etlichen Todesstürzen durch abgerissene Leitwerke wur-

Klassenunterschied: sowjetische Polikarpov I-16 »Rata« neben einer Bf 109 F des JG 54 an der Ostfront 1941

»Fliegerdenkmal« einer Bf 109 F der III./JG 77. Start- und besonders Landeunfälle waren mit der 109 keine Seltenheit

Speziell zum Abfeuern von Bordraketen gerüstete Bf 109 F-2, zur Tarnung Rauchzylinder RZ 65 genannt

Hans-Joachim Marseille, der »Stern von Afrika«, auf einer seiner Gelben 14, die Bf 109 F-4/trop mit der W.Nr. 8693. Vor dem Laderlufteinlass ist ein Sandfilter montiert, der Teil der Tropen-Ausrüstung war

Walter Oesau, der Kommodore des JG 2, in seiner Bf 109 F. In der aufgeklappten Kabinenhaube ist die rückwärtige Panzerplatte zu sehen. Gegen Beschuss von vorne konnte eine Panzerglasscheibe aufgesetzt werden. Beides wurde von der E-Serie übernommen

Technische Daten – Messerschmitt Bf 109, Teil 3

Messerschmitt Bf 109	F-2	F-4
Dauerleistung:	1175 PS 1020 PS in 4800 m 910 PS in Bodennähe 950 PS in 4000 m	1350 PS 1180 PS in 6000 m 1200 PS in Bodennähe 1040 PS in 4500 m
Spannweite:	9,92 m	9,92 m
Länge:	9,02 m	9,02 m
Höhe:	3,20 m (Heck waagrecht)	2,60 m (Heck am Boden)
Spurweite:	2,00 m	2,00 m
Flügelfläche:	16,05 m²	16,05 m²
Leergewicht:	2020 kg	2086 kg
Rüstgewicht:	2352 kg	2386 kg
Abfluggewicht:	2728 kg	2890 kg
Höchstgeschw.:	595 km/h in 5200 m	635 km/h* in 6200 m
in Bodennähe	495 km/h	525 km/h
Marschgeschw.:	–	495 km/h in 5000 m
Höchstzul. Geschw.:	750 km/h	750 km/h
Landegeschw.:	140 km/h	135 km/h
Startstrecke:	400 m ü. 20 m Hindernis	400 m ü. 20 m Hindernis
Landestrecke:	530 m ü. 20 m Hindernis	530 m ü. 20 m Hindernis
Steigleistung:	1000 m in 1,0 min	1000 m in 1,0 min
Anfangssteigleistung:	20,5 m/s	16,9 m/s
Steigleistung:	6000 m in 5,5 min	6000 m in 6,0 min
Reichweite:	700 km	700 km
Dienstgipfelhöhe:	11 200 m	11 600 m
Bewaffnung:	2 x MG 17–7,92 mm mit je 200 Schuss 1 x MG 151/15–15 mm mit 200 Schuss	2 x MG 17–7,92 mm je 500 Schuss 1 x MG 151/20–20 mm mit 200 Schuss

* Laut Datenblatt vom Februar 1943 – Erprobungen in Rechlin ermittelten bis zu 670 km/h in 6300 m.

den Verstärkungsbleche angebracht.

Die Folgeversion F-2, deren Produktion noch im Januar 1941 anlief, erhielt als Motorbewaffnung ein MG 151/15, das gegenüber dem MG-FF eine höhere Mündungsgeschwindigkeit und Schussfolge hatte. Als Antrieb diente weiterhin der DB 601 N. Mittels GM-1-Anlage (F-2/Z) war eine kurzzeitige Leistungssteigerung in großen Höhen durch Stickoxydul-Einspritzung zu erreichen. Während

Zwei Bf 109 F/trop der III./JG 53 mit weißem Rumpfband und weißen Flügelspitzen, eine Markierung, wie sie im Mittelmeerraum eingesetzte Flugzeuge gewöhnlich trugen

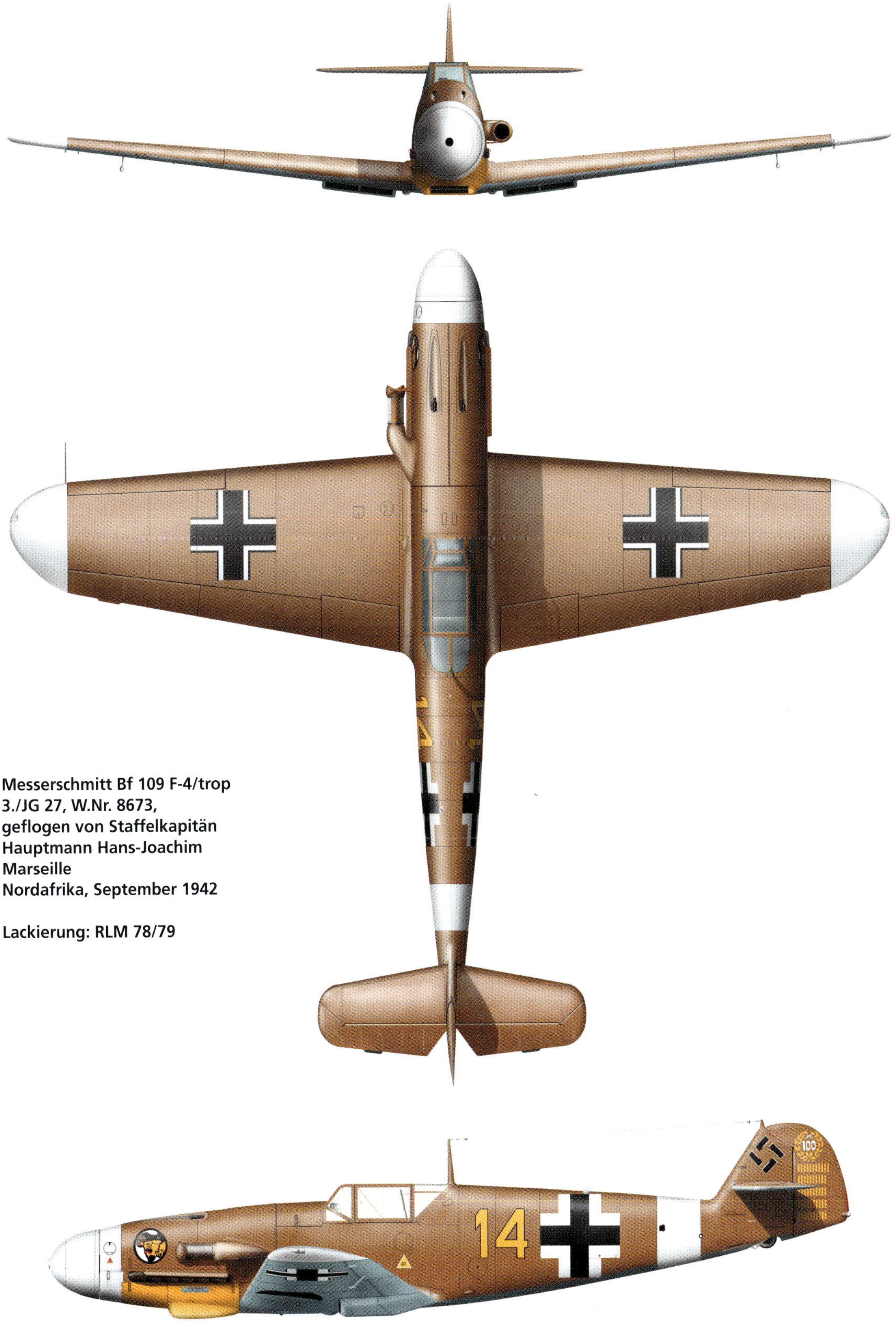

Messerschmitt Bf 109 F-4/trop
3./JG 27, W.Nr. 8673,
geflogen von Staffelkapitän
Hauptmann Hans-Joachim
Marseille
Nordafrika, September 1942

Lackierung: RLM 78/79

Ein reinrassiges Jagdflugzeug – Bf 109 F-0 auf Testflug über den Alpen

Foto: Lufthansa

von der Bf 109 F-3, die mit dem stärkeren DB 601 E ausgerüstet war, wohl nur wenige Exemplare gebaut wurden, verließ die Ausführung F-4, ebenfalls mit einem DB 601 E angetrieben, in großer Zahl die Werkshallen. Der Motor brachte es auf 1350 PS Startleistung und kam mit gewöhnlichem Treibstoff (B4) aus, während der DB 601 N mit höheroktanigem Brennstoff (C3) betrieben werden musste, dessen Bereitstellung nicht immer gewährleistet werden konnte. Mit Einbau des MG 151/20, Kaliber 20 mm, kam man dem Wunsch nach stärkerer Bewaffnung nach. Als Rüstsatz (R1) konnten zudem zwei MG 151/20, die in Gondeln unter den Tragflächen montiert wurden, mitgeführt werden.

Eine breitere und im Durchmesser um 10 cm kleinere Luftschraube sorgte für verbesserten Vortrieb. Außerdem wurde

Sondermodell: Bf 109 F mit MG-FF-Flächenbewaffnung, geflogen von Adolf Galland, 1940/41 Kommodore des JG 26. Dieser gab sich mit der serienmäßigen Bewaffnung nicht zufrieden und ließ eine Friedrich entsprechend umrüsten. Seine zweite F besaß anstatt der MG 17 zwei MG 131. Unterhalb der Kabinenhaube: die zigarrerauchende, Beil und Pistole schwingende Micky Mouse, Gallands persönliches Zeichen

Eine aus der UdSSR stammende Bf 109 F wird in den USA untersucht. Oben ragen die beiden MG 17 aus dem Rumpf, mittig darunter das MG 151/20

Foto: US Air Force

Versuchsweise wurde die Bf 109 V23, W.Nr. 5603, 1941 mit Bugrad ausgerüstet

die Panzerung der F-4, die ab Mitte 1941 zu den Verbänden gelangte, verstärkt.

Als schneller Fotoaufklärer mit Reihenbildgerät Rb 50/30 und nur zwei MG 17 als Bewaffnung kam die F-5 zur Truppe. Von der F-6, ebenfalls ein Aufklärer, wurde nur ein Exemplar gebaut. Versuchsweise wurde eine Bf 109 1941 mit Bugrad ausgestattet. 1943 führte man mit einer Bf 109 F-2 Tests zum Abfeuern von acht Bordraketen RZ 65 durch.

Der nächste Schritt in der Bf 109-Entwicklung führte zur meistgebauten Bf 109-Baureihe, der Bf 109 G wie Gustav. ◀

Waffenwarte beim Aufmunitionieren einer Bf 109 F-4

Nach sauber ausgeführter Bauchlandung wirkt diese Bf 109 F-2 des JG 3 relativ unbeschädigt

Bf 109 F-2, Stab/JG 54, geflogen von Geschwaderkommodore Major Hannes Trautloft, Ostfront im Februar 1942. Das Flugzeug wurde nachträglich in (vermutlich) zwei Grüntönen lackiert. Das JG 54 war auch als »Grünherz-Geschwader« bekannt

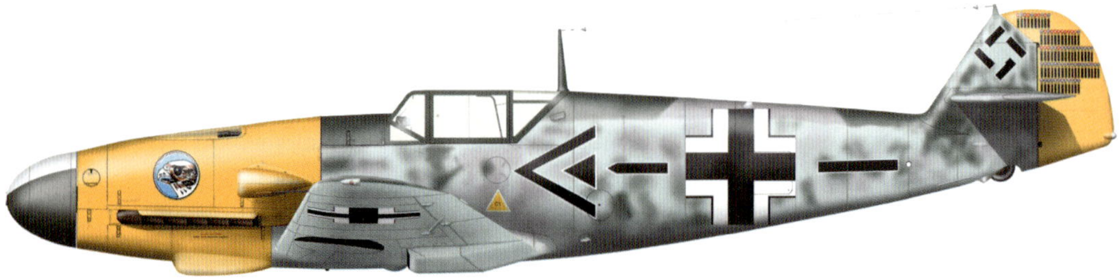

Bf 109 F-2, Stab/JG 51, geflogen von Geschwaderkommodore Oberstleutnant Werner Mölders, Düsseldorf im Juni 1941 vor Abflug an die Ostfront. Auf der Motorhaube das Emblem des JG 51. Die Luftschraubenhaube (RLM 70) ist zu einem Drittel weiß lackiert

Bf 109 F-4/B der 10./JG 53, der Jagdbomberstaffel des Geschwaders, Sizilien 1942. Neben dem Pik-As, dem Geschwaderwappen auf der Motorhaube, ist am Heck das Emblem der Jabo-Staffel aufgemalt. Lackierung: RLM 74/75/76 mit seitlichen Flecken in 02, 70 und 74

Bf 109 F-4/Trop des Gruppenadjutanten der II./JG 27 Oberleutnant Werner Schroer in Nordafrika 1942. Lackierung: RLM 79/78

Standardjäger der Luftwaffe 1937–45

Messerschmitt Bf 109

Teil 4 – »Gustav«

Mit stärkerem Motor, aber auch mehr Gewicht erschien 1942 die nächste Stufe in der Bf 109-Entwicklung, die Gustav, die mit Abstand meistgebaute Bf 109-Baureihe

Fotos, sofern nicht anders vermerkt: Sammlung Ringlstetter

Zwei frühe Bf 109 G-2/trop vom JG 77 mit außergewöhnlicher Tarnbemalung. Vor dem Laderlufteinlass ist ein Sandfilter montiert, der Teil der Tropen-Ausrüstung war

Wenngleich sich die Bf 109 G-1 äußerlich von der F-Serie nur wenig unterscheidet, wurde der Entwurf doch komplett überarbeitet.

Dem Wunsch nach mehr Leistung kam man bei Messerschmitt durch Einbau des neuen Daimler-Benz DB 605 A nach, der einen vergrößerten Hubraum von 35,7 Liter und eine höhere Verdichtung aufwies. Die ersten Tests erfolgten jedoch noch mit DB 601-Motoren (G-0), bis ab April/ Mai 1941 mit der Erprobung samt DB 605 begonnen werden konnte. Der neue Motor bereitete jedoch noch Schwierigkeiten, sodass es bis Sommer 1942 dauerte, ehe die ersten Bf 109 G-1 an die Front gelangten. Doch auch dort gab es noch reichlich Probleme mit dem DB 605 – festgehende Kolben und Feuer fangende Motoren waren keine Seltenheit. Die Start- und Notleistung des DB 605 A von 1475 PS wurde zunächst gesperrt und erst im Juni 1943 freigegeben.

Auch sonst gab die Gustav bei der Truppe wenig Anlass zur Freude, da sie fliegerisch eine Verschlechterung darstellte und schwieriger zu

Das »Gesicht« einer Gustav, hier eine G-2. Im Unterschied zur Friedrich wies die Gustav u. a. links und rechts zwei kleine Lufthutzen auf

Bf 109 G-6 der III./JG 27 während eines Begleitschutzeinsatzes im Mittelmeerraum 1943

Bf 109 G-6/R7, unter den Tragflächen ausgerüstet mit Rohren zum Abfeuern von ungelenkten Bordraketen WGr. 21, Kaliber 21 cm

handhaben war als die Vorgängermodelle.

Erstmals mit Druckkabine

Erstmals verfügte eine 109 über eine Druckkabine, die aber nur für geringe Stückzahlen vorgesehen war. Der Kabinenrahmen war daher geschweißt und nicht mehr genietet. Die Frontscheibe bestand aus Panzerglas, darüber hinaus war der Rahmen verstärkt worden, zusätzliche Streben in den Seitenfenstern verschlechterten die ohnehin nicht gerade berauschenden Sichtverhältnisse nochmals. Das Hauptfahrwerk wurde verstärkt, das Spornrad der Bf 109 G war nicht mehr einziehbar. Gleich den Friedrich-Modellen verfügte auch die Gustav über keine serienmäßige Tragflächenbewaffnung. Wie bei der F-4 kamen in der G-1 eine ungesteuerte Motorkanone MG 151/20, Kaliber 20 mm, die durch die hohle Luftschraubennabe schoss, sowie zwei MG 17, Kaliber 7,92 mm, über dem Motor zum Einbau.

Nur wenige G-1 wurden gebaut, parallel entstand die Bf 109 G-2, die ohne Druckkabine auskam und über weitere Rüstsatzmöglichkeiten verfügte. Die Gustav war so

Bf 109 G-6 von Gerhard Barkhorn, dem Gruppenkommandeur der II./JG 52 – Russland, Herbst 1943. Gut zu sehen sind die bezeichnenden Beulen auf Flügel und Rumpf, die der Gustav den Spitznamen »Beule« einbrachten

Waffenwarte beim Aufmunitionieren einer Bf 109 G-6. Unter den Tragflächen, die in Gondeln installierten MG 151/20, unter dem Rumpf ein 300-l-Kraftstoffbehälter

Die Versionen G-10 und G-14 wurden serienmäßig mit stark verbesserter Kabinenhaube (Erla-Haube) und durchsichtigem, rückwärtigem Kopfschutz (Galland-Panzer) ausgeliefert. Frühere 109-Versionen konnten entsprechend nachgerüstet werden

Ein reinrassiger schlanker Jäger – Bf 109 Gustav

ausgelegt, dass Rüstsätze schnell montiert werden konnten. Dazu gehörten: GM-1-Anlage zur kurzzeitigen Leistungssteigerung in großen Höhen durch Stickoxydul-Einspritzung, Bombenträger ETC 500 IXb für eine 250-kg-Bombe oder ETC 50 VIIId für vier 50-kg-Bomben, ein abwerfbarer 300-l-Zusatztank unter dem Rumpf sowie zwei MG 151/20 in Gondeln unter den Flächen.

Die Aufklärervariante G-2/R2 konnte verschiedene Kameraausrüstungen mitführen und verfügte über eine GM-1-Anlage.

Versuchsweise wurde eine Bf 109 G-1 für den Einsatz als Jagdbomber mit großer Reichweite mittig unter dem Rumpf mit einem zusätzlichen abwerfbaren Rad ausgestattet, um so eine 500 kg schwere Bombe tragen zu können. Zudem waren zwei 300-l-Treibstofftanks unter den Flügeln vorgesehen.

»Beulen«-Gustav

Für den Tropeneinsatz bestand die Ausstattung (/trop) wie üblich unter anderem aus einem Sandfilter vorm Ladereinlass sowie Signalausrüstung, Karabiner und Notverpflegung. Als Höhenjäger erschien die G-3 (nur 50 Stück) entsprechend mit Drukkabine, während bei der G-4 wiederum darauf verzichtet wurde. Größere Räder (660 x 160) machten Ausbuchtungen

Versuchsweise wurde die Bf 109 G-1/R1, W.Nr. 14008, mit einem zusätzlichen Rad zum Transport einer 500-kg-Bombe ausgerüstet. Zusätzlich trägt die Maschine zwei 300-l-Zusatztanks

Produktion einer späten Gustav-Reihe mit vergrößertem Seitenleitwerk

Nur wenige gefertigt: Schul-Zweisitzer Bf 109 G-12

in den Flügeloberseiten notwendig – die ersten voluminösen Beulen der Gustav. Teilweise erhielten die Maschinen auch größere Spornräder. Mit Einbau des FuG 16 wurde die Funkausrüstung verbessert. Mit dem Umbausatz U3 konnte eine MW 50-Anlage (Wasser-Methanol-Einspritzung) installiert werden, die kurze Zeit für mehr Leistung im unteren bis mittleren Höhenbereich sorgte.

Einen weiteren Höhenjäger mit Druckkabine stellte die Version G-5 dar, die mit dem DB 605 AS ausgerüstet war. Basis der G-5 war die Bf 109 G-6 (DB 605 A), die meistgebaute Gustav-Variante, die mit zwei 13-mm-MG 131 anstatt der MG 17 oberhalb des Motors bestückt wurde, was wegen Platzmangel innerhalb der Motorverkleidung zu den dicken Rumpfbeulen führte. Die auffälligen Beulen auf Flügel und Rumpf brachten der Gustav schließlich den Spitznamen »Beule« ein. Als weiterer Rüstsatz kam der Anbau von zwei Ausstoßrohren zum Abfeuern von zwei Werfergranaten WGr. 21 hinzu. Diese wurden zum Aufsprengen der eng fliegenden Bomberformationen verwendet und zumindest eine Weile mit Erfolg eingesetzt. Als Motorkanone konnte auch eine MK 108, Kaliber 30 mm, eingebaut werden. Versuche mit MK 108-Waffengondeln zeigten hingegen kein wirklich befriedigendes Ergebnis.

Für stark verbesserte Sichtverhältnisse sorgte die bei Erla entwickelte Kabinenhaube (Erla-Haube) sowie ein neuer, teils durchsichtiger Kopfpanzer, nach seinem Fürsprecher auch Galland-Panzer genannt.

Die G-8 wurde wieder als Aufklärer gefertigt, während die G-7, G-9, G-11, G-13 nicht produziert wurden.

Nochmals mehr Leistung

Ab Mitte 1944 erhielten die Verbände mit der Bf 109 G-14 praktisch eine überarbeitete G-6 mit DB 605 AM (MW 50) oder AS (GM-1). Auch erhielt die G-14 ein vergrößertes Seitenleitwerk aus Holz und Metall. Bei der Bf 109 G-10 ging man einen Schritt weiter und entwickelte eine neue Motorverkleidung mit gestreckter Ausbuchtung, die alten Beulen entfielen. Als Antrieb diente entweder ein

Bf 109 G-6 vom Stab des JG 51, mit den Markierungen des Geschwader-Adjutanten, Ostfront Anfang 1944. Lackierung: provisorischer Wintertarnanstrich

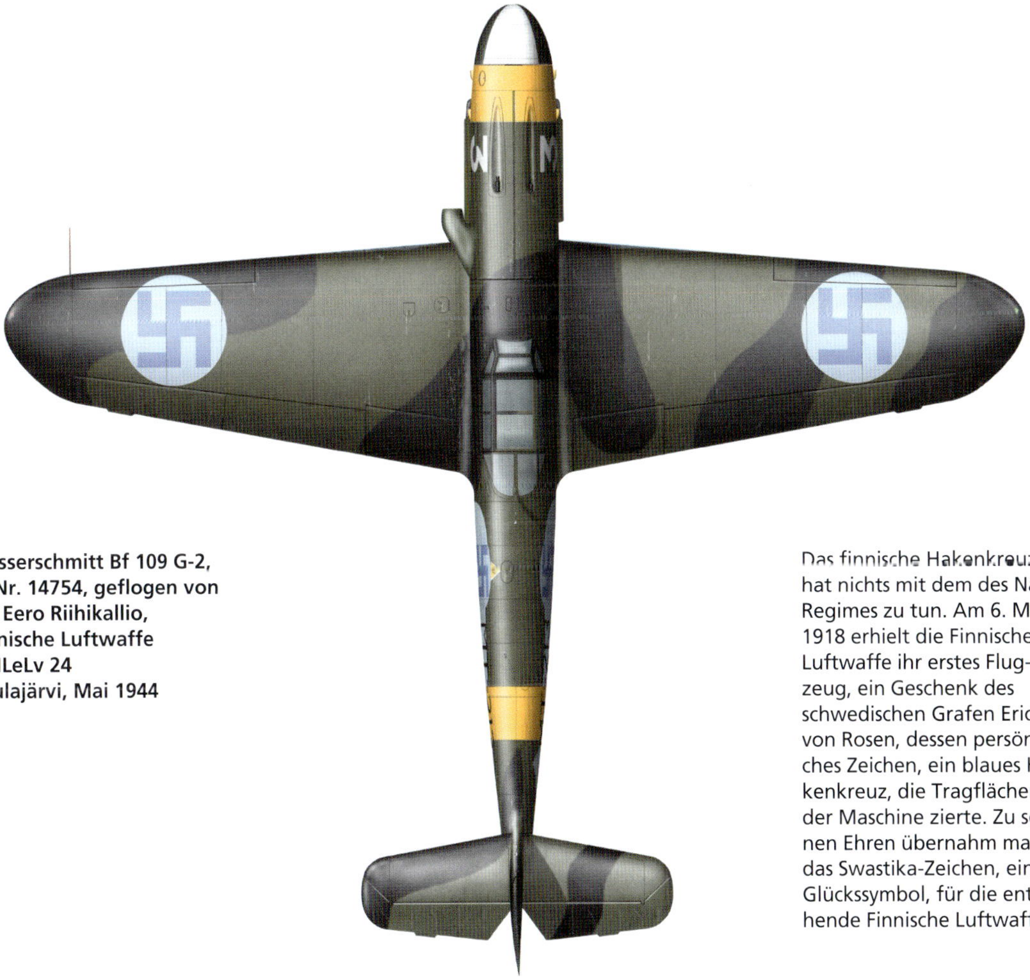

Messerschmitt Bf 109 G-2,
W.Nr. 14754, geflogen von
1Lt Eero Riihikallio,
Finnische Luftwaffe
2/HLeLv 24
Suulajärvi, Mai 1944

Das finnische Hakenkreuz hat nichts mit dem des Nazi-Regimes zu tun. Am 6. März 1918 erhielt die Finnische Luftwaffe ihr erstes Flugzeug, ein Geschenk des schwedischen Grafen Eric von Rosen, dessen persönliches Zeichen, ein blaues Hakenkreuz, die Tragflächen der Maschine zierte. Zu seinen Ehren übernahm man das Swastika-Zeichen, ein Glückssymbol, für die entstehende Finnische Luftwaffe.

Bf 109 G-10/R2 der Nahaufklärungsgruppe 14, die den Amerikanern in die Hände fiel. Im Hintergrund eine P-51D Mustang

Foto: US Air Force

DB 605 AS, D, DC oder DB. Der DB 605 D wartete mit vergrößertem Ölbehälter und erhöhter Verdichtung auf und besaß einen größeren Lader. Auch der Querschnitt des Ladereinlasses an der Motorhaube geriet damit etwas größer.

Zu Schulzwecken wurde eine Reihe von Maschinen in Zweisitzer Bf 109 G-12 umgebaut.

Mit dem Versuchsflugzeug Bf 109 V48, W.Nr. 14003 (VJ+WC), versuchte man Anfang 1942/43 mit einem V-Leitwerk neue Wege zu gehen, es blieb jedoch beim Versuch.

Gegen alliierte Jäger wie Spitfire, Mustang und Thunderbolt, aber auch manchen russischen Typ, hatten die Gustavs einen schwierigen Stand. Zudem verschlechterten die Zusatzwaffen unter den Flügeln, die gegen viermotorige Bomber fast unerlässlich waren, die Aussichten, im Luftkampf gegen die alliierten Jäger zu bestehen. Dennoch blieb die Gustav, besonders die letzten Versionen, in den Händen eines guten Flugzeugführers ein äußerst gefährlicher Gegner. ◀

Technische Daten – Messerschmitt Bf 109, Teil 4

Messerschmitt	Bf 109 G-6	G-10
Typ:	Einsitziges Jagdflugzeug	
Antrieb:	Daimler-Benz DB 605 A flüssigkeitsgekühlter hängender V-12-Zylinder-Reihenmotor	DB 605 DB
Startleistung:	1475 PS	1550 PS
Sondernotleistung:	–	1800 PS mit MW 50
Spannweite:	9,92 m	9,92 m
Länge:	9,02 m	9,02 m
Höhe:	3,20 m (Heck waagrecht)	3,37 m (Heck waagrecht)
Spurweite:	2,06 m	2,10 m
Flügelfläche:	16,05 m²	16,05 m²
Leergewicht:	2293 kg	2328 kg
Rüstgewicht:	2680 kg	–
Abfluggewicht:	3221 kg	3343 kg
Höchstgeschw.:	635 km/h in 6600 m	655 km/h in 9000 m 685 km/h mit MW 50 in 7500 m
in Bodennähe:	540 km/h	550 km/h
Marschgeschw.:	520 km/h	525 km/h
Höchstzul. Geschw.:	750 km/h	750 km/h
Landegeschw.:	145 km/h	150 km/h
Startstrecke:	400 m	380 m
Landestrecke:	600 m ohne Bremsen	–
Steigleistung:	1000 m in ca. 1 min 3000 m in ca. 3 min 8000 m in ca. 10 min	1000 m in ca. 1 min 3000 m in ca. 3 min 6000 m in ca. 7,5 min
Anfangssteigleistung:	17 m/s	17 m/s
Reichweite:	650 km	640 km
Dienstgipfelhöhe:	11 200 m	12 500 m
Bewaffnung:	2 x MG 131 – 13 mm mit je 300 Schuss 1 x MG 151/20 – 20 mm mit 200 Schuss sowie diverse Rüstsätze	2 x MG 131 – 13 mm mit je 300 Schuss 1 x MK 108 – 30 mm mit 65 Schuss
Bombenlast:	250 kg	250 kg

Bf 109 G-2 der Rumänischen Luftwaffe, Ostfront im Sommer 1943

Bf 109 G-6/R6, W.Nr. 27083, mit Flächenbewaffnung 2 x MG 151/20, der 5./JG 2, geflogen von Unteroffizier Heinz Hünig, der am 20. Oktober 1943 während eines Einsatzes in der Gegend von St. Omer mit dieser Maschine ums Leben kam

Bf 109 G-6 der Jagdgruppe 101 »Puma«, Magyar Királyi Légierö (Königlich Ungarische Luftwaffe), Veszprém/Ungarn im Sommer 1944

Bf 109 G-10, W.Nr. 130342, eingesetzt um den Angriff schwer bewaffneter Jäger auf Bomber zu decken. Um einen möglichst hohen Grad an Tarnung zu erreichen, lackierte man diese Maschinen komplett in RLM 76. Diese Maschine fiel bei Kriegsende den Briten in die Hände

Beutemaschine Bf 109 K-4 mit typischen Merkmalen: weiter nach vorn und oben verlegter Wartungsdeckel sowie einen Spant zurückverlegte Antenne und vorverlegter linker Tankdeckel

Standardjäger der Luftwaffe 1937–45 – Teil 5

Messerschmitt Bf 109 – Varianten H, K, Z

Als letzte in nennenswerter Stückzahl gebaute Bf 109-Version erschien Ende 1944 die Bf 109 K, die Kurfürst, an der Front. Spanische und tschechoslowakische Versionen der Bf 109 blieben sogar noch bis lange nach Kriegsende im Einsatz

Die schon bei den letzten Gustav-Varianten G-10 und -14 zum Einbau gekommenen Neuerungen, wie die mit lang gezogenen Beulen versehene Motorhaube und die großen Ausbuchtungen auf den Flügeloberseiten für die breiteren Reifen (660 x 190), die ihnen den Spitznamen »Superbeule« einbrachten, gehörten serienmäßig zur K. Ebenso das erhöhte Seitenleitwerk in Metall- oder Holzbauweise sowie die sichtverbessernde Erla-Haube. Der hohe Sporn war nun in der Regel einziehbar sowie voll verkleidet und mittels Restabdeckung waren auch die Hauptfahrwerksräder komplett verdeckt – Ausnahmen gab es jedoch auch in der K-Serie.

Um wertvolles Metall zu sparen, wurden ab Sommer bis Ende 1943 bei der Firma Hirth Holzflächen entwickelt, die auch die Aufnahme von MK 108-Kanonen vorsahen. Die Holzkonstruktion erwies sich jedoch als zu aufwendig, so blieb es bei der Fertigung aus Metall.

Weder die K-1 mit Druckkabine und GM 1-Anlage, noch die K-2, von der nur ein Versuchsmuster (W.Nr.

Schon bei den letzten Gustav-Varianten waren zahlreiche Ausstattungsmerkmale der Kurfürst zu finden – hier eine Bf 109 G-14/AS der Kroatischen Luftwaffe in amerikanischer Hand

Bf 109 K-4 des JG 3. Etwa 850 K-4 sollen wenigstens gebaut worden sein

600056) gebaut wurde, kamen in die Serienfertigung. Gestrichen wurde auch die geplante K-3-Serie mit DB 605 AS, ebenfalls ein Höhenjäger mit Druckkabine.

Großserie K-4

Die erste und einzige in Serie gebaute Kurfürst wurde letztlich die K-4 mit DB 605 D-Motor und Dreiblatt-Verstellluftschraube von VDM. Zur Funkausrüstung gehörten das FuG 16zy und FuG 25a.

Die Bewaffnung der Bf 109 K 4 bestand aus einer durch die hohle Propellernabe feuernden, enorm durchschlagkräftigen Motorkanone MK 108, Kaliber 30 mm. Über dem Motor waren zwei, schon seit der G-6 bewährte, 13-mm-MG 131 installiert. Als Visiereinrichtung diente das Revi 16 B, für später war das EZ 42 geplant.

Zur Einsatzoptimierung ließ sich die K-4 mit verschiedenen Rüstsätzen (R1 – R6) ausstatten. So konnte die K-4 mit einem 300-l-Kraftstoffbehälter oder einer 250- bzw. 500-kg-Bombe (mittels ETC 500/503) unter dem Rumpf oder auch verschiedenen Kameras für den Einsatz als Aufklärer ausgerüstet werden. Zudem konnte eine BSK 16-Schießkamera im linken Flügel sowie eine leistungssteigernde MW-50- oder GM-1-Anlage eingebaut werden. Außerdem war die zusätzliche Bewaffnung mit zwei MG 151 in Flächengondeln möglich.

In Planung: K-6 bis K-14

Mit zusätzlich in den Flächen montierten MK 108 mit je 40 oder MG 151/20 mit je 100 Schuss war die Bf 109 K-6 bewaffnet. Der mit DB 605 ASCM oder DCM und MW-50-Einspritzung ausgerüstete sogenannte Sturmjäger sollte ab Anfang 1945 im Werk Wiener Neustadt gefertigt werden, was jedoch aufgrund der Kriegslage nicht mehr geschah.

Als Fern- und Nahaufklärer war hingegen die Version K-8 geplant, ob noch ein Musterflugzeug entstand, ist nicht bekannt. Zu einer Ausführung des Musters Bf 109 K-10 mit MK 103, Kaliber 30 mm, als Motorkanone kam es nicht mehr.

Die K-12 stellte vermutlich einen Zweisitzer zu Schulungszwecken dar. Für die K-14 war der Einbau des DB 605 L mit verbessertem Lader, MW-50-Anlage und Vierblatt-Luftschraube geplant. Als Bewaffnung waren zwei MG 131 und drei MK 108 vorgesehen.

Mistel-Gespann und Zwilling

So genannte Mistel-Gespanne, bestehend aus einer 2000 kg Sprengstoff tragenden Junkers Ju 88 und einem einmotorigen Jäger Bf 109 (als Mistel 2 auch Fw 190), kamen ab 1943 in sehr geringem Umfang zum Einsatz.

Als schwer bewaffneter Zerstörer und Jagdbomber wurde Ende 1942 eine Doppelrumpf-109 mit DB 605-Motoren entworfen. Alternativ war der Einbau von zwei Junkers Jumo 213 geplant. Die Starrbewaffnung der Zerstörer-Ausführung sollte aus fünf MK 108 oder vier MK 108 und einer MK 103 bestehen. Für die Bomberausführung waren zwei MK 108 und eine Abwurflast von bis zu 2000 kg

Die Weiße 17, eine Bf 109 K-4 vom JG 77

Leichter Jäger Bf 109 K-4 der III./JG 77. Die zusätzlichen Radabdeckungen fehlen, die Reifen haben die Größe 660 x 190 (siehe auch Zeichnung Seite 58)

DB 605 D – wegen des größeren Laders musste der Motorträger geändert werden

Bf 109 K-4 mit großem Seitenleitwerk in typisch geflecktem Tarnanstrich

Von Hispano Aviación, einer Tochterfirma von Hispano-Suiza, gebaute spanische HA-1.109 K1L mit Hispano Suiza HS 12Z-17-V-12-Motor

vorgesehen. Zur Fertigung kam es nicht. Am Beispiel der später sehr erfolgreich eingesetzten North American P-82 Twin-Mustang, einer Doppelrumpf-P-51, wurde deutlich, dass das Konzept stimmte und enormes Potenzial besaß. Nachdem das Höhen- bzw. Trägerjäger-Projekt Me 155 aufgegeben bzw. an Blohm & Voss (BV 155) abgegeben wurde, entstand zur Bekämpfung von erwarteten Höhenbombern 1943/44 auf Basis der G-5 ein vereinfachtes Höhenjäger-Modell, die Bf 109 H. Die Spannweite war auf 13,26 m vergrößert, das Hauptfahrwerk stand breiter und wurde nach innen eingezogen. Angetrieben werden sollte die H von dem noch in der Entwikklung befindlichen DB 628. Die wenigen aus G-5 umgebauten Bf 109 H hatten jedoch den DB 605 A. Vereinzelt wurden die Maschinen über Großbritannien – wahrscheinlich als Höhenaufklärer – eingesetzt. Weitere Entwicklungen unterblieben, da die Focke-Wulf-Konstruktionen Fw 190 D und Ta 152 den Vorzug erhielten.

Obwohl konstruktiv veraltet, blieb die 109, die mit der K-4 ihre leistungsmäßige Krönung fand, den ganzen Krieg hindurch an allen Fronten im Einsatz. Alte Hasen, die das beachtliche Potenzial der Kurfürst zu nutzen wussten, gab es nicht mehr viele. Junge, hastig ausgebildete Piloten wurden nur allzu oft und schnell das Opfer der zahlreichen alliierten Jagdflieger, die 1944/45 den Himmel über Europa beherrschten. Die deutsche Bf 109-Produktion, die auf zahlreiche Firmen und Werke verteilt war, ging 1945 zu Ende. Die Nachkriegsfertigung eingeschlossen, sollen etwa 33 000 Maschinen gebaut worden sein, womit die 109 das meistgebaute Jagdflugzeug aller Zeiten ist.

Avia-Produktion

Schon während des Krieges wurden im Protektorat Böhmen und Mähren (Tschechoslowakei) Fertigungsstätten zum Bau der Bf 109 G eingerichtet. Nach Kriegsende nahm man die Fertigung des deutschen Jägers bei Avia als C.10 auf, gefolgt von der zweisitzigen Schulversion C.110. Die C.10 entsprach den letzten G-Varianten, doch musste wegen fehlender DB-Motoren schon bald auf den in großer Stückzahl vorhandenen Junkers Jumo 213 F umgerüstet werden. Das Aggregat, ein schwerer Bombermotor, trieb eine Luftschraube mit stattlichen 3,65 m Durchmesser an, 65 cm mehr als beim DB 605. Die erste derart motorisierte Maschine flog am 25. April 1947. Der Motorwechsel fiel jedoch sehr zum Nachteil hinsichtlich der Flugleistungen und -eigenschaften aus, trotzdem ging das Modell, C.210 genannt, in Serie. Wegen ihres störrischen Verhaltens bei Start und Landung wurde die kopflastige Avia S.199 auch Maulesel (Mezec) genannt. Auch von der Jumo-Version

Avia S.199 mit Junkers Jumo 211 F-Motor. Spätere Maschinen erhielten eine seitlich und oben gewölbte sowie nach hinten aufschiebbare Kabinenhaube. Ein tschechischer Jagdflieger setzte sich mit dieser Maschine in den Westen ab

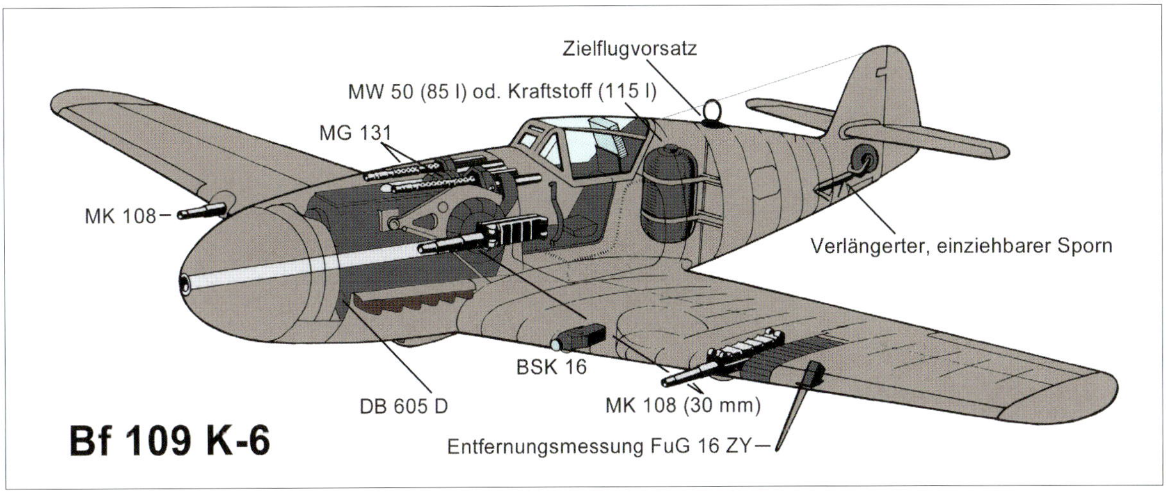

Der Sturmjäger K-6 ging nicht mehr in Serie

wurde eine Schulvariante CS gebaut. Zwischenzeitlich wurde eine Umbenennung der Typen in S.99 (C.10), CS.99 (C.110) und S.199 (C.210) durchgeführt. Mehr als 550 der verschiedenen Versionen sollen in der Tschechoslowakei gebaut worden sein.

1948 verkaufte man 25 S.199 zu einem horrend hohen Preis nach Israel, das dringend Jäger für seine Luftstreitkräfte brauchte. So kam die alte 109-Konstruktion in Form der Avia S.199 noch einmal zu Kriegsehren und half mit, dem jungen Staat Israel das Überleben zu sichern.

Hispano Aviación

Für die Lizenzfertigung hatte Spanien 1942 25 Bf 109 G-2-Zellen (Bf 109 J) erhalten, Triebwerke konnten jedoch nicht geliefert werden. So entschied man sich bei Hispano Aviación zum Einbau des Hispano-Suiza HS-12Z-89 mit 1340 PS Startleistung. Die daraus entstandene HA-1.109 J1L hob im März 1945 zum Erstflug ab. Nach langwierigen Schwierigkeiten mit dem HS-12Z-89 wechselte man 1951 zum gleich starken HS-12Z-17, woraus die HA-1.109 K1L und deren Schulversion 1.110 K1L sowie die im Bereich der Bewaffnung unterschiedlichen 1.109 K2L und K3L entstanden. Bessere Flugleistungen versprach der Einbau des 1610 PS starken Rolls-Royce Merlin 500/45-Triebwerks samt Vierblatt-Luftschraube. Kurioserweise wurden auch die ehemaligen Kontrahenten Spitfire, Hurricane und Mustang von Merlin-Motoren angetrieben. Der V-12 von Rolls-Royce war, wie die Hispano-Suiza-Motoren, ein stehender V-12-Zylinder, wodurch die typische Erscheinung der Bf 109 im Bereich der kompletten Motorverkleidung erheblich verändert wurde. Die Leistungen der britisch motorisierten Maschine stiegen beträchtlich, und die HA-1.112 M1L war gut zu fliegen. Neu waren auch die sogenannten Grenzschichtzäune auf den Tragflächen, die das Abkippverhalten des Flugzeugs verbesserten. Lediglich

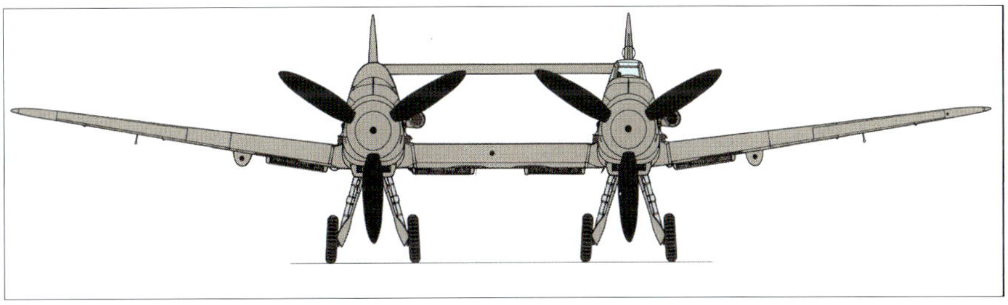

Doppelrumpf-Variante Bf 109 Z mit fünf MK 108, Kaliber 30 mm

Mistel-1-Gespann aus Sprengstoffträger Ju 88 und Leitflugzeug Bf 109 F

Für den Film »Memphis Belle« wurde die HA-1.112 M1L von Hans Dittes leidlich auf eine Bf 109 G getrimmt – hier mit Walter Eichhorn am Steuer 1990 während einer britischen Flugschau. Teile dieses Flugzeugs wurden später für den Aufbau von Dittes' Bf 109 G-10, Schwarze 2, verwendet, die heute der Messerschmitt-Stiftung gehört

im Bereich der Waffen unterschieden sich die M2L mit zwei 12,7-mm-MGs und die M3L, die nur mit Raketen bewaffnet war, von der M1L. Als HA-1.112 M4L wurde der Doppelsitzer bezeichnet. Als Standardbewaffnung wählten die Spanier zwei 20-mm-Kanonen HS 404 oder 808, Kaliber 20 mm, in den Tragflächen sowie acht 80-mm-Oerlikon-Raketen.

Bei der spanischen Luftwaffe wurden die Bf 109-Modelle als C.4 geführt. Die Buchón (ein großbrüstiger, einheimischer Vogel), wie die HA-1.112 auch genannt wurde, blieb praktisch bis 1957 in der Fertigung und bis 1967 in Dienst. Die Zahlen für die gebauten Exemplare schwanken zwischen 240 und 350.

Als Bf 109 E des Jahres 1940 verkleidet, flogen 1968 zahlreiche Merlin-109 für den Film »The Battle of Britain/Die Luftschlacht um England«. Danach wurden viele der Maschinen an Privatpersonen veräußert. Auch wenn Klang und Erscheinung lange nicht an ein Original mit Daimler-Benz heranreichen, sind die verbliebenen Buchóns heute gefragter denn je – eine 109 bleibt eben eine 109, auch wenn sie »nur« eine HA-1.112 mit Merlin-Motor ist. ◄

Technische Daten – Messerschmitt Bf 109, Teil 5

Messerschmitt	Bf 109 H-1	Bf 109 K-4	Avia S.199	HA-1.112 M1L
Typ:	Einsitziges Jagdflugzeug			
Antrieb:	Daimler-Benz DB 605 A flüssigkeitsgekühlter hängender V-12-Zylinder-Reihenmotor	DB 605 D	Junkers Jumo 211 F	Rolls-Royce Merlin 500/45 stehender V-12-Reihenmotor
Startleistung:	1475 PS	1550 PS	1340 PS	1610 PS
Kampfleistung:	1310 PS	1800 PS mit MW 50	1060 PS in 5000 m	1510 PS in 2800 m
Spannweite:	13,26 m	9,92 m	9,92 m	9,92 m
Länge:	9,02 m	9,02 m	9,10 m (?)	9,13 m
Höhe:	2,60 m (Heck am Boden)	3,37 m (Heck waagrecht)	2,60 m	2,60 m
Spurweite:	3,72 m	2,10 m	2,10 m	2,07 m
Flügelfäche:	21,90 m²	16,05 m²	16,05 m²	16,05 m²
Leergewicht:	–	2346 kg	2650 kg	2445 kg
Rüstgewicht:	–	2755 kg	2860 kg	2656 kg
Abfluggewicht:	3600 kg	3362 kg	3736 kg	3180 kg
Höchstgeschw.:	655 km/h	680 km/h in 9000 m 710 km/h in 7500 m mit GM 1	590 km/h in 6000 m	675 km/h in 4000 m
in Bodennähe:	590 km/h	610 km/h	520 km/h	–
Marschgeschw.:	315 km/h (für Langstrecke)	495 km/h in 5000 m	460 km/h	510 km/h
Höchstzul. Geschw.:	–	750 km/h	–	–
Landegeschw.:	140 km/h	150 km/h	–	–
Startstrecke:	–	380 m ü. 20 m Hindernis		– –
Landestrecke:	–	530 m ü. 20 m Hindernis		– –
Anfangssteigleistung:	–	24,5 m/s	11 m/s	22,8 m/s
Steigleistung:	–	5000 m in 3 min	5000 m in 7,5 min	–
Reichweite:	630 km	650 km	860 km (mit Zusatztank)	770 km
Dienstgipfelhöhe:	14 600 m	13 500 m	9500 m	10 200 m
Bewaffnung:	2 x MG 17 – 7,92 mm je 500 Schuss 1 x MK 108 – 30 mm mit 65 Schuss	2 x MG 131 – 13 mm mit je 300 Schuss 1 x MK 108 – 30 mm mit 65 Schuss	2 x MG 131/13 N – 13 mm mit je 300 Schuss 2 x MG 151/20 N – 20 mm mit je 200 Schuss	2 x HS 404 od. 808 – 20 mm
Bombenlast/Raketen:	–	500 kg	250 kg	8 x 80-mm-Raketen (10 kg)

Avia C.10 (S.99)
Letectvo SNB/Polizei-
fliegertruppe
Tschechoslowakei 1948

Bf 109 K-4 der 9./JG 77, Neuruppin, Ende 1944. Die Motorhaube ziert das Geschwader-Emblem, das es in den einzelnen Gruppen in unterschiedlichen Ausführungen gab. Möglicherweise bekam die Maschine später noch ein Reichsverteidigungs-Rumpfband – weiß/grün für das JG 77 – geflogen wurde sie von Staffelkapitän Hauptmann Menzel.
Lackierung: RLM 81/82/76

Bf 109 K-4, 11./JG 3, geflogen von Unteroffizier Martin Deskau, Pasewalk/Deutschland im April 1945.
Lackierung: RLM 83(oder 82)/75/76

Bf 109 K-4, III. Gruppe, Einheit unbekannt. Lackierung: RLM 81/82/76

Bf 109 K-4 der 12./JG 27, Frühjahr 1945

Späte RLM-Farben wurden 1944/45 oft gemischt, Restbestände verarbeitet, was eine einheitliche Farbgebung praktisch verhinderte. So kam es zu Variationen der RLM-Farben 80 bis 83

Focke-Wulf Fw 190 »Würger« – Teil 1

Fw 190 A – Jäger und Jagdbomber

Im Sommer 1941 tauchte an der Kanalfront ein neuer deutscher Jäger auf, der sich dem besten Jagdflugzeug der Royal Air Force, der Supermarine Spitfire V, klar überlegen zeigte – Focke-Wulfs »Würger«, die Fw 190

Fotos, falls nicht anders angegeben: Sammlung Ringlstetter

Die Fw 190 V1 während der Endmontage – wegen Kühlschwierigkeiten musste die aerodynamische Motorverkleidung später aufgegeben werden

Einer Ausschreibung des Technischen Amtes des Reichsluftfahrtministeriums (RLM) von 1937 folgend, entwickelte Chefkonstrukteur Rudolf Blaser unter Leitung von Kurt Tank ein überaus kompaktes aerodynamisch gelungenes Jagdflugzeug.

Kompakte Konstruktion

Nahezu gänzlich aus Metall in Schalenbauweise gefertigt, war das Flugzeug relativ einfach konstruiert. Bau und Wartung sollten mit möglichst geringem Aufwand zu bewerkstelligen sein. Auch der luftgekühlte Doppelsternmotor, zunächst ein BMW 139, passte in dieses Konzept. Der Motor wurde gewählt, da er leistungsfähiger war als das stärkste Reihen-Triebwerk. Außerdem war er wegen des fehlenden Kühlmittel-Systems unempfindlicher gegen Beschuss. Überdies wurde damit die Verfügbarkeit der DB-Reihenmotoren für den bisherigen Standardjäger der Luft-

Fw 190 V1, D-OPZE, mit der sogenannten Doppelhaube während eines Testflugs

Waffenjustierung an einer Fw 190 A-4 der 7./JG 2

Fw 190 A-3 mit dem Tatzelwurm auf der Motorhaube, dem Emblem der II./JG 1

waffe, die Messerschmitt Bf 109, nicht beeinträchtigt.

Um den Luftwiderstand des platten Sternmotors zu verringern, entwickelte man für die V1 eine strömungsgünstige sogenannte Doppelhaube. Anders als das der Bf 109, war das Fahrgestell sehr breitbeinig ausgelegt und äußerst stabil. Es wurde nach innen in die Tragflächenwurzeln eingezogen. Der Flugzeugführer saß in einer relativ engen, nach hinten aufschiebbaren Kabine, die eine ausgezeichnete Rundumsicht bot.

Am 1. Juni 1939 hob Flugkapitän Hans Sander mit der Fw 190 V1 erfolgreich zum Erstflug ab. Zwar konnten die Flugeigenschaften insgesamt überzeugen, doch bereitete die Motorkühlung große Probleme. Bis hinein in die Führerkabine herrschte unerträgliche Hitze. Die Doppelhaube wich schließlich einer NACA-Verkleidung, die für ausreichend Kühlluft sorgte.

Die Bewaffnung bestand zunächst aus vier MG 17, Kaliber 7,92 mm, je zwei im Rumpf und in den Flächenwurzeln.

Erfolgreiches Debüt

Ab der Fw 190 V5 kam das leistungsstärkere BMW-Triebwerk 801 C, ebenfalls ein 14-Zylinder-Doppelsternmotor, zum Einbau, der sich jedoch noch als unausgereift erwies. Wegen des höheren Gewichts des BMW 801 wurden Konstruktionsänderungen notwendig. So wurde die Spannweite

Focke-Wulf Fw 190 A-3, geflogen von Hauptmann Hans »Assi« Hahn, Kommandeur der III./JG 2, Poix,Frankreich, im September 1942

um knapp einen Meter vergrößert, während durch eine geänderte Schwerpunktlage die Rumpflänge nur geringfügig zunahm. Die V5 wurde noch mit kurzer (k) und langer (g) Fläche gebaut. Für die erste Fw 190-Serie, die A-1 mit 1600 PS leistendem BMW 801 C-1, entschied man sich für die Ausführung mit vergrößerter Spannweite. Die mögliche Bewaffnung war inzwischen auf vier MG 17 und zwei 20-mm-MG-FF erhöht worden.

Technische Daten – Focke-Wulf Fw 190, Teil 1

Focke-Wulf Fw 190	A-1	A-8
Einsatzzweck:	einsitziges/r Jagdflugzeug/Jagdbomber	
Antrieb:	BMW 801 C-1 luftgekühlter 14-Zylinder-Doppelsternmotor	D-2
Startleistung:	1600 PS	1730 PS in 5400 m
Dauerleistung:	1150 PS	1370 PS in 1200 m
Spannweite:	10,51 m	10,51 m
Länge:	8,85 m	9,00 m
Höhe auf Sporn:	3,95 m (mit Luftschraube)	3,95 m
Flügelfläche:	18,30 m²	18,30 m²
Spurweite:	3,50 m	3,50 m
Rüstgewicht:	2522 kg	3470 kg
Startgewicht:	3755 kg	4380 kg
Höchstgeschw.:	630 km/h in 6000 m	650 km/h in 5500 m
Marschgeschw.:	570 km/h in 6000 m	580 km/h in 6000 m
Landegeschw.:	155 km/h	170 km/h
Steigleistung:	15 m/s in Bodennähe	17,5 m/s
Reichweite:	500 – 800 km	1050 km
Dienstgipfelhöhe:	9600 m	10 300 m (11 400 m mit GM 1)
Starrbewaffnung:	4 x 7,9 mm – MG 17 2 x 20 mm – MG-FF	2 x 13 mm – MG 131 4 x 20 mm – MG 151/20
Bombenzuladung:	bis zu 500 kg	bis zu 500 kg

Die II. Gruppe des in Frankreich stationierten JG 26 erhielt als erste den neuen Typ. Das Auftauchen der Focke-Wulf Fw 190 im Sommer 1941 bedeutete für die RAF eine böse Überraschung – die Spitfire Mk V wurde glatt deklassiert und schon bald gaben die Briten dem deutschen Jäger den vielsagenden Namen »Butcherbird«. Bis Ende 1942 sollten die Briten dem »Schlachtervogel« nichts Vergleichbares entgegensetzen können. Auch Kurt Tanks inoffizielle Fw 190-Bezeichnung »Würger« erwies sich als überaus treffend.

Ein großes Manko des neuen Jägers war allerdings dessen rapider Leistungsabfall in Höhen über etwa 7000 Meter, zudem ließ die Zuverlässigkeit des BMW 801 anfangs noch zu wünschen übrig, sodass nur sehr ungern über Wasser geflogen wurde.

Schon Mitte 1941 lief die Serienfertigung der mit dem verbesserten BMW 801 C-2 ausgerüsteten A-2 an. Für den Notausstieg konnte nun die Kabinenhaube abgesprengt werden, die Bewaffnung wurde verstärkt.

Ab Februar 1942 ging die Fw 190 A-3 in Serie, die zunächst noch mit dem BMW C-2, später mit der leistungsstärkeren D-Ausführung gebaut wurde. 60 Fw 190 A-3 wurden an die türkische Luftwaffe verkauft, wo sie zusammen mit Spitfire flogen.

Am 23. Juni 1942 erhielt die Royal Air Force ein unerwartetes Geschenk, als Oberleutnant Armin Faber vom JG 2 nach einem Luftkampf mit Spitfire-Jägern den Bristol-Kanal mit dem Englischen Kanal verwechselte und seine unversehrte Fw 190 A-3 versehentlich auf dem RAF-Flugplatz Pembrey landete. Faber geriet in britische Gefangenschaft, ebenso wie die Fw 190. Das begehrte Mitbringsel wurde nun aufs Genaueste untersucht.

Es folgte im Juni 1942 die Fw 190 A-4 mit geändertem Antennenmast an der Leitwerksflosse. Aus der A-4 wurde auch eine Tropenvariante entwickelt.

Verlängerte Fw 190 A-5

Ab der A-5 wurde zur Schwerpunktverlagerung der BMW-Motor um etwa 15 cm nach

Die »Schwarze 6« der 6. Staffel des JG 1

Focke-Wulf Fw 190 A-3 von Oberleutnant Faber, der am 23. Juni 1942 versehentlich auf einem RAF-Flugplatz landete und die Briten damit reich beschenkte

Fw 190 A-5-Jagdbomber der 10.(Jabo)/JG 26 mit 500-kg-Bombe

Alliierte Beutemaschine Fw 190 A auf Testflug. Rumpfbalkenkreuz und Hakenkreuz wurden offenbar nicht ganz fachkundig wieder aufgemalt

vorne verlegt. Mit der Baureihe A-6 kam eine verbesserte Tragfläche zum Einsatz und mit Einführung der Fw 190 A-7 kamen im Rumpf zwei MG 131, Kaliber 13 mm zum Einbau. Die Flächenbewaffnung bestand gewöhnlich aus vier MG 151/20.

Die ab Februar 1944 produzierte Version A-8, die sich, wie die A-7, durch kleinere Veränderungen am Rumpf von den Vorgängern unterschied, wurde nach der A-3 zur meistgebauten Fw 190-Version. Eine wahlweise installierbare GM 1-Anlage sorgte kurzzeitig für mehr Leistung.

Die A-Baureihe endete schließlich mit den Versionen A-9 und 10, wobei die letztere neue Flügel und waffentechnische Änderungen erhielt aber nicht mehr in Produktion ging.

In geringer Zahl kamen Fw 190 A auch als Nahaufklärer, bestückt mit Kameras und reduzierter Bewaffnung, sowie als Nachtjäger zum Einsatz.

Zur Schulung wurden einsitzige Serienmaschinen verschiedener Versionen zu Doppelsitzern umgebaut, die die Bezeichnung Fw 190 S trugen.

Während man die Zuverlässigkeit des BMW-Motors verbessert hatte, stellte die schlechte Höhenleistung nach wie vor ein Ärgernis dar.

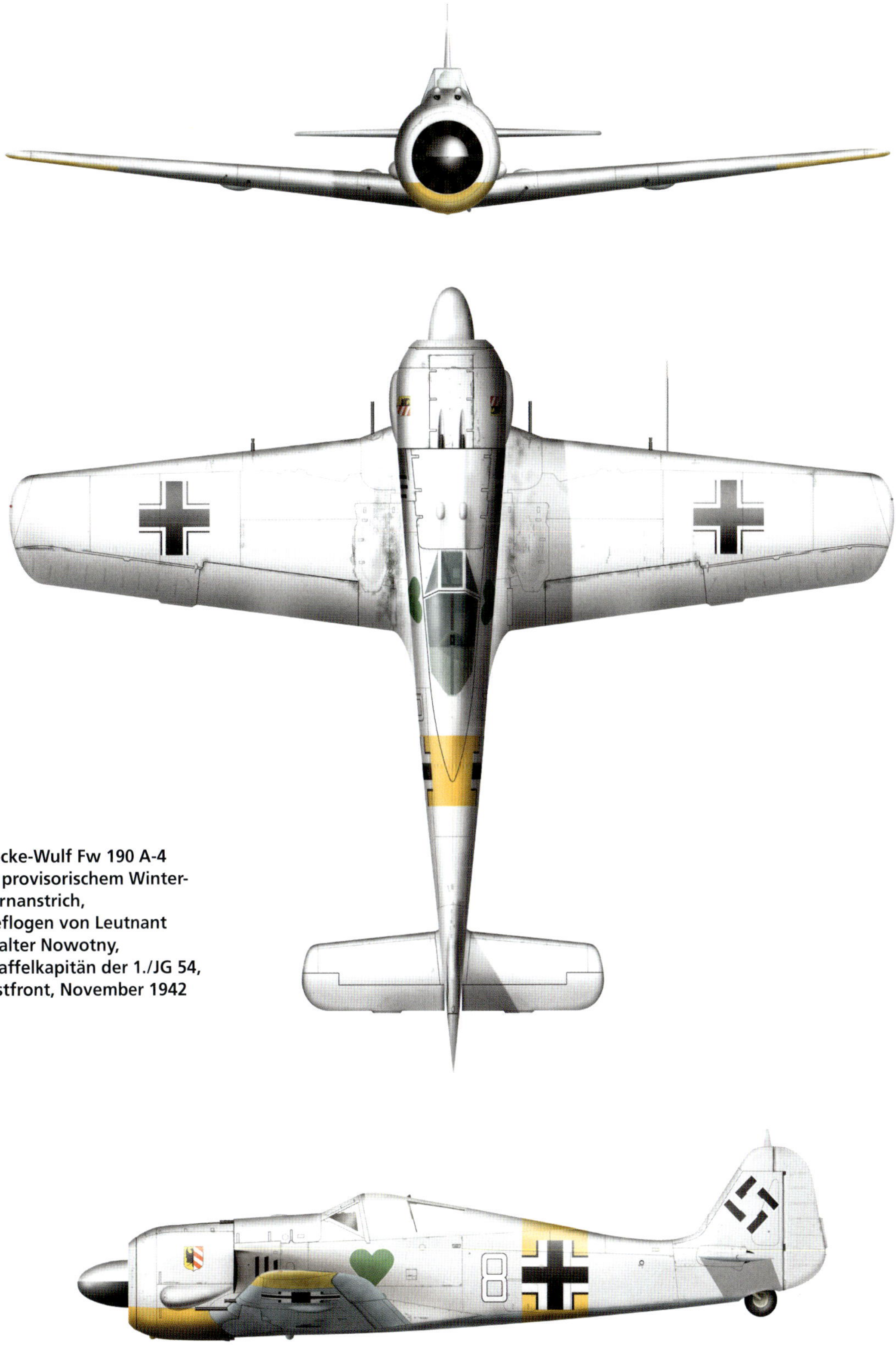

Focke-Wulf Fw 190 A-4
in provisorischem Winter-
Tarnanstrich,
geflogen von Leutnant
Walter Nowotny,
Staffelkapitän der 1./JG 54,
Ostfront, November 1942

Fw 190 A der I./JG 54 auf freier Jagd über der Ostfront. Der Tarnanstrich wurde den Gegebenheiten angepasst

Die sehr robuste Auslegung der Fw 190 prädestinierte das Flugzeug zum Tragen von Lasten. Von Anfang an war es möglich, mittels eines unter dem Rumpf montierbaren ETC-Trägers einen abwerfbaren 300-l-Zusatztank oder eine Bombe von bis zu 500 kg mitzuführen. So bewährte sich die Fw 190 ganz ausgezeichnet als Jagdbomber. Im Laufe der Entwicklung kamen zahlreiche Rüstsätze zum Einsatz, die die Verwendbarkeit des »Würgers« noch erheblich erweiterten. Anfangs sehr erfolgreich eingesetzt wurde zum Beispiel der unter den Tragflächen montierte Rüstsatz R6 – zwei Werferrohre mit ungelenkten 214-mm-Raketengeschossen, die zum Aufbrechen eines geschlossen fliegenden Bomberpulks dienten. Doch verlor ein derart gerüstetes Flugzeug auch nach Abschuss der Raketen durch die schweren Rohre beträchtlich an Geschwindigkeit und Manövrierfähigkeit – für Begleitjäger ein leichtes Opfer. Andere Rüstsätze beinhalteten zusätzliche Starrwaffen in Gondeln oder Träger für Bomben und Zusatztanks unter den Außenflügeln. Einige dieser Entwicklungen führten zu den Schlachtflugzeug-Varianten F und G, die speziell zur Erdkampfunterstützung entstanden.

Eine Fw 190 A-8 des JG 2 mit ungewöhnlichen Markierungen. Die Maschine wurde von Geschwaderkommodore Major Bühligen im Juni 1944 geflogen

Mangelnde Höhenleistung

Die mangelnde Leistung in großen Höhen machten die Fw 190 für das Abfangen feindlicher Bomber nur bedingt brauchbar, da die Maschinen der alliierten Jägereskorten hier deutlich überlegen waren. Auch gegenüber der Bf 109 zeigte sich die Fw 190 in dieser Hinsicht als das eindeutig schwächere Flugzeug. Andererseits qualifizierte die schwere Bewaffnung der Fw 190 das Flugzeug geradezu für die Bekämpfung von Bombern.

Bei den geplanten Höhenjäger-Varianten B und C blieb es beim Musterbau beziehungsweise bei der Projektierung. Erst mit der Fw 190 D mit Jumo 213-Reihenmotor erhielt die Luftwaffe ab Mitte 1944 einen Abfangjäger, der es auch in großen Höhen sowohl mit den Bombern als auch mit den Begleitjägern aufnehmen konnte.

Kaum ein Flugzeug des Zweiten Weltkriegs war derart vielseitig einsetzbar wie die Fw 190, was nicht zuletzt dazu führte, dass über 20 000 Exemplare aller Varianten dieser erstklassigen Maschine gebaut wurden.

Fw 190 A-8/R8 der IV.(Sturm)/JG 3 mit Zusatzpanzerung im Bereich von Motor und Kabine sowie 30-mm-MK 108 in den Außenflächen. Unter dem Rumpf hängt ein abwerfbarer 300-l-Zusatztank

Eine 21-cm-Werfergranate wird in das Abschussrohr eines Pulkzerstörers Fw 190 A-7/R6 eingeführt

Fw 190 A-4 der II./JG 2, geflogen wurde die Maschine von Gruppenkommandeur Adolf Dickfeld in Tunesien Ende 1942. Lackierung: überlackiert mit RLM 79 oder italienischer Tarnfarbe

Fw 190 A-4 der 2./JG 2, W.Nr. 7134, geflogen von Staffelkapitän Oberleutnant Horst Hanning, Triqueville/Frankreich im Frühjahr 1943. Der Adlerkopf war das Emblem der 2. Staffel. Lackierung: RLM 74/75/76

Fw 190 A-8 des JG 54, geflogen von Oberleutnant Hans Dortenmann, Frankreich, Juni 1944. Auf der Motorhaube das Emblem der 2. Staffel, unterhalb der Kabinenhaube die Aufschrift »Hascherl 1«, daneben das Herz des JG 54, darin eingebettet das Wappen der III. Gruppe des JG 54. Zur Reichsverteidigung eingesetzte Maschinen trugen verschiedenfarbige Rumpfbänder, wie hier in Blau für das JG 54

Fw 190 A-8/R8 der 11.(Sturm)/JG 3, Schongau im Sommer 1944

Focke-Wulf Fw 190 »Würger« – Teil 2

Fw 190 F/G – Schlachtflugzeug und Jagdbomber

Schon verschiedene Versionen der Fw 190 A-Serie konnten als schnelle Jagdbomber, Zerstörer und Schlachtflugzeuge eingesetzt werden. Die Fw 190 zeigte sich in dieser Hinsicht als außerordentlich gut geeignet, so lag es nahe, eine speziell für die Erdkampfunterstützung ausgelegte Fw 190-Variante zu schaffen

Fotos, falls nicht anders angegeben: Sammlung Ringlstetter

Fw 190 F-8 mit Abwurfbehälter AB 250 unter dem Rumpf und vier SC 50-Bomben unter den Flächen

Besser gepanzert und mit einem verstärkten Fahrwerk ausgestattet, erschien Anfang 1943 die auf der A-4/U3 basierende Fw 190 F-1, die jedoch nur in wenigen Exemplaren gebaut und schon bald von der F-2 abgelöst wurde. Basis war hier die verbesserte, etwas längere A-5.

Wie bei der Fw 190 A-5 waren im Rumpf zwei 7,9-mm-MG 17 mit je 900 Schuss untergebracht. Die Flügelbewaffnung bestand aus zwei in den Flächenwurzeln eingebauten 20-mm-MG 151/20, die über einen Munitionsvorrat von je 250 Schuss verfügten.

Mittels ETC 501-Träger unter dem Rumpf konnte eine Bombenlast von bis zu 500 kg (im Ausnahmefall auch mehr) mitgeführt werden. Neben (den am meisten eingesetzten) 250-kg- und 500-kg-Bomben war auch die Aufnahme eines ER 4 möglich, eines Einhängerostes für vier 50-kg-Bomben. Unter den Tragflächen waren zunächst keine Lasten vorgesehen, erst mit der F-3 konnten auch dort Lasten transportiert werden. Für den Einsatz in Nordafrika und Süditalien gab es eine spezielle Tropenausrüstung, die unter anderem aus Sandfiltern vor den offenen Lader-Lufteinlässen bestand.

Die Varianten F-4 bis F-7 blieben im Teststadium stecken. Erst die F-8, das Schlachtflugzeug-Pendant zur A-7/-8, wurde in Großserie hergestellt. Auch bei der Fw 190 F-8 war die Rumpfbewaffnung durch den Einbau von zwei MG 131, Kaliber 13 mm, mit 475 Schuss verstärkt worden. Um dem immer größer werdenden Abfluggewicht Rechnung zu tragen, wurden auch die Trag-

Fw 190 F vom Schnellkampfgeschwader (SKG) 10

Jagdbomber mit erhöhter Reichweite (Jabo-Rei) Fw 190 G-1 mit 250-kg-Bombe und zwei abwerfbaren 300-l-Kraftstoffbehältern an verkleideten ETC-Trägern

Diese blindflugtauglichen Fw 190 G-3/N der Nachtschlachtgruppe 20 sind mit Flammendämpfern und Landescheinwerfer ausgerüstet

Fw 190 F-2 der 5./SG 1 1943 in Deblin-Irena/Polen

flächen im Bereich des Fahrwerks verstärkt. Als Antrieb diente wieder der luftgekühlte BMW 801 D-2-Doppelsternmotor mit einer Startleistung von 1730 PS. Hinter dem Pilotensitz fand ein Zusatzbehälter mit 115 Litern Treibstoff oder eine GM 1-Anlage zur kurzzeitigen Leistungssteigerung Platz. Der normale, unter der Führerkabine in zwei Tanks untergebrachte Kraftstoffvorrat belief sich auf 525 Liter. Der ETC 501 unter dem Rumpf musste 20 cm weiter nach vorn verlegt werden, um den Zusatzbehälters beziehungsweise die GM 1-Anlage auszugleichen.

Ein Teil der F-8-Serie wurde mit einer im Oberteil gewölbten Kabinenhaube ausgestattet, die für mehr Bewegungsfreiheit und bessere Sicht sorgte. Die Fw 190 F-9 erhielt einen BMW 801 TS oder TU mit 2000 PS Start- und Notleis-

Zwei Waffenbehälter mit je zwei MG 151/20 sind unter den Flächen der Schlachtflugzeug-Ausführung Fw 190 A-5/U12 (aus A-6/R1) als Rüstsatz montiert

Für die verschiedenen Einsatzzwecke wurden zahlreiche Waffenrüstsätze wie diese 30-mm-MK 103-Waffengondel erprobt

Startbereit: Fw 190 G mit untergehängten Abwurfbehältern AB 250

tung. Selbst die höchstzulässige Dauerleistung des neuen Motors lag bei beachtlichen 1470 PS.

Eine Vielzahl von Außenlasten wie Waffen und Zusatztanks konnten an verschiedenen Trägern befestigt werden. Zur effektiven Bekämpfung von gepanzerten Fahrzeugen wurden unterschiedliche Kanonen sowie Abwurfwaffen getestet, von denen aber nur wenige tatsächlich Einsatzreife erlangten. Wie etwa der »Panzerblitz«: zwei mal sechs Raketen, die über, unter den äußeren Tragflächen angebrachte, Schienen verschossen wurden und eine beachtliche Wirkung hinterließen. Nicht zum Einsatz kamen dagegen Torpedojäger-Varianten, die mit dem Rüstsatz 14 ausgestattet Luft- und Bombentorpedos ins Ziel bringen konnten. Je nach Außenlast ergab sich ein Geschwindigkeitsverlust von

Eine Fw 190 F-8 vom SG 2 rollt zum Start. Um die Rollfähigkeit bei Schnee und Schlamm zu gewährleisten, wurden die Radverkleidungen oftmals abmontiert

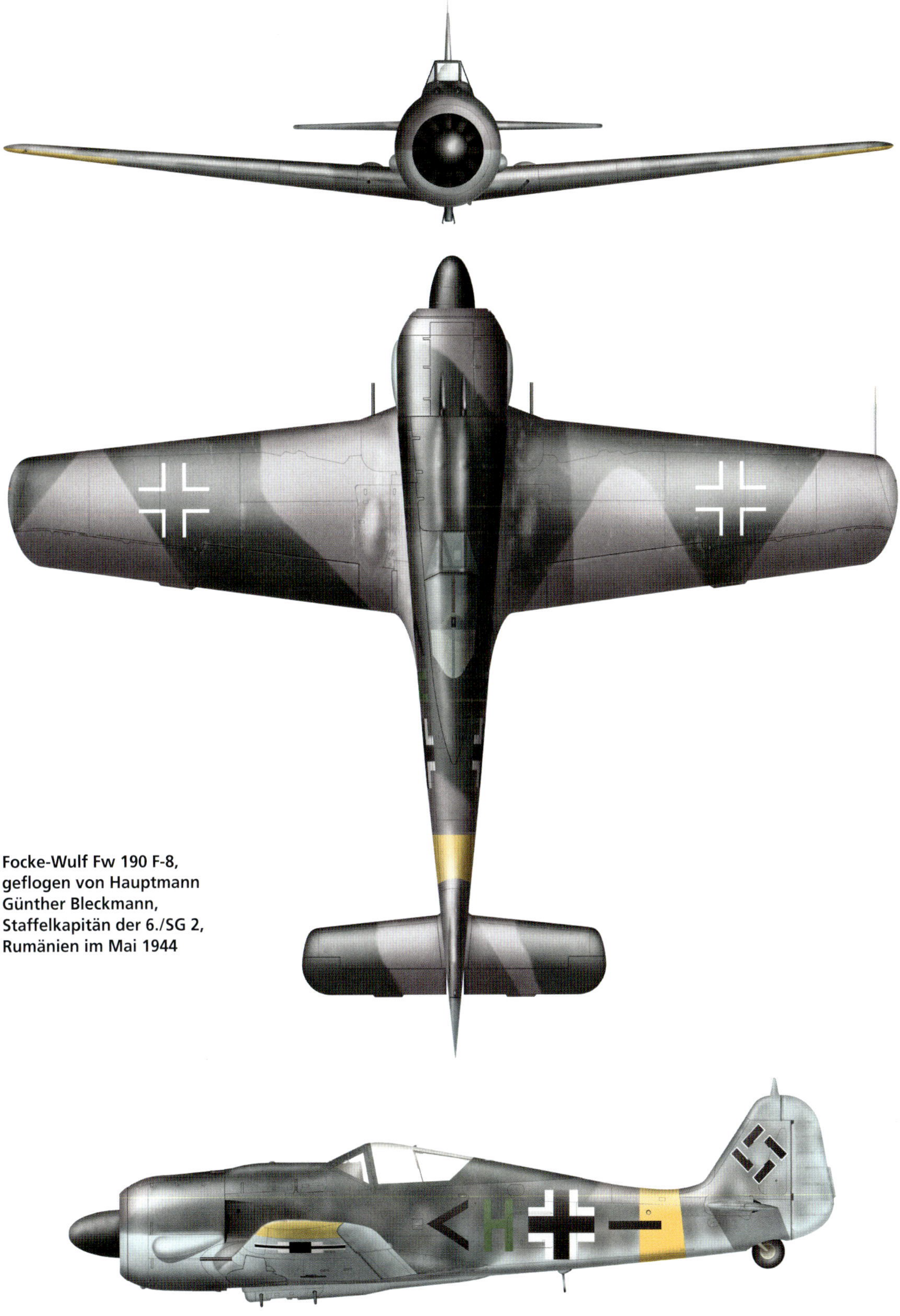

Focke-Wulf Fw 190 F-8,
geflogen von Hauptmann
Günther Bleckmann,
Staffelkapitän der 6./SG 2,
Rumänien im Mai 1944

Fw 190 F-8 des SG 2 mit verbesserter gewölbter Kabinenhaube

13-mm-MG 131-Rumpfbewaffnung, Fw 190 F-8/9 sowie A-7 bis 9 eingebaut

LINKS Einhängerost (ER) 4 für vier 50-kg-Bomben

bis zu 90 km/h, das Steigvermögen verschlechterte sich teilweise um mehr als fünf Meter pro Sekunde während die Dienstgipfelhöhe um bis zu 2300 Meter sank. Zudem war die Manövrierfähigkeit erheblich eingeschränkt. Da die Träger fest installiert waren, musste auch nach Abwurf der Last noch ein kleiner Fahrtverlust hingenommen werden, der mit Rumpf- und Flächenträgern je nach Ausführung bei etwa 15–30 km/h lag.

Fw 190 »Gustav«

Ebenfalls aus der A-Serie entwickelt wurde die Baureihe G, die in erster Linie als Jagdbomber für erhöhte Reichweite (Jabo-Rei) gedacht war. Die in G-1 umbenannte Fw 190 A-4/U8 mit zwei 300-l-Zusatztanks an den Flächenträgern sowie einer maximalen Bombenlast von 500 kg unter dem Rumpf war entsprechend der Aufgabenstellung aufgerüstet. Ihr folgte die Fw 190 G-2, die der A-5/U8 entsprach und Anfang 1943 erstmals zum Einsatz kam. Mit Flammenvernichteranlage oder Blendleisten sowie Landescheinwerfer waren die Maschinen für Nachteinsätze ausgerüstet. Stark verbessert zeigte sich die G-3 (A-5/U13). Die Rumpfbewaffnung war nun ausgebaut, einzig die Flächenwurzel-MGs blieben. Teilweise verfügten Maschinen dieser Reihe über eine PKS-11-Kurssteuerung. In einigen Maschinen war hinter der Kabine ein GM 1-Tank eingebaut. Eine sogenannte Kuto-Nase, eine scharfe Kante hinter der Flügelnase, diente zum Durchtrennen von Sperrballonkabeln.

Die G-4 entsprach einer mit Kuto-Nase und PKS 11 aufgefrischten G-1. Ob diese Version tatsächlich gebaut wurde, ist fraglich. Nachdem die G-5, -6 und -7 nicht in Serie gingen, war die Fw 190 G-8 der letzte Langstrecken-Jagdbomber und »Schlächter« der G-Reihe. Diese Maschinen verfügten über keine Kuto-Nase, die Funkausrüstung

Musterflugzeug für die F-2: Fw 190 A-5/U3 mit auf zwei MG 151 in den Flächenwurzeln reduzierter Starr-Bewaffnung

die gewöhnlich in den Versionen war

Technische Daten – Focke-Wulf Fw 190, Teil 2

Focke-Wulf Fw 190	F-8	G-3 Jabo-Rei
Typ:	einsitziges/r Schlachtflugzeug	Langstrecken-Jagdbomber
Antrieb:	BMW 801 D-2 luftgekühlter 14-Zylinder-Doppelsternmotor	BMW 801 D-2
Startleistung:	1730 PS	1730 PS
Dauerleistung:	1370 PS in 1200 m	1370 PS in 1200 m
Spannweite:	10,51 m	10,51 m
Länge:	8,85 m	9,00 m
Höhe auf Sporn:	3,95 m (mit Luftschraube)	3,95 m
Flügelfläche:	18,30 m²	18,30 m²
Spurweite:	3,50 m	3,50 m
Rüstgewicht:	2890 kg	2720 kg
Startgewicht:	4790 kg	4100 kg (ohne Außenlast)
Höchstgeschw.:	630 km/h in 5500 m	650 km/h in 5800 m
Marschgeschw.:	580 km/h	–
Landegeschw.:	170 km/h	170 km/h
Steigleistung:	11 m/s	–
Reichweite:	850 km	1200 km
Gipfelhöhe:	10 500 m	–
Startrollstrecke:	850 m	610 m
Starrbewaffnung:	2 x 13 mm – MG 131 2 x 20 mm – MG 151/20	– 2 x 20 mm – MG 151/20
Bombenzuladung:	bis zu 500 kg	bis zu 500 kg (G-8 bis zu 1000 kg)

war verbessert und es bestand weiterhin die Möglichkeit über verschiedene Rüstsätze die effektivste Ausrüstung für den entsprechenden Einsatzzweck zu ermöglichen.

Zu Schulungszwecken gebaute Doppelsitzer wurden auch auf ihre Brauchbarkeit für den Kampfeinsatz getestet, zu einer Serienfertigung kam es jedoch nicht. Den Schlachtfliegern stand ab 1943 mit der kompakten Fw 190 ein hervorragendes Flugzeug zur Verfügung. Denn zweifellos war die Focke-Wulf Fw 190 nicht nur ein erstklassiges Jagdflugzeug, sondern aufgrund seiner stabilen und einfachen Bauart sowie seiner flugtechnischen Leistungsfähigkeit auch eines der besten Flugzeuge zur Erdkampfunterstützung.

Startbereit: Fw 190 G mit untergehängten Abwurfbehältern AB 250

Fw 190 F-2 der 6./SchlG 1 im Frühjahr 1943

Fw 190 F-8, W.Nr. 588453, einer nicht identifizierten Einheit. Lackierung: RLM 74/75/76

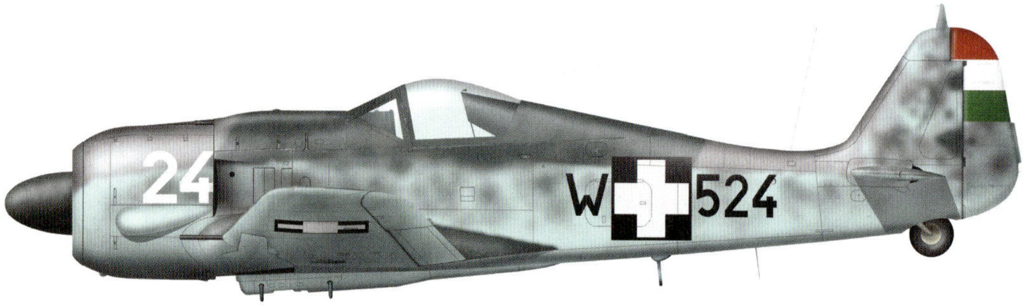

Fw 190 F-8 der Ungarischen Luftwaffe 1944

Fw 190 F-8 der 5./SG 2, geflogen von Unteroffizier Eugen Lörcher, der sich bei Kriegsende mit der Schwarzen 3 in den Westen absetzte. Nur die Oberseiten (wahrscheinlich RLM 83/75) des Flugzeugs sowie die Querruder und Ruderflächen des Leitwerks (Grundierrot) waren lackiert, der Rest präsentierte sich in Naturmetall

Focke-Wulf Fw 190 – Teil 3

Fw 190 B/C/D – Höhenjäger

Zwar war die Fw 190 A 1942 nach wie vor ein ausgezeichnetes Jagdflugzeug, doch fehlte es dem Focke-Wulf-Jäger an Leistungsfähigkeit in großen Höhen. Die Behebung dieses antriebstechnisch bedingten Mankos war dringend erforderlich, um gegen die alliierten Jäger bestehen zu können

Fotos, falls nicht anders angegeben: Sammlung Ringlstetter

Fw 190 V13, W.Nr. 0036, die vornehmlich zur Erprobung des DB 603 diente

Entwickelt aus der A-Serie, sollte ein »Höhenjäger 1« genannter Typ als B-Serie gebaut werden. Doch der hierfür vorgesehene BMW 801 TJ-Doppelsternmotor mit Abgasturbolader ließ auf sich warten. So musste man mit dem zur Verfügung stehenden BMW 801 D vorlieb nehmen, der aber nur mittels GM 1-Anlage bis zu etwa 17 Minuten zu besseren Höhenleistungen gebracht werden konnte. Eine Tragfläche mit größerer Spannweite sollte die Flugeigenschaften in der Höhe verbessern, wurde aber möglicherweise nie an einem V-Muster der B-Variante verbaut. Fünf B-0- und B-1-Musterflugzeuge, drei davon mit Druckkabine ausgestattet, wurden hergestellt. Zum Serienbau kam es jedoch nie, da der BMW 801 TJ nicht rechtzeitig fertig wurde.

Parallel zur B-Version arbeitete man an einem anderen Weiterentwicklungskonzept, der Fw 190 C, dem »Höhenjäger 2«. Als Antrieb diente hier ein Daimler-Benz DB 603 A mit Zentrifugallader, ein V-12-Zylinder-Reihenmotor mit stattlichen 44,50 Liter Hubraum. Die ersten Versuchsmaschinen, V13, 15 und 16 dienten vornehmlich der Motorenerprobung. Es wurden weitere Versuchsträger gebaut, in denen verschiedene DB 603-Varianten zum Einbau kamen. Vorgesehen für die C-Serie waren Maschinen mit und ohne Druckkabine. Der runde Rumpfquerschnitt wurde beibehalten, und die Kühlflüssigkeit über einen Ringkühler vor dem Motor gekühlt. Der Ölkühler war unterhalb des DB-

Die Fw 190 D-9, W.Nr. 601088, flog ehemals beim Stab der IV.(Sturm)/JG 3 und ist seit 1975 im US Air Force Museum (Leihgabe des National Air and Space Museums) in Dayton/Ohio ausgestellt. Die Propellerhaube ist inzwischen schwarz-weiß lackiert Foto: National Museum of the USAF

Fw 190 D-9 der 4./JG 26 startet zum Jagdbombereinsatz

Fw 190 D-9 des JG 26 (siehe die »9« auf dem Seitenruder)

Eine Versuchsmaschine der D-Reihe mit MG 131-Rumpfbewaffnung sowie zwei MG 151/20 in den Flächen. Außerdem weist die vorne gekappte Propellerhaube darauf hin, dass das Flugzeug zumindest zeitweise über eine Motorkanone verfügte

Fw 190 D-9 mit 300-l-Zusatztank am Mehrzweck-ETC 504

Aggregats angebracht. Trotz des Reihenmotors wird so, wie auch bei der D-Serie, der Eindruck eines Sternmotorantriebs erweckt. Die V18 mit DB 603 S erhielt einen weit hinten eingebauten Abgas-Turbolader, mit dem das Flugzeug Ende Dezember 1942 in die Flugerprobung ging. Seines eigenartigen Aussehens wegen nannte man die Maschine auch »Känguru«. Befriedigen konnte die V18/U1 jedoch keineswegs, dennoch rüstete man weitere Flugzeuge mit Abgasturbinen aus, ohne aber nennenswert bessere Ergebnisse zu erzielen. Auch bei den C-Mustern ist es fraglich, ob für die Höhenjäger-Version jemals die auf 12,30 Meter Spannweite vergrößerte Tragfläche Verwendung fand. All diese Ma-

Fw 190 V53, DU+JC, W.Nr. 170003, eine Vorserienmaschine zur D-9 und D-10. Die Maschine entstammte der A-8-Serie und war hier versuchsweise mit vier MG 151/20, zwei Rumpf-MG 131 sowie eventuell einer 30-mm-MK 108 oder 103 ausgestattet

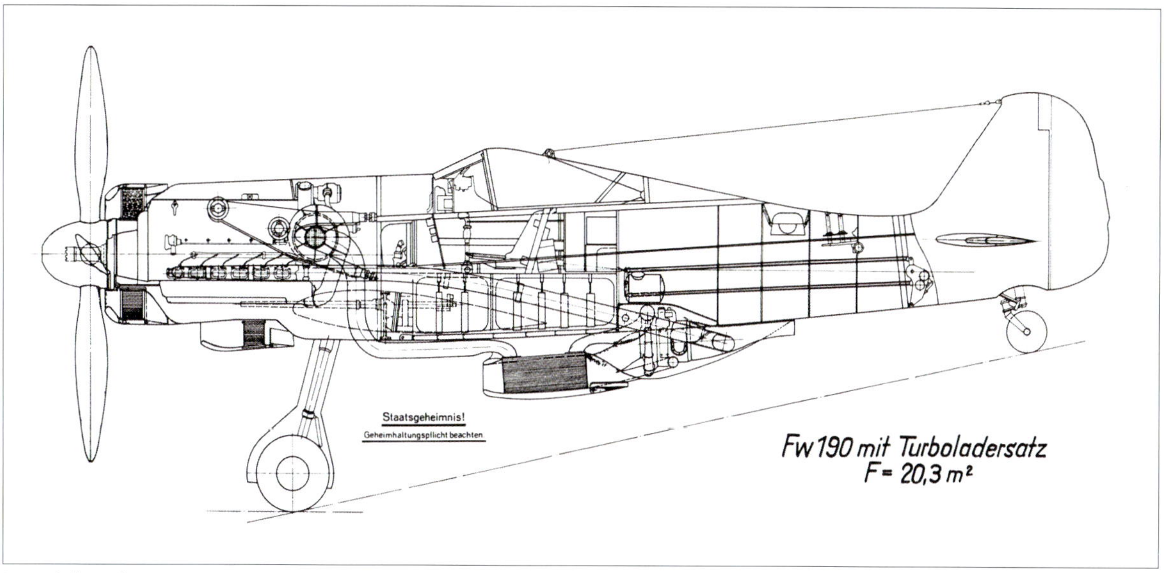

Innenleben der Fw 190 V18/U2, W.Nr. 0040

schinen verfügten jedoch schon über ein vergrößertes Seitenleitwerk. Keines der geplanten C-Serien-Projekte ging in Produktion.

Fw 190 D »Langnase«

Weitaus Erfolg versprechen der verliefen dagegen die Arbeiten an der Fw 190 Dora-Serie mit Junkers Jumo 213 A, ebenfalls ein V-12-Reihenmotor. Erstmals im September 1942 in die V17 eingebaut, durchlief eine ganze Reihe von Versuchsflugzeugen in unterschiedlichen Konfigurationen ausgiebige Tests mit dem Jumo 213. Um das Gewicht des langen Reihenmotors auszugleichen, setzte man ein 49 cm langes Rumpfstück vor dem Leitwerk ein. Schwierigkeiten ergaben sich bei der für die D-2-Serie vorgesehenen Druckkabine, doch erwies sich die Kombination mit dem Jumo 213 als insgesamt befriedigend, da die Leistungen durchwegs gleich oder über denen einer Fw 190 A lagen. Weiter verbessert ging ab August 1944 das Modell Fw 190 D-9 als Abfangjäger und Jagdbomber in Produktion. Zur Leistungssteigerung bis zu etwa 5000 Me-

Notgelandet und danach für den Feind unbrauchbar gemacht wurde diese Fw 190 D-9 vom Stabsschwarm des JG 4

Fw 190 D-Reste auf einem deutschen Flugfeld 1945. Im Hintergrund eine US-amerikanische P-51 Mustang

Technische Daten – Focke-Wulf Fw 190, Teil 3

Focke-Wulf Fw 190	V16 (C-0)	D-9 (D-12)
Typ:		einsitziges Jagdflugzeug
Baujahr:	1943	1944
Antrieb:	DB 603 AA mit G-Lader	Jumo 213 A-1 (E-1)
		hängender, flg.gekühlter V-12-Zyl.-Reihenmotor
Startleistung:	1750 PS	1770 PS (1870 PS)
Kampfleistung:	1500 PS	1400 PS in 5500 m
Dauerleistung:	–	1200 PS in 5400 m
Spannweite:	10,51 m (12,30 m geplant)	10,51 m
Länge:	9,50 m	10,19 m
Höhe auf Sporn:	3,95 m (mit Luftschraube)	3,95 m
Flügelfläche:	18,30 m² (20,30 m² geplant)	18,30 m²
Spurweite:	3,50 m	3,50 m
Rüstgewicht:	3440 kg	3249 kg
Startgewicht:	4107 kg (ohne Außenlast)	4270 kg
Höchstgeschw.:	685 km/h in 11 000 m	686 km/h in 6600 m (725 km/h in 11 000 m)
Marschgeschw.:	600 km/h	520km/h in 6600 m (580 km/h in 8800 m)
Landegeschw.:	164 km/h	167 km/h
Ssteigleistung:	12 000 m in 19,3 min	7000 m in 7,1 min
Reichweite:	430 km	810 km
Gipfelhöhe:	13 000	11 100 m (12 5000 m)
Startrollstrecke:	400 m	460 m
Landerollstrecke:	500 m	500 m
Starrbewaffnung:	2 x 7,92 mm – MG 17, 2 x 20 mm – MG 150/20 (vorgesehen)	2 x 13 mm – MG 131, 2 x 20 mm – MG 150/20
Bombenzuladung:		bis zu 500 kg

Annähernd vollständig präsentiert sich der Führerraum der Fw 190 D-9 des National Museum of the US Air Force

Foto: National Museum of the US Air Force

ter Höhe verfügte die D-9 über eine MW 50-Anlage.

Als Kurt Tank selbst Mitte 1944 eine Dora flog, war er mit den erreichten Flugleistungen und dem Verhalten der Maschine zufrieden, doch war dies eben immer noch nur eine Vorstufe zum beabsichtigten Höhenjäger. Geplant war, die Motorisierung der D-Serie sobald wie möglich auf den Jumo 213 E mit Zweistufenlader und Dreigang-Schaltgetriebe umzustellen, mit dem endlich die gewünschten Höhenleistungen erbracht werden sollten.

Die Bewaffnung der D-9 bestand gewöhnlich aus zwei MG 131, Kaliber 13 mm, im Rumpf sowie zwei 20-mm-MG 151/20 in den Tragflächen. Der Jumo 213 C erlaubte außerdem den Einbau einer durch die hohle Luftschraubennabe feuernden Motorkanone MK 108, 103 oder MG 151/20.

Wie bei den kurznasigen 190ern, konnten auch an der Dora verschiedene Rüstsätze installiert werden. Unter Rumpf und Tragflächen war es mittels ETC-Trägern möglich, zusätzlichen Kraftstoff und Bomben zu transportieren.

Wegen des im Vergleich zu den Sternmotor-190ern weitaus längeren Vorderrumpfes wurden die Maschinen der D-Serie auch »Langnase« genannt.

Ein konkurrenzfähiger Jäger

Bei den Jagdfliegern kam das Flugzeug nach anfänglicher Skepsis gut an. Mit der Fw 190 D-9 erhielt die Luftwaffe ab August/September 1944 ein Flugzeug, das es sowohl mit den Bombern, als auch mit dem stärksten US-Begleitjäger, dem P-51 Mustang, aufnehmen konnte. Voraussetzung hierfür waren allerdings ausreichende Treibstoffkapazitäten und gut ausgebildete erfahrene Flugzeugführer, von denen es zu diesem Zeitpunkt jedoch nur noch wenige gab – so wurden junge, schlecht ausgebildete Luftwaffe-Piloten nur allzu leicht das Opfer alliierter Jagdflieger, die den Himmel über Europa 1944/45 beherrschten.

Eine besondere Aufgabe wurde den »Langnasen« mit dem Schutz der Strahljäger Messerschmitt Me 262 zuteil, die bei Start und Landung Feindjägern absolut wehrlos ausgeliefert waren.

Ab Anfang 1945 kamen auch an der Ostfront Fw 190 D zum Einsatz, wo sie sich ebenfalls bewährten und den besten Sowjetjägern als mindestens ebenbürtig erwiesen.

Der lang ersehnte Höhenmotor Jumo 213 E kam erst mit der Fw 190 D-12 1945 in wenigen Exemplaren an die Front. Ein ausgezeichneter Jäger, der, ausgerüstet mit einer MW 50-Hochdruckanlage, in praktisch allen Höhen genügend Leistung bot und auch fliegerisch überzeugte.

Die D-10 ging nicht in Serie, genauso wenig wie die zu Kriegsende geplanten, mit Jumo 213 F ausgestatteten D-11 und D-13 (einige Exemplare), sowie die von DB 603-Motoren angetriebenen D-14 und D-15.

Etwa 700 Fw 190 D-Maschinen sollen bis Kriegsende ausgeliefert worden sein. Unter den in nennenswerter Anzahl eingesetzten Kolbenmotorjägern gilt die Fw 190 D als das beste deutsche Jagdflugzeug des Zweiten Weltkriegs. ◀

Fw 190 D-9, Weiße 15, mit der W.Nr. 600651, die wahrscheinlich zur I. Gruppe des JG 2 gehörte. Die Maschine ist mit einer gewölbten Kabinenhaube ausgestattet

Fw 190 D in sowjetischer Obhut mit rotem Stern auf Rumpf und Seitenleitwerk

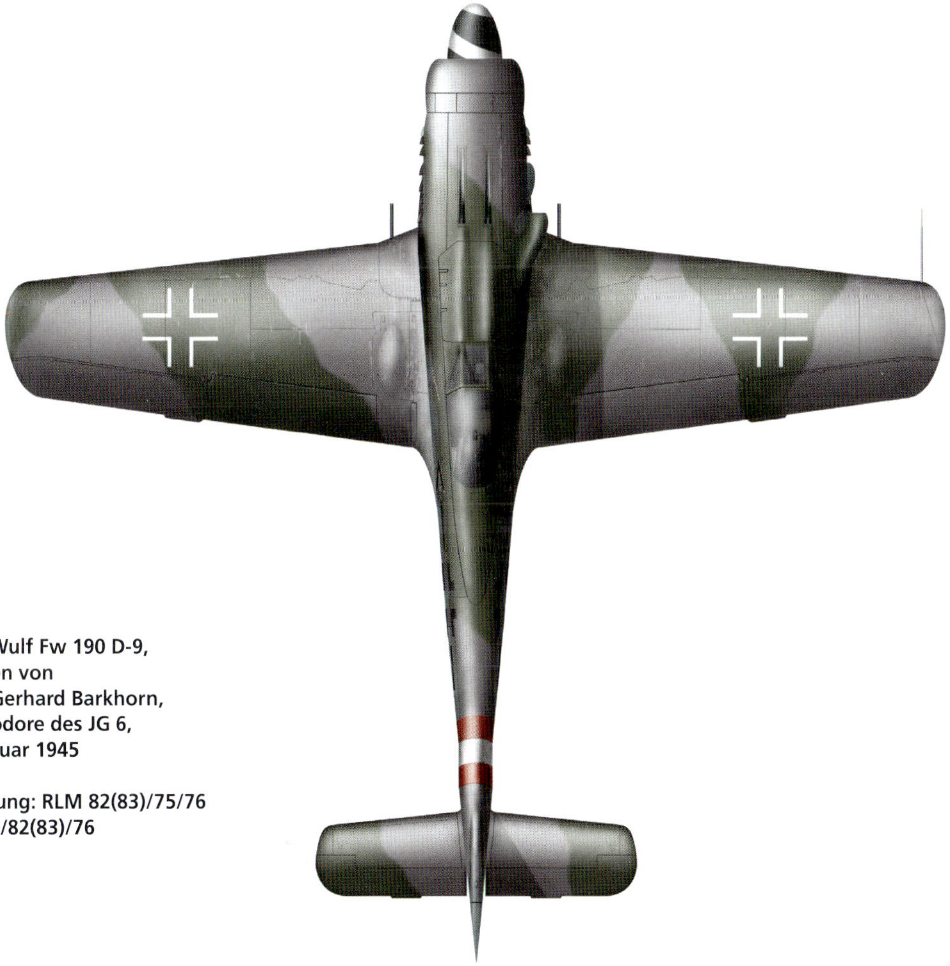

Focke-Wulf Fw 190 D-9,
geflogen von
Major Gerhard Barkhorn,
Kommodore des JG 6,
im Februar 1945

Lackierung: RLM 82(83)/75/76
oder 81/82(83)/76

Fw 190 D-9, W.Nr. 210003, der 12./JG 54, geflogen von Staffelkapitän Oberleutnant Hans Dortenmann im Oktober 1944. Damit ihn seine Staffelkameraden in der Luft leichter ausmachen konnten, ließ Dortenmann das Heck seiner Dora gelb anmalen

Fw 190 D-9 der IV./JG 3, Prenzlau im März 1945. Lackierung: RLM 81/75/76, die Flächen waren auf der Unterseite eventuell nur teilweise lackiert

Fw 190 D-9 der II./JG 301, Straubing im April 1945. Lackierung: RLM 83(82)/75/76

Fw 190 D-9, Stab/Schlachtgeschwader 2 Immelmann, geflogen von Kommodore Oberst Hans-Ulrich Rudel, Großenhain im April 1945. Lackierung: RLM 82/83/76 mit Austausch-Seitenruder in 75/76

Focke-Wulf Ta 152 (Fw 190, Teil 4)

Ta 152 Hochleistungsjäger

In der Reihe der von Focke-Wulf-Chefkonstrukteur Kurt Tank und seiner Mannschaft entwickelten Flugzeuge sticht eines ganz besonders hervor – der Hochleistungsjäger Ta 152, der zu Tanks Ehren das Typenkürzel Ta erhielt

Fotos, wenn nicht anders vermerkt: Sammlung Ringlstetter

Fw 190 V21, TI+IH, mit Flammenvernichteranlage. Die Maschine entstand aus einer Fw 190 A und war eines der Versuchsflugzeuge für die Ta 152 A-Serie, die jedoch nicht verwirklicht wurde

Schon im Mai 1943 legte Focke-Wulf dem Technischen Amt im RLM den ersten Entwurf zum etwas später als Ta 152 A bezeichneten Jägertyp vor. Unstimmigkeiten im Reichsluftfahrtministerium (RLM) bezüglich des weiteren Jägerprogramms bzw. eines Nachfolgemusters für die Messerschmitt Bf 109 brachten die Entwicklung zunächst ins Stocken und letztlich das Aus für die Ta 152 A. Die Entwicklung der Ta 152 wurde jedoch fortgesetzt, die Luftwaffe benötigte dringend einen effektiven Höhenjäger zur Abwehr sehr hoch fliegender Aufklärer.

Generell waren für die Ta 152 der Jumo 213 und der DB 603 als Antrieb vorgesehen, beides V-12-Zylinder-Reihenmotoren. Die Triebwerkverkleidung, die einen Sternmo-

Ta 152 V7 (C-0/R11), CI+XM, W.Nr.110007, mit DB 603 E-Triebwerk

OBEN UND RECHTS Höhenjäger Fw 190 V30/U1, eines der Versuchsflugzeuge für die Ta 152 H mit Jumo 213 E und einer Spannweite von stattlichen 14,44 m

Ta 152 H-1, W.Nr. 150167

torantrieb suggerierte, war rund geformt, wie auch bei den anderen Weiterentwicklungen der Fw 190-Reihe mit Reihenmotor. Vor dem Motor war ein ringförmiger Kühler eingebaut. Der Rumpf wurde vor dem Leitwerk, wie bei der D-Reihe, durch ein 49 cm langes Zwischenstück verlängert. Seiten- und Höhenleitwerk wurden zunächst von der späten A-Serie übernommen. Aus Richtungsstabilitätsgründen vergrößerte man bald die Seitenflosse, und da wegen des langen Motors die Räder um jeweils 25 cm nach außen verlegt werden mussten, ergab sich hieraus auch eine auf 11,00 m vergrößerte Spannweite und eine strukturell verstärkte Fläche.

Die B-Version der Ta 152 war ein zusätzlich gepanzerter Zerstörer mit Jumo 213 E-Antrieb, bewaffnet mit drei MK 103, Kaliber 30 mm. In Produktion ging die Ta 152 B jedoch nicht.

Mit DB 603

Der Jäger und Jagdbomber Ta 152 C wurde dagegen mit dem Daimler Benz DB 603 LA (vorerst 603 E oder L) mit Wasser/Methanol-Einspritzung, MW 50, ausgerüstet, wobei der Jumo 213 weiterhin als Antriebsoption gewährleistet blieb. Die Bewaffnung des Flugzeugs bestand aus einer durch die hohle Luftschraubennabe feuernden Motorkanone MK 108 (C-3: MK 103), Kaliber 30 mm, mit einem Munitionsvorrat von 90, sowie zwei 20-mm-MG 151/20 mit je 175 Schuss in den Flächenwurzeln. Zwei weitere MG

Ta 152 C V6, W.Nr. 110006, mit DB 603 LA, erstmals geflogen am 12. Dezember 1944

151/20 mit je 150 Schuss waren im Rumpf oberhalb des Motors untergebracht.

Höhenjäger Ta 152 H

Den Erfahrungen aus den »Hohenjager 1 und 2«-Projekten folgend, ging man bei Focke-Wulf an die Entwicklung einer speziellen Ta 152-Höhenjägervariante, der H-Reihe. Mit der Verfügbarkeit des in großen Höhen wesentlich leistungsfähigeren Jumo 213 E war ein geeigneter Motor vorhanden, um die geforderten Ziele zu erreichen. Zur Leistungssteigerung des Jumo 213 E wurde eine MW 50- und für große Höhen eine GM 1-Anlage vorgesehen.

Die Maschine erhielt eine auf stattliche 14,44 m Spannweite verlängerte Tragfläche, die grundsätzlich auf der Fw 190 A-8-Fläche aufbaute und in weiten Teilen verstärkt war. Landeklappen (hydraulisch) und Querruder wurden entsprechend angepasst. Um Reparaturen leichter durchfuhren zu konnen, wurde die Tragfläche ab der H-1 mittig getrennt. Des Weiteren erhielt der Höhenjäger eine druckdichte Kabine. Die Ta 152 H-1 erhielt eine Schlechtwetterausrüstung, den Rüstsatz R11, der aus einer Jägerkurssteuerung LGW K 23, Heizscheiben und dem FuG 125 Hermine bestand. Die Starrbewaffnung beschränkte sich auf die Motorkanone MK 108 sowie die beiden Flächenwurzel-MG 151/20. Die Ta 152 H-1 blieb auch in 12 000 m noch gut beherrschbar und erreichte Höhen von 14 000 bis 15 000 m.

Technische Daten – Focke-Wulf Ta 152

Focke-Wulf Ta 152	H-1	C-1
Typ:	Einsitziges Jagdflugzeug	
Baujahr:	1945	1945
Antrieb:	Jumo 213 E hängender, flüssigkeitsgekühlter V-12-Zylinder-Reihenmotor	DB 603 LA
Startleistung:	1730 PS bei 3250 U/min	1820 PS
Kampfleistung:	1260 PS in 10 700 m	1325 PS in 9200 m
Dauerleistung:	–	1230 PS in 8400 m
Spannweite:	14,44 m	11,00 m
Länge:	10,71 m	10,80 m
Höhe auf Sporn:	3,36 m (Luftschr. quer)	3,38 m
Flügelfäche:	23,30 m²	19,50 m²
Spurweite:	3,96 m	3,96 m
Rüstgewicht:	4031 kg	4014 kg
Startgewicht:	5217 kg	5320 kg
Höchstgeschwindigkeit		
mit Kampfleist.:	700 km/h in 10 700 m	702 km/h in 9 500 m
mit Notleistung:	710 km/h in 10 700 m	–
mit MW 50	732 km/h in 9500 m	736 km/h in 10 000 m
mit GM-1	755 km/h in 12 500 m	–
Marschgeschw.:	500 km/h in 7000 m	550 km/h in 8400 m
Landegeschw.:	155 km/h	175 km/h
Steigleistung:	17,5 m/s in Bodennähe (MW 50)	–
	10 km in 14,2 min (MW 50)	10 km in 13,3 min (MW 50)
Reichweite:	1100 km	1140 km
Dienstgipfelhöhe:	14 800 m	12 300 m
Startrollstrecke:	395 m	415 m
Landerollstrecke:	500 m	500 m
Starrbewaffnung:	1 x 30 mm MK 108	1 x 30 mm MK 108
	2 x 20 mm-MG 151/20	4 x 20 mm-MG 151/20
Außenlast:	300-l-Tank	500-kg-Abwurflast/ 300-l-Tank

Serienflugzeug Ta 152 H-0, W.Nr. 110003, mit 300-l-Zusatztank

MK 103, Kaliber 30 mm, in der linken Tragfläche der Zerstörervariante Ta 152 B-5

Vormals britisches und nun mit der US-Foreign-Evaluation-Nummer FE-112 unter amerikanischer Obhut stehendes Beuteflugzeug Ta 152 H-0, W.Nr. 150010

Unter Rumpf und Tragflächen war es mittels ETC-Träger auch bei der Ta 152 möglich, zusätzlichen Kraftstoff zu transportieren. Bei der Ta 152 C war auch das Mitführen einer Bombenlast von 500 kg möglich. Bei der C-1 war durch den Rüstsatz R14 die Bewaffnung mit einem Torpedo von 780 – 850 kg geplant. Aufklärer waren auf Basis der Ta 152 B und H als Ta 152 E-1 bzw. E-2, später auf Basis der Ta 152 C unter der Bezeichnung C-10 vorgesehen.

1945 während einer Beutegut-Ausstellung in Farnborough: Neben einer Ju 188, Fw 200, Fw 190 und Bf 109 präsentiert sich auch die Ta 152 H-1, W.Nr. 150168, mit den Markierungen der Royal Air Force dem alliierten Fachpublikum

Zum Umbau einer Ta 152 auf den 2500 PS starken Jumo 222 E, der sich noch in der Entwicklung befand, kam es nicht mehr. Auch der unbewaffnete Schulzweisitzer Ta 152 S auf Basis der C-1 wurde nicht mehr realisiert.

Zu spät für die Front

An die Front gelangten nur noch wenige Ta 152-Jäger. Die III. Gruppe des Jagdgeschwaders 301 erhielt ab Ende Januar 1945 ganze 16 Ta 152 H-0- und H-1-Maschinen, doch es war längst zu spät, um noch irgendetwas auszurichten. Abfangeinsätze mit Ta 152 gegen hochfliegende Feindmaschinen wurden, soweit bekannt, zwar nicht geflogen, zum Aufeinandertreffen mit feindlichen Jägern kam es aber trotzdem. Auch wurden hierbei Abschüsse erzielt und die Leistungsfähigkeit der Ta 152, obwohl ohne MW 50- und GM-1-Anlagen, gegenüber den besten alliierten Jagdflugzeugen unter Beweis gestellt. Die wenigen Flugzeugführer, die noch in Tanks Meisterwerk steigen durften, lobten die Ta 152 als das beste Jagdflugzeug, das sie je geflogen hätten. Die Maschine war schnell, fliegerisch größtenteils einwandfrei und besonders in 6000 bis 8000 m extrem wendig. Wie sich nach Kriegsende bei Vergleichsflügen herausstellte, gehörte die Ta 152 zweifelsohne zu den leistungsfähigsten Kolbenmotorjägern ihrer Zeit. Die Aufmerksamkeit der Entwickler galt jedoch den strahlgetriebenen Konstruktionen, die sich anschickten, die letzten Kolbenmotorjäger abzulösen. ◀

Ta 152 H-0, W.Nr. 110005, auf der Kompensierscheibe zur Kompassjustierung

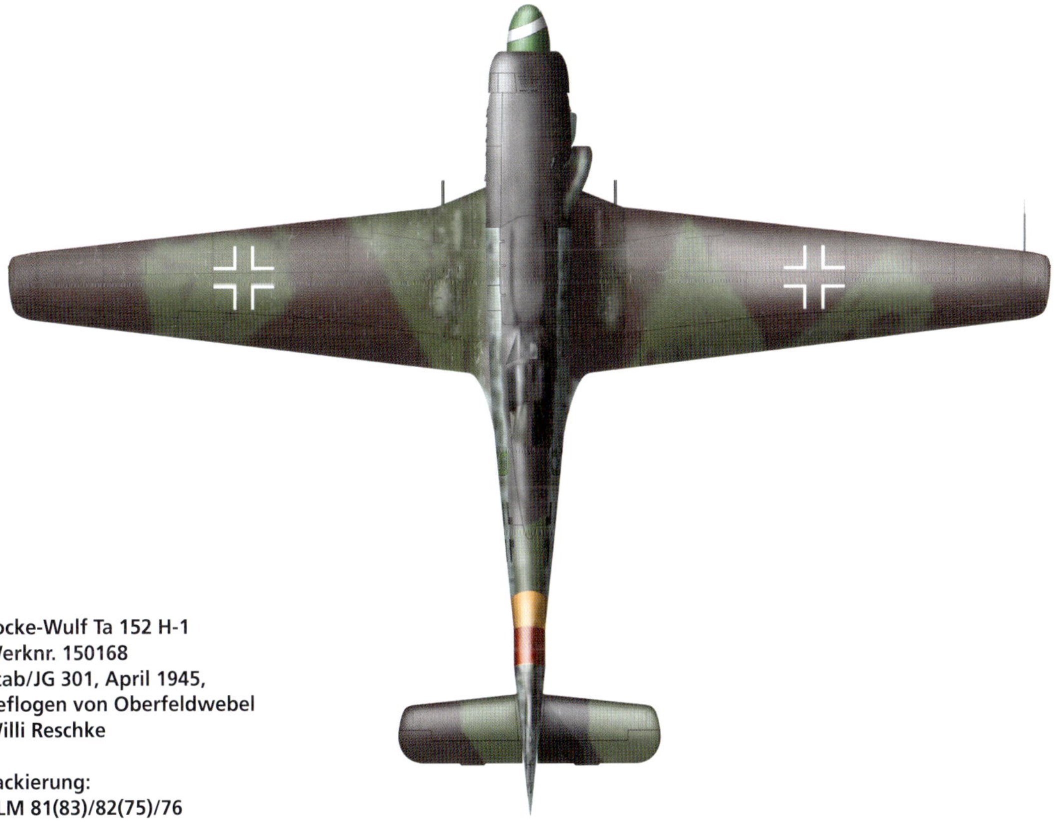

Focke-Wulf Ta 152 H-1
Werknr. 150168
Stab/JG 301, April 1945,
geflogen von Oberfeldwebel
Willi Reschke

Lackierung:
RLM 81(83)/82(75)/76

Langstreckenjäger, Zerstörer und Jagdbomber

Messerschmitt Bf 110 – Teil 1

Praktisch den ganzen Krieg hindurch gebaut und an allen Fronten im Einsatz, zählt die Messerschmitt Bf 110 mit über 6000 Exemplaren zu den meistgebauten und in mancherlei Hinsicht auch erfolgreichsten deutschen Flugzeugen

Fotos, wenn nicht anders angegeben: Sammlung Ringlstetter

Bf 110 V1 mit Jumo 210 und Zweiblattpropeller. Die Fahrwerksabdeckung fehlt, Seitenleitwerk und Rumpfbug wurden später in der Serie verändert

Gemäß den Richtlinien für das Rüstungsflugzeug III erteilte das Reichsluftfahrtministerium (RLM) 1934 an die Bayrischen Flugzeugwerke (BFW) den Auftrag zur Entwicklung eines Flugzeugzerstörers, der Feindmaschinen schon im Vorfeld abfangen sollte. Entsprechend verändert, war geplant, den neuen Typ auch als Höhenaufklärer einsetzen zu können.

Das Flugzeug sollte unter anderem maximal zweimotorig sein, eine Reichweite von 2.000 km, eine Dienstgipfelhöhe von 10.000 Meter und eine Höchstgeschwindigkeit von 400 km/h in 6.000 m Höhe aufweisen, so die Vorstellungen des RLM. Wobei die Schnelligkeit des Musters Priorität hatte, erst danach kamen Reichweite, Steigleistung und Wendigkeit.

Drei Prototypen sowie fünf Nullserien-Flugzeuge sollten im Rahmen des Entwicklungsprogramms hergestellt werden. 1935 kan der Auftrag hinzu, eine Schnellbombervariante aus dem Zerstörer abzuleiten.

Bei BFW wurde ein zweimotoriger, freitragender Tiefdecker in Ganzmetallbauweise entworfen. Der Rumpf entstand in bewährter Schalenbauweise aus Duralblech. Wegen des besseren Schussfeldes für das Abwehr-MG entschied man sich für ein doppeltes Seitenleitwerk. Die Tragflächen waren einholmig mit tragender Außenhaut ausgeführt und jeweils über drei Anschlusspunkte mit dem Rumpf verbunden. An den äußeren Vorderkanten verliefen automatische Vorflügel.

Als Antrieb waren Jumo 210 V-12-Reihenmotoren vorgesehen, später der wesentlich stärkere Daimler-Benz DB 600, der sich jedoch noch in der Entwicklung befand und dann in der V3 erprobt wurde.

Die Besatzung bestand aus zwei Mann mit der Möglichkeit, mittig eventuell noch ein drittes Besatzungsmitglied unterzubringen.

Am 12. Mai 1936 startete die BFW Bf* 110 V1 mit der Werknummer 868 in Augsburg mit Hermann Wurster am Steuer zum Erstflug und durchlief ausführliche Tests, bevor die Maschine im Oktober 1936 zur Luftwaffen-Erprobungsstelle nach Travemünde geflogen wurde.

Im Vergleich mit den ebenfalls zweimotorigen Mitbewerbern Focke-Wulf Fw 57 und Henschel Hs 124 konnte sich schließlich die Bf 110 durchsetzen.

Serienbau

Nach sieben A-0- und zwei B-0-Vorserien-Maschinen, die zumeist noch unbewaffnet warten, wurde die Bf 110 B-1 1938 die erste in Serie produzierte 110. Das Flugzeug wurde durch zwei Jumo 210 G mit je 730 PS angetrieben und war

Eine der unbewaffneten Bf 110, die aus der A-0-Vorserie stammte

Bf 110 C-2 mit der W.Nr. 3078 im Winter 1939/40

Bf 100 C vom Zerstörergeschwader 76 (ZG 76)

mit vier starr eingebauten Maschinengewehren MG 17, Kaliber 7,9 mm, und zwei 20-mm-MG-FF, im Bug bzw. unterhalb der vorderen Kabinenhälfte bewaffnet. Ein 7,9-mm-MG 15, das auf einer Schwenkarmlafette vom Funker und Bordschützen bedient wurde, diente als Abwehrbewaffnung. Zwischen Flügel und Rumpf waren in jeder Tragfläche zwei Treibstofftanks mit insgesamt 1220 Liter untergebracht. Das Hauptfahrwerk wurde nach hinten eingezogen, während das Spornrad war nicht eingezogen werden konnte. Die Höchstgeschwindigkeit der Bf 110 B lage bei 460 km/h.

Die Flugeigenschaften der Bf 110 galten als gutmütig, die Maschine war voll kunstflugfähig und für ein zweimotoriges Flugzeug dieser Größe erstaunlich wendig. An den Piloten stellte die Bf 110 keine besonderen Anforderungen.

Mit der Serienreife des mit Einspritzanlage ausgestatteten DB 601 A lief ab Anfang August 1939 der Bau der Bf 110 C-Serie an, deren Flugleistungen durch den stärkeren Motor erheblich zunahmen. Die Spannweite war um gut 60 cm gekürzt worden, die Geschwindigkeit erhöhte sich auf rund 530 km/h.

Mit dem Zusatzkürzel /B wurden zum Sturzbomber umgerüstete C-1/-2- und D-0-Muster bezeichnet, die bis zu 2000 kg unter dem Rumpf ins Ziel bringen konnten. Auch anderen Bomberversionen (C 7, D-0/B) konnte diese Last untergehängt werden.

Zur Erhöhung der Reichweite wurden einige Maschinen der Baureihen D und E mit einem so genannten Dackelbauch gefertigt, ein verkleidetes zusätzliches, nicht abwerfbares Tankvolumen, das 106 Liter Schmier- und 1050 Liter Treibstoff fasste. An ETC-Trägern unter Flächen und Rumpf konnten dagegen abwerfbare 300 oder sogar 900 Liter fassende Zusatztanks mitgeführt werden.

Ab 1940/41 kamen Maschinen der Baureihen Vf 110 C, D und E auch als Nachtjäger zum Einsatz, wobei dies anfangs sehr behelfsmäßig geschah.

Hauptsächlich in Aufklärer wurde eine starre Rückwärtsbewaffnung in Form von zwei MG 17 eingebaut. Die Sicht nach hinten ermöglichte ein Rückblickfernrohr RF 1 A.

Für das Einsatzgebiet im südlichen Mittelmeerraum wurden die Flugzeuge mit einer Tropenausrüstung, wie vergrößerte Kühler, Sandabscheidern vor den Luftansaugkanälen, Waffenlaufabdeckungen oder einer zusätzlichen Rettungsausrüstung, versehen.

In einer mit N bezeichneten Ausführung kam ab 1940 auch die leistungsgesteigerte Variante des DB 601 A zum Einbau, der mit höheroktanigem C-3-Kraftstoff betrieben kurzzeitig 1275 PS leistete.

Im Einsatz

Messerschmitt Bf 110 der Baureihen B E waren als Langstreckenjäger, Bomber, stark gepanzertes Tiefangriffsflugzeug, Nachtjäger, Aufklärer (C-5, D-4, E-3 – ohne MG-FF) und Schleppflugzeug an allen Fronten eingesetzt.

Als schwerer Jäger und Zerstörer bewährte sich die Bf 110 zu Kriegsbeginn über Polen, Holland, Belgien, Norwegen und Frankreich. Am 18. Dezember 1939 schossen Bf 110 des ZG 76 über der Nordsee neun von 22 britischen Wel-

Bf 110 D der 8./ZG 26, eingesetzt im Mittelmeerraum/Nordafrika. Entsprechend trägt die Maschine zwar ein weißes Rumpfband, Motorhauben, Seitenruder und Flächenenden sind jedoch noch gelb bemalt, was darauf hinweist, dass das Flugzeug zuvor auf dem Balkan eingesetzt war. Die sandfarbene Lackierung erfolgte wahrscheinlich mit italienischem Sandgelb

Blick des Funkers und Bordschützen auf den Flugzeugführer.

Wie am N auf der Motorhaube zu erkennen, ist diese Bf 110 E der 4./ZG 76 mit N-Motoren ausgerüstet, die mit 100-Oktan-Benzin betrieben werden

lington-Bombern ab. An der Kanalfront im Sommer 1940, als die Royal Air Force n der so genannten Battle of Britain um das Überleben ihrer Nation kämpfte, erwies sich die Bf 110 als untauglich, die Bomber gegen Angriffe der verbissen kämpfenden die Hurricane- und Spitfire-Piloten zu schützen. Vielmehr hätten sie selbst Jagdschutz durch die Bf 109 gebraucht. Wenngleich stark bewaffnet und relativ schnell, zeigte sich die Bf 110 schlichtweg als zu schwerfällig, um gegen moderne einmotorige Jäger bestehen zu können. In späteren, taktisch sinnvolleren Einsätzen konnten Bf 110 erneut erfolgreich operieren.

Außer bei den Messerschmittwerken wurde die Bf 110 auch bei Focke-Wulf, MIAG und der Gothaer Waggonfabrik produziert. Zu den bekanntesten Episoden in Verbindung mit der Bf 110 gehört sicher der »Lang

Später in der Reichsverteidigung wiederholte sich dieses Dilemma. In taktisch sinnvolleren Einsätzen konnten Bf 110 jedoch durchaus sehr erfolgreich operieren.

Zu den bekanntesten Episoden in Verbindung mit der Bf 110 gehört sicher der »Langstrecken-Übungsflug« von Rudolf Hess, dem damaligen Führer-Stellvertreter, vom 10. Mai 1941 nach Großbritannien, von dem er aus politischen Gründen nicht zurückkehrte. ◀

Bf 110 D vom Zerstörergeschwader 26 über Nordafrika.

Am 11. September 1940 musste der Pilot dieser Bf 110 C-1 der 3./ZG 26 in England notlanden. Die weiße Schnauze diente zur besseren Freund-Feind-Erkennung (siehe Grafik)

Bf 110 D der III./ZG 26 mit abwerfbaren 900-l-Zusatztanks unter den Tragflächen 1941 im Mittelmeerraum

Technische Daten Bf 110 Teil 1

Messerschmitt Bf 110 C	
Typ:	Schwerer Jäger und Zerstörer
Besatzung:	2 – Flugzeugführer u. Funker/ Bordschütze
Triebwerk:	2 x DB 601 A, Flüssigkeitsgekühlter hängender V-12-Zylinder-Reihenmotor
Startleistung (1 min.) je:	1100 PS
Startleistung (5 min.) je:	990 PS
Dauerleistung je:	860 PS in 4900 m
Erhöhte Dauerlg. (30 min.) je:	960 PS in 4500 m
Länge:	12,07 m
Spannweite:	16,28 m
Höhe:	4,10 m
Rüstgewicht:	4570 kg
Startgewicht Max.:	6750 kg
Höchstgeschwindigkeit:	530 km/h in 3500 m
Reisegeschwindigkeit:	465 km/h in 3500 m
Landegeschwindigkeit:	140 km/h
Steigleistung ca.:	15 m/sec
Dienstgipfelhöhe:	8500 m
Reichweite normal ca.:	800 km
Starre Bewaffnung:	4 x 7,92 mm – MG 17
	2 x 20 mm – MG FF
Abwehrbewaffnung	1 x 7,9 mm MG 15 auf Lafette

* *Die korrekte Bezeichnung lautet Bf (für Bayerische Flugzeugwerke AG – BFW) 110.* Erst mit der Umwandlung der BFW in die Messerschmitt AG Mitte 1938 änderte sich das Kürzel für die von da an konstruierten Flugzeuge in Me. Umgangssprachlich wurde und wird jedoch meist das Kürzel Me verwendet.

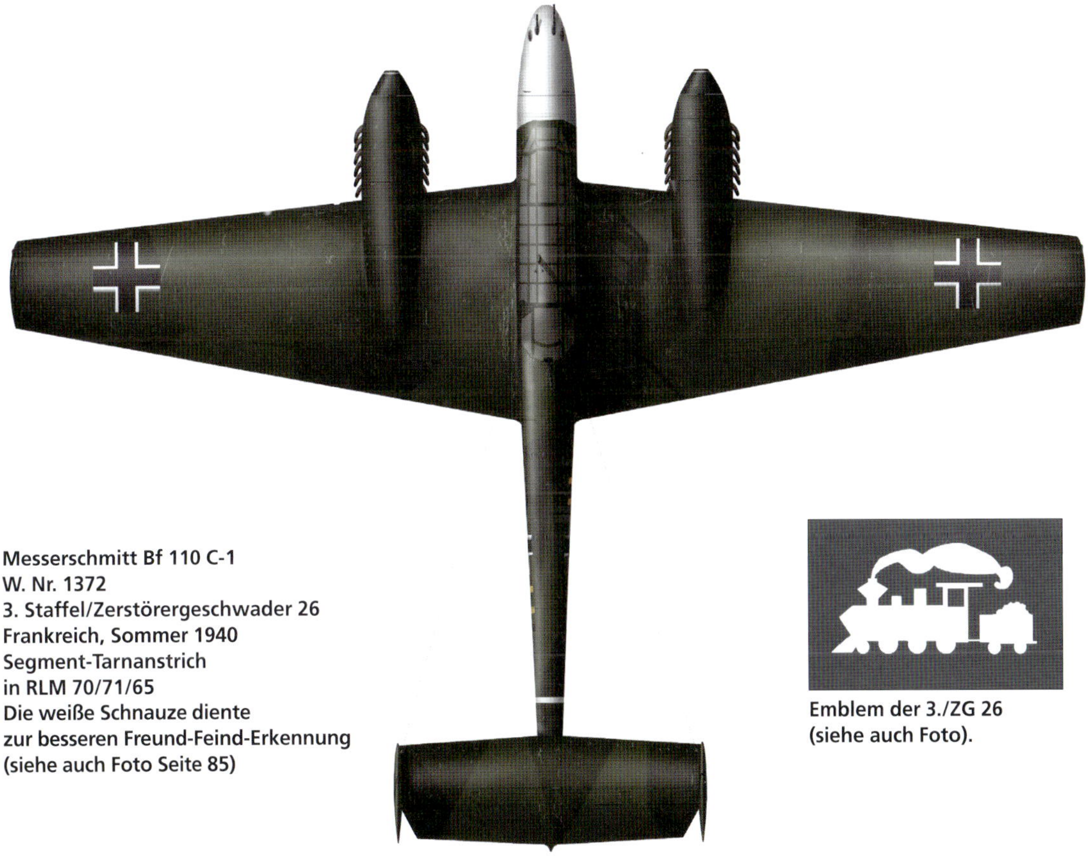

Messerschmitt Bf 110 C-1
W. Nr. 1372
3. Staffel/Zerstörergeschwader 26
Frankreich, Sommer 1940
Segment-Tarnanstrich
in RLM 70/71/65
Die weiße Schnauze diente
zur besseren Freund-Feind-Erkennung
(siehe auch Foto Seite 85)

Emblem der 3./ZG 26
(siehe auch Foto).

Jagdbomber und Nachtjäger

Messerschmitt Bf 110 – Teil 2

Das Bf 110-Bauprogramm sollte ursprünglich mit der E-Serie Ende 1941 auslaufen, doch das geplante Nachfolgemuster Me 210 bereitete Probleme, die sich nicht kurzfristig lösen ließen. So setzte man weiter auf die Bf 110.

Messerschmitt Bf 110 G-4 vom Nachtjagdgeschwader 6 auf einem Verlegungsflug. Aus dem Bug ragen die Mündungsfeuerdämpfer der 30 mm-Kanonen MK 108, daneben die Antennen der Funkmessanlage. Hatte sich die Bf 110 am Tag als Jäger kaum bewähren können, zeigte sich der Typ als Nachtjäger umso erfolgreicher

Foto: Sammlung Meyer

Die Produktion der Bf 110 wurde notgedrungen mit der F-Reihe fortgesetzt. Zur Leistungssteigerung erhielten die F-Modelle zwei je 1350 PS leistende Daimler-Benz DB 601 F-Motoren mit vergrößerten Kühlern. Äußerlich führte dies zu veränderten Motorverkleidungen und Propellerhauben, die, wie schon bei den Vorgängervarianten, baugleich mit denen der einmotorigen Bf 109 waren.

Hinter dem Flugzeugführer kam ein Überschlagbügel zum Einbau, ein kantiger Lufteinlass (ab Baureihe E) auf dem Rumpfbug führte Frischluft zur Heizung.

Mit dem Rüstsatz M 1, zwei MG 151/20, unter dem Rumpf ist diese Bf 110 G ausgerüstet, die obere MG-Bewaffnung ist ausgebaut. Unter den Tragflächen sind mit 21-cm-Raketen bestückte Ausstoßrohre montiert

Ein verbesserter Kabinenaufbau, der den Ein- und Ausstieg erleichterte, und ein doppelläufiges Maschinengewehr MG 81 Z, Kaliber 7,9 mm, für den Funker und Bordschützen kamen zunächst nur teilweise zum Einbau und wurden erst ab der G-Reihe Standard.

Eine F-1-Reihe kam nicht zur Fertigung, der Serienbau wurde mit der Bf 110 F-2 fortgesetzt, die, wie die Vorgängermodelle, mit verschiedenen Trägern für Bomben und 300 und 900 l-Zusatztanks unter Rumpf und Tragflächen eingesetzt werden konnte.

Zur Unterstützung von Bodentruppen eingesetzte Flugzeuge erhielten eine verstärkte Panzerung. In entsprechenden Gebieten operierende Maschinen konnten, wie die Modelle zuvor, mit einer tropentauglichen Zusatzausrüstung (Trop) versehen werden.

Als Fernaufklärer kam die Version F-3 zu den Einheiten, während mit der Bf 110 F-4 ab Frühjahr 1942 erstmals eine spezielle Nachtjagdvariante serienmäßig an die Geschwader geliefert wurde. Sie konnte mit zwei zusätzlichen 20 mm-MG 151/20 mit je 200 Schuss (Rüstsatz M 1) unter dem Rumpf ausgerüstet werden und erhielt ein Lichtenstein-Bordradar FuG 202, das die Ortung von Feindmaschinen in einer Entfernung von etwa vier Kilometern in einem Kegel von 70 Grad ermöglichte. Bislang wurden die Nachtjäger zwar vom Boden aus zu den Bombern geführt, flogen dann aber auf Sicht.

Die für den nächtlichen Einsatz installierten Auspuffflammenvernichter, Antennen und, wenn angebaut, der M 1-Rüstsatz verschlangen

Bestandteil der Tropenausrüstung (Trop) waren MG-Laufverkleidungen, die mit Schutzkappen versehen werden konnten. Dazwischen der vordere Lufteinlass für die Kabinenheizung. Der Flugzeugführer sieht durch eine 57 mm starke Panzerglasscheibe, die ab der Baureihe E serienmäßig war

Der gegenüber den Vorgängermodellen verbesserte Kabinenaufbau einer Bf 110 G. Hinter dem Flugzeugführer ein Überrollbügel mit Panzerglasscheibe Foto: Sammlung Meyer

rund 50-60 km/h, wodurch die Höchstgeschwindigkeit auf etwa 480 km/h sank. Anstatt des komplett schwarzen erhielten die Maschinen nun einen recht hellen Tarnanstrich.

Bf 110 Gustav

Abermals stärker motorisiert erschienen Anfang 1943 die ersten Bf 110 der Baureihe G an der Front, deren Serienproduktion mit der G-2 begann – die G-1 entfiel. Zwei DB 605 B sorgten für eine Startleistung von je 1475 PS. Des Weiteren sorgten neue Luftschrauben für mehr Vortrieb, die beiden 20 mm-MG FF/M wurden durch gleichkalibrige MG 151/20 ersetzt. Für die jeweiligen Einsatzzwecke konnten verschiedene Rüstsätze montiert werden. Zur Sprengung von Bomberpulks dienten zwei Doppelrohre unter den Tragflächen zum Abfeuern von ungesteuerten 21 cm-Raketen, so genannten Nebelwerfern (Rüstsatz M 5). Nur für kurze Zeit kam an der Bf 110 die schwere 37 mm-Bordkanone Flak 18 zum Einsatz, die in einer Rumpfwanne untergebracht war. Sowohl an der Ostfront zur Panzerbekämpfung sowie gegen Bomber eingesetzt, bewährten sich die derart ausgerüsteten Bf 110 nicht. Zudem zeigte sich die Waffe als störanfällig. Mit beiden Rüstsätzen verringerte sich die Geschwindigkeit relativ stark und die Maschine wurde noch träger und verwundbarer.

Zur Erhöhung der Motorleistung in großer Höhe konnte eine GM-1-Anlage (Nitrooxyd-Einspritzung) eingebaut werden, die in Volldruckhöhe für 45 Minuten eine Leistungssteigerung von je 300 PS und eine Höchstgeschwindigkeit von knapp 600 km/h in 10.000 m ermöglichte. Der hierfür benötigte Tank war im hinteren Kabinenteil untergebracht, wodurch das MG 81 Z entfiel. Die hintere Panzerung wurde ebenfalls ausgebaut. Die Flugeigenschaften verschlechterten sich jedoch mit vollem Tank wegen der veränderten Schwerpunktlage erheblich.

Eine Verbesserung der Bugbewaffnung erreichte man mit dem Einbau von zwei MK 108, 30 mm-Kanonen mit enormer Wirkung, anstelle der vier MG 17. Gewöhnlich genügten wenige Treffer, um selbst einen schweren viermotorigen Bomber vom Himmel zu holen. Ebenso zum Einbau kamen zwei MG 151/20 statt der MG 17.

Die Bf 110 G-3 konnte sowohl als Fernaufklärer mit Kamera anstelle der beiden MG 151/20 wie auch als Zerstörer und Jagdbomber genutzt werden.

Zur Verbesserung der Längsstabilität flossen während der Produktion der G-

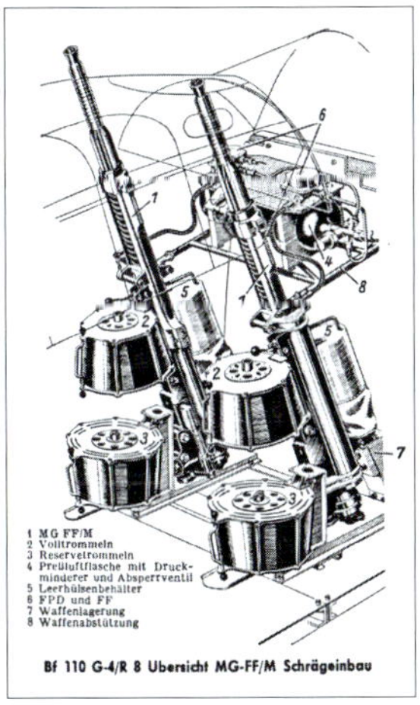

»Schräge Musik« – zwei 20 mm-MG FF, die in einigen Bf 110 im hinteren Teil der Kabine eingebaut waren

Bf 110 G-2 des NJG 200 ohne Nachtjagdsichtgerät

37-mm-Bordkanone (Flak 18) in einer mit Stoff bespannten Bauchwanne

Bf 110 G-4/R3 mit Antennenanlage des FuG 220 bzw. FuG 212 (Mitte). Über den Auspuffrohren befinden sich Flammenvernichter, an den Tragflächen zwei 300-l-Zusatztanks.

Reihe vergrößerte, aus Holz gefertigte Seitenruder in die Serie ein.

Bf 110-Nachtjäger

Die Weiterentwicklung als Nachtjäger (auch als Zerstörer/Jagdbomber) kam in Form der Bf 110 G-4, die mit Fortschreiten des Krieges mit einer laufend verbesserten Funkmesstechnik ausgerüstet wurde und auch waffentechnisch Neuland betrat. So zeigten sich gute Erfolge mit zwei steil nach oben feuernden MG FF, die als »Schräge Musik« bezeichnet in etlichen Bf 110 (G-4/R8) im hinteren Teil der Kabine eingebaut waren. Um den mit der Radaranlage beschäftigten Funker zu entlasten, wurde, soweit dies nicht durch Zusatzeinbauten verhindert war, ein dritter Mann als Bordschütze und Beobachter mitgenommen. Zahlreiche Nachtjägerpiloten erzielten mit der Bf 110 beachtliche Erfolge, allen voran Heinz-Wolfgang Schnaufer mit 121 Abschüssen. Zu beträchtlichen und überaus sinnlosen Verlusten von wertvollen Besatzungen kam es immer wieder durch Tageseinsätze, bei denen die langsamen Nachtjäger nur allzu leicht den US-Begleitjägern zum Opfer fielen.

Die geplante H-Reihe für den Einsatz in großen Höhen mit stärkeren Motoren, verlängertem Rumpf und einer auf 18,58 m vergrößerten Spannweite ging nicht mehr in Serie. Obwohl veraltet, blieb die Bf 110 notgedrungen den ganzen Krieg hindurch als Zerstörer, Langstrecken-Begleitjäger für Schiffskonvois, Schlachtflugzeug, schwerer Jagdbomber, Nachtjäger und Aufklärer im Einsatz.

Ganze zwei komplette Exemplare existieren momentan – ein Bf 110 G-4/R3-Nachtjäger im RAF-Museum in Hendon/London sowie die hervorragend restaurierte Bf 110 F-2 des Deutschen Technikmuseums Berlin, die ehemals in der Zerstörerstaffel des JG 5 in Finnland flog.

Reste der Luftwaffe, wie dieser Bf 110 G-Nachtjäger des NJG 101, warten im Frühjahr 1945 auf ihre Verschrottung.

Technische Daten Messerschmitt Bf 110 G-2

Typ:	Schwerer Jäger/Zerstörer und Jagdbomber
Besatzung:	2 (Flugzeugführer u. Funker/Bordschütze)
Triebwerk:	2 x DB 605 B, flüssigkeitsgekühlter hängender V-12-Zylinder-Motor
Startleistung (1 min.):	2 x 1475 PS
Dauerleistung:	2 x 1080 PS in 5800 m
Erhöhte Dauerlg. (30 min.):	2 x 1250 PS in 5800 m
Länge:	12,07 m
Spannweite:	16,28 m
Höhe:	4,00 m
Rüstgewicht:	5960 kg
Startgewicht max.:	7790 kg
Höchstgeschwindigkeit:	595 km/h in 6000 m
Sturzgeschw. max.:	700 km/h
Landegeschwindigkeit:	140 km/h
Mittlere Steigleistung ca.:	12,5 m/sec (bis 6000 m)
Dienstgipfelhöhe:	11000 m
Reichweite normal ca.:	900 km
mit Zusatztanks:	1300 km
Starre Bewaffnung:	4 x 7,9 mm MG 17 2 x 20 mm MG 151/20
Abwehrbewaffnung:	1 x MG 81 Z (2 x 7,9 mm) auf Lafette
Bombenlast als Jagdbomber an Außenträgern:	500 – 1350 kg (Überlast möglich) zahlreiche Rüstsätze

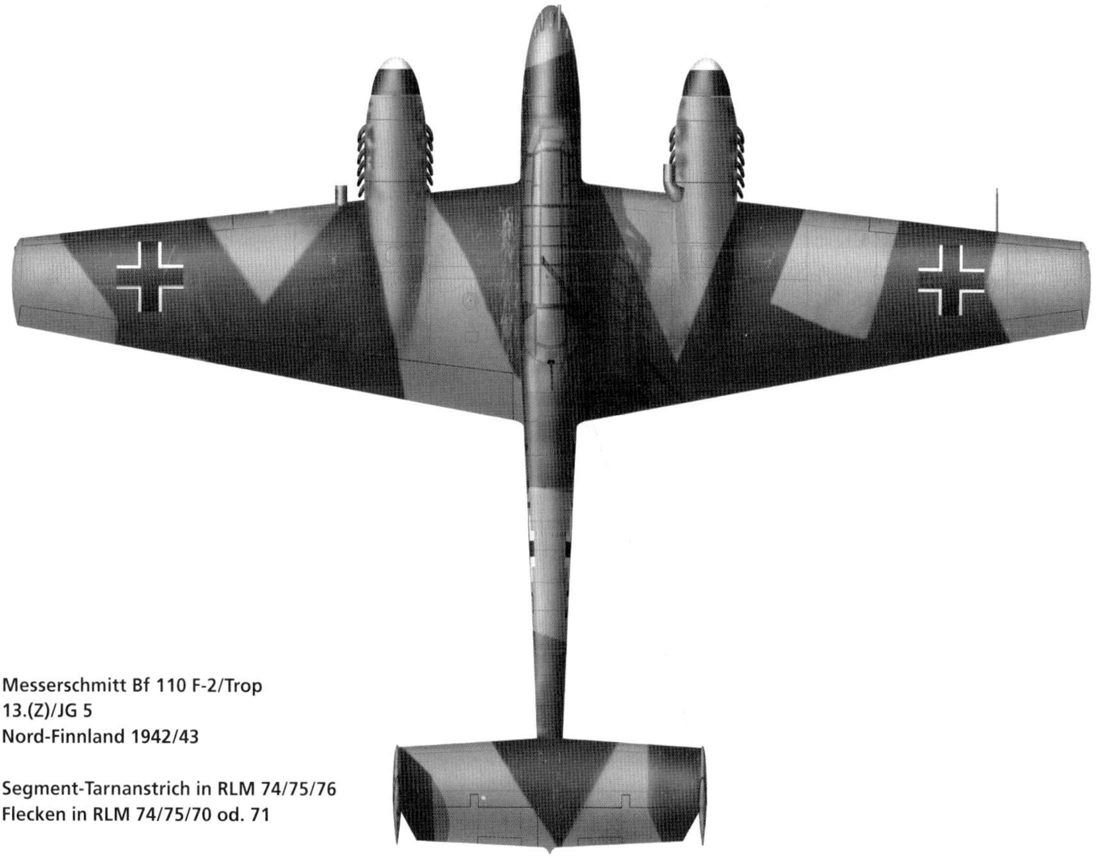

Messerschmitt Bf 110 F-2/Trop
13.(Z)/JG 5
Nord-Finnland 1942/43

Segment-Tarnanstrich in RLM 74/75/76
Flecken in RLM 74/75/70 od. 71

Do 335 V1, CP+UA, mit zwei DB 603 A-Motoren auf Testflug.

Alle Abbildungen, sofern nicht anders angegeben: Dornier-Archiv

Hochleistungs-Kampfflugzeug

Dornier Do 335 Pfeil

Zu den ungewöhnlichsten und zugleich leistungsstärksten Flugzeug-Konstruktionen, die aus dem Zweiten Weltkrieg hervorgingen, gehört sicher auch die Dornier Do 335, eines der letzten kolbenmotorbetriebenen Hochleistungs-Kampfflugzeuge.

Schon seit langer Zeit hatte man bei Dornier Erfahrung mit zweimotorigen Flugzeugen gemacht, deren Triebwerke in Tandemanordnung mit Zug- und Druckluftschraube eingebaut waren. Erstmals bei der Do 18, einem zweimotorigen Flugboot, wurde der hintere Propeller über eine lange Welle angetrieben, so dass der Motor nahe dem Schwerpunkt eingebaut werden konnte. Der Entwurf eines neuen Kampfflugzeugs (Projekt P.59) sah vor, die Motoren in den Rumpf zu integrieren und damit eine wesentlich geringere Stirnfläche zu bieten als ein herkömmlich konstruiertes zweimotoriges Flugzeug. Auch der Einmotorenflug stellte so ein erheblich geringeres Problem dar. Das Leitwerk war als Kreuzleitwerk ausgelegt und unmittelbar vor der hinteren Luftschraube angeordnet.

Doch das Interesse des Reichsluftfahrtministeriums (RLM) blieb aus. Für Dornier war die Idee, die er 1937 zum Patent angemeldet hatte, keineswegs gestorben. So wurde die Firma Schempp-Hirth mit dem Bau eines Erprobungsflugzeugs beauftragt, das die einwandfreie Funktionsweise des Konzeptes aufzeigen sollte. Die 1941 zum ersten

Beidseitige Ausbuchtungen in der Kabinenhaube mit innen angebrachten Rückspiegeln, über die nur wenige Maschinen verfügten.

Der reichhaltig ausgestattete Führerraum der Do 335 V3.

Der Schleudersitz funktionierte mit Pressluft.

Mal geflogene Göppingen Gö 9 war eine stark verkleinerte (1:2,5) Do 17 aus Holz, die mit Kreuzleitwerk ausgestattet und von einem mittig eingebauten 80-PS-Motor angetrieben wurde, der über eine Fernwelle den am Rumpfende angebrachten Propeller antrieb. Die Gö 9, konstruiert von Wolfgang Hütter, bewies zwar die Machbarkeit des Konzeptes, doch das RLM zeigte sich weiterhin uninteressiert.

Projekt P.231

Erst als die zunehmend schlechter werdende Kriegslage 1942 dringend nach neuen leistungsstärkeren Flugzeugen verlangte, wurden die Firmen Heinkel, Messerschmitt, Arado, Junkers und Dornier gemäß einer Ausschreibung mit der Entwicklung eines Schnellbombers beauftragt. Gefordert wurden 750 km/h Höchstgeschwindigkeit, 2000 km Reichweite und eine Bombenlast von 500 kg.

Bei Dornier war man nicht untätig gewesen und konnte mit dem auf P.59 aufbauenden Projekt P.231 aufwarten, das in drei Ausführungen dem RLM vorgelegt wurde. P.231/1 sah zwei DB 605-Motoren vor, P.231/2 dagegen zwei DB 603 sowie geänderte Tragflächen. P.231/3, das in der Folgezeit gestrichen wurde, sollte über einen Mischantrieb, bestehend aus einem DB 603 vorne und einer Strahlturbine Jumo 004 hinten, verfügen.

Schließlich bekam Dornier mit seiner auffallenden Ganzmetallkonstruktion den lange ersehnten Auftrag zum Bau von zunächst zehn Versuchsflugzeugen.

Das erste V-Muster hob am 26. Oktober 1943 mit Flugkapitän Hans Dieterle am Steuer zum Erstflug ab. Angetrieben wurde die Do 335 V1 von zwei Daimler-Benz DB 603 A-V-12-Reihenmotoren, die eine Startleistung von insgesamt 3500 PS abgaben.

Überragende Flugleistungen

Etwa 770 km/h Höchstgeschwindigkeit sprachen entschieden für den extravaganten Dornier-Entwurf. Selbst in Bodennähe erreichte das massige Flugzeug noch 640 km/h, und sogar mit nur einem Motor konnten noch stattliche 560 km/h eingeflogen werden, wobei mit dem hinteren Motor die besseren Werte im Einmotorenflug erreicht wurden.

Die Sichtverhältnisse für den Flugzeugführer waren ausgezeichnet, die Handlichkeit war für eine zweimotorige Maschine erstaunlich gut, das Flugverhalten konnte insgesamt zufrieden stellen, wenngleich noch etliche Änderungen nötig waren. Start und Landung waren durch die gegenläufigen Luftschrauben und das Bugradfahrwerk einfach, aller-

Die Do 335 V-3, hier schon mit der Kennung T9+ZH (vormals CP+UC) rollt zum Start. In die untere Seitenflosse war ein federnder Schleifsporn integriert.

Do 335 V9, CP+UI, das direkte Versuchsmuster zur Vorserie A-0.

dings war durch die untere Seitenflosse der Anstellwinkel gewöhnungsbedürftig begrenzt. Im Notfall konnte diese samt Luftschraube für eine Bauchlandung abgesprengt werden. Als problematisch erwies sich aber insbesondere die Kühlung des hinteren Motors, und diese Probleme ließen sich bis Kriegsende nicht mehr ganz beheben. Trotz der verheißungsvollen Strahlflugzeuge Me 262 und Ar 234, konnte die Do 335 die RLM-Verantwortlichen überzeugen, so wurden weitere Maschinen, V-, A-0-Vorserien- und A-1-Serienflugzeuge in Auftrag gegeben.

Den bei der V1 noch unterhalb des Motors platzierten Ölkühler integrierte man schon bei der V2 (CP+UB) in den Ringkühler direkt vor dem Frontmotor. Die kreisrunden einteiligen Fahrwerksabdeckungen wurden durch zweiteilige ersetzt. Der mit Pressluft betriebene Schleudersitz, zu jener Zeit noch ein sehr seltenes Ausrüstungsmerkmal, trug der hohen Geschwindigkeit Rechnung. Um dem Flugzeugführer einen möglichst ungefährlichen Ausstieg zu ermöglichen, konnten Kabinenhaube, Heckpropeller und obere Seitenflosse vor Auslösen des Schleudersitzes weggesprengt werden. Erprobungspilot Werner Altrogge nutzte jedoch der Schleudersitz am 15. April 1944 nichts mehr, nach Schwierigkeiten in der V2 wollte er aussteigen, wurde jedoch von der abgesprengten Kabinenhaube am Kopf getroffen und stürzte tödlich ab.

Am 20. Januar 1944 absolvierte die V3 (CP+UC) ihren Erstflug. Ausgerüstet mit einem Reihenbildgerät Rb 50/30 diente das Flugzeug von August bis Oktober 1944 mit dem Kennzeichen T9+ZH beim Versuchsverband des Oberkommandos der Luftwaffe als Aufklärer. Als A-4 sollte die Aufklärerversion in Serie produziert werden.

Waren die ersten vier V-Muster noch unbewaffnet, fungierte die V5 als Waffenversuchsträger. Letztlich entschied man sich für zwei MG 151/15, Kaliber 15 mm bzw. 20-mm-MG 151/20 mit je 200 Schuss oberhalb des vorderen Motors sowie eine durch die hohle Luftschraubenwelle feuernde 30-mm-MK 103 mit

Die Bugrad-Konfiguration war damals noch selten. Die vordere VDM-Verstell-Luftschraube hatte einen Durchmesser von 3,50 m, die hintere von 3,30 m.

Werknummer 240107, eine von zehn A-0-Vorserienmaschinen.

Dornier Do 335 V1

Lackierung: RLM 71/65 und 70 oder Schwarz (Propeller und Haube)
Von den mit deutschem Anstrich versehenen Do 335 war die V1 als einzige nicht mit einem Segmentanstrich versehen.

Die äußerst imposante Do 335 V11, CP+UL, Prototyp der zweisitzigen Schulversion.

Die 240112, eine Do 335 A-11, wurde perten getestet. Am 18. Januar 1946 ser Maschine nach Heckmotorbrand

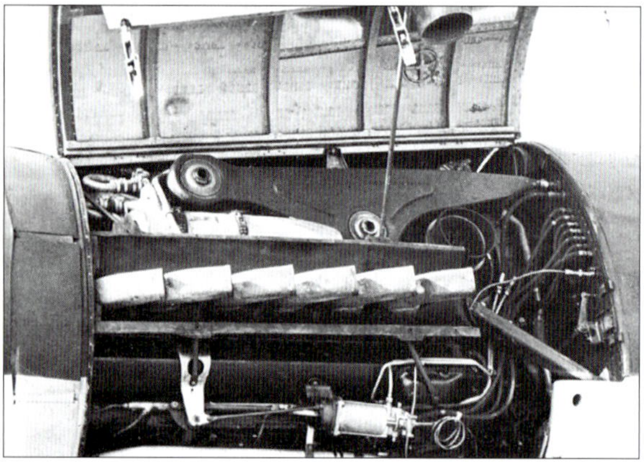

Vorderes DB 603-Triebwerk.

70 Schuss Munition als Standard-Starrbewaffnung. Für den Jagdbombereinsatz konnte im Rumpf eine Bombenlast von bis zu 500 kg aufgenommen werden, an Außenträgern unter den Flächen waren weitere 500 kg möglich. Aber auch abwerfbare Zusatztanks konnten mitgeführt werden. Alternativ konnte der Bombenschacht auch zur Aufnahme weiteren Treibstoffs genutzt werden.

Um den Antrieb durch Jumo 213-Motoren zu erproben, wurde die V7 bei Junkers entsprechend ausgerüstet, das Flugzeug fiel jedoch einem Bombenangriff zum Opfer.

Serienproduktion

Als direkter Prototyp für die Vorserie A-0 gilt die Do 335 V9. Zehn A-0 wurden gebaut, bevor im November 1944 die eigentliche Serienfertigung der Do 335 als A-1 mit zwei DB 603 E-1-Motoren begann. Das eigenwillige Flugzeug, wegen seines Aussehens auch scherzhaft Ameisenbär genannt, erregte Aufsehen. Hitler selbst hatte inzwischen angeordnet, die Produktion mit oberster Dringlichkeit voranzutreiben.

Im Oktober 1944 erhielt das Erprobungskommando 335 in Mengen die ersten Do 335 A-0.

Die Do 335 V10 (W.Nr. 230010, CP+UK) war das Basismodell zur geplanten A-6, einer doppelsitzigen Nachtjagdvariante mit Funkmessanlage, die jedoch nicht mehr in Serie ging. Die zweite Kabine, die Antennen sowie die Flammenvernichter an den Auspuffrohren verringerten die Geschwindigkeit um rund 80 km/h.

V11 und V12 bildeten die Basis für die zweisitzigen unbewaffneten, mit Doppelsteuer ausgestatteten Schulmaschinen
A-10 und -11 mit DB 603 A-Motoren. Die hintere Kabine, in der der Lehrer Platz fand, verfügte jedoch über keinen Schleudersitz.

Voll ausgefahrene hydraulisch betätigte Landeklappe.

in Farn borough von britischen Ex-
stürzte Group Captain Hards mit die-
tödlich ab. Sammlung Ringlstetter (2)

Do 335 V14 (M14) mit verstärkter Bewaffnung mittels zweier MK 103 in den Tragflächen – hier mit französischen Kennzeichen. Auch die V17 (M17) wurde in Frankreich erprobt.

Für die geplante Zerstörervariante B-2 mit DB 603 E-Triebwerken wurden die Tragflügel der V13 (CP+UP) und V14 zur Aufnahme von zwei MK 103 überarbeitet. Die Waffen ragten weit heraus, da sie vor dem Hauptholm platziert werden mussten. Das Tankvolumen musste reduziert werden, weil in diesem Bereich normalerweise Treibstoffbehälter installiert waren. Das Bugrad war überarbeitet worden und wurde jetzt beim Einziehen zuerst um 45° geschwenkt.

Als Höhenaufklärer mit auf 18,40 m vergrößerter Spannweite war die B-4 konzipiert. Die verbesserte Nachtjägerausführung wurde mit der V17 erarbeitet (Serie B-6). Der zweite Mann saß nicht mehr überhöht, sondern in einer Kanzel direkt hinter dem Piloten. Fertig gestellt wurde das Flugzeug erst nach Kriegsende unter französischer Leitung.

Alliierte Beute

Die Mehrzahl der geplanten Varianten wurde nicht mehr verwirklicht. Bis Kriegsende wurden nur noch 29 Do 335 fertig gestellt, drei weitere danach.

Die alliierten Streitkräfte erbeuteten einige intakte Do 335 sowie die in Oberpfaffenhofen in der Endmontage befindlichen Do 335 verschiedener Varianten.

Für den Einsatz kam das eindrucksvolle Flugzeug zu spät, wie es sich geschlagen hätte, bleibt eine Vermutung. Fest steht, dass die Do 335 in der Lage war, allen alliierten Flugzeugen, die sich zu dieser Zeit über Deutschland im Einsatz befanden, davonzufliegen. Wendig genug, um auch in Kurvenkämpfen gegen einmotorige Jäger bestehen zu können, war Dorniers Pfeil jedoch nicht, doch war die 335 dafür auch nicht vorgesehen. Die Alliierten untersuchten das futuristische Kampfflugzeug und führten Testflüge durch. Doch auch wenn die Do 335 die enorme Leistungsfähigkeit von Kolbenmotorbetriebenen Flugzeugen unter Beweis stellte, galt doch das weit größere Interesse den deutschen Strahlflugzeug-Konstruktionen.

Eines der Beutestücke, die Werknr. 240102, eine A-02 (VW+PH), dümpelte in den USA lange vor sich hin, bevor sie in Deutschland bei Dornier in mühevoller Arbeit 1974/75 wieder weitestgehend in den Originalzustand gebracht wurde.

Das eindrucksvolle Ergebnis konnte in Deutschland zuletzt im Deutschen Museum in München bestaunt werden, bevor die Leihgabe 1989 bedauerlicherweise wieder an das National Air and Space Museum zurückgegeben wurde. Erst jetzt, nach 16 weiteren vergeudeten Jahren in den USA, wurde dieses Glanzstück deutscher Flugzeugbaukunst wieder in gebührender Weise ausgestellt und kann im hervorragend gestalteten Udvar-Hazy-Center bei Washington bestaunt werden.

Technische Daten

Dornier Do 335	A-1	A-10	B-2
Typ:	Jagdbomber	Schulflugzeug	Zerstörer
Besatzung:	1	2	1
Antrieb:	2 x DB 603 E-1	2 x DB 603 A	2 x DB 603 E-1
	hängender, flüssigkeitsgekühlter V-12-Zylinder-Reihenmotor		
Startleistung:	je 1800 PS bei 2750 U/min	je 1750 PS bei 2750 U/min	je 1800 PS bei 2750 U/min
Kampfleistung kurzzeitig:	je 1550 PS in 6400 m	je 1540 PS in 5700 m	je 1550 PS in 6400 m
Dauerleistung:	je 1300 PS in 6400 m	je 1450 PS in 5500 m	je 1300 PS in 6400 m
Spannweite:	13,80 m	13,80 m	13,80 m
Länge:	13,85 m	13,85 m	13,85 m
Höhe auf Sporn:	5,00 m	5,00 m	5,00 m
Flächeninhalt:	38,50 qm	38,50 qm	38,50 qm
Spurweite:	5,58 m	5,58 m	5,58 m
Rüstgewicht:	7320 kg	–	7360 kg
Startgewicht:	9600 kg	10.090 kg	10.000 kg
Höchstgeschw.:	765 km/h	690 km/h	750 km/h
Normalgeschw.:	685 km/h	650 km/h	665 km/h
Landegeschw.:	180 km/h	175 km/h	175 km/h
Steigleistung :	8000 m in 10,8 min	–	–
Reichweite:	1400 km bei 685 km/h	1500 km bei 650 km/h	1350 km
Dienstgipfelhöhe:	11.400 m	10.200 m	11.000 m
Starrbewaffnung:	1 x 30-mm-MK 103 2 x 20-mm-MG 151/20	Keine	3 x 30-mm-MK 103 2 x 20-mm-MG 151/20
Abwurflast max.:	1000 kg	Keine	–

Do 335 V3, W.Nr. 230003, als Behelfs-Fotoaufklärer (T9+ZH), in der 1./Versuchsverband OKL im August 1944 eingesetzt, geflogen von Leutnant Wolfgang Ziese. Die V3 hatte als einzige Do 335 ein hellblaues unteres Seitenleitwerk Lackierung: RLM 70/71/65.

Do 335 A-0, W.Nr. 240101. Die Maschine soll ebenfalls in die USA gebracht worden sein.

Do 335 A-0, W.Nr. 240103, VG+PI, aus der Vorserie. Erstflug am 30. September 1944. Lackiert war die Maschine im Standard-Sichtschutzanstrich aus RLM 81/82/65, wobei der bei Dornier verwendete Farbton 81 anders ausfiel, als z.B. bei Messerschmitt.

Do 335 M17, Versuchsmuster eines zweisitzigen Nachtjägers, erprobt bei der Französischen Luftwaffe. Lackierung: französisches Khakigrün.

Mit der Do 335 gelang Dornier ein Hochleistungs-Kampfflugzeug mit überragenden Flugleistungen. Hier die Do 335 V9, CP+UI, das Musterflugzeug zur Vorserie A-0

Foto Dornier-Archiv

Die Außerordentliche

Dornier Do 335 Nachtjäger

Die Do 335 zählt zu den ungewöhnlichsten und zugleich leistungsstärksten Flugzeug-Konstruktionen mit Kolbenmotor-Antrieb. Ihre vielfältigen Einsatzmöglichkeiten sahen auch die Rolle als Nachtjäger vor

Seit langer Zeit schon hatte man bei Dornier Erfahrungen mit zweimotorigen Flugzeugen gesammelt, deren Triebwerke in Tandemanordnung mit Zug- und Druckluftschraube oberhalb des Rumpfes in den Flächen eingebaut waren. Der Entwurf eines neuen Kampfflugzeugs sah vor, die Motoren strömungsgünstig in den Rumpf zu integrieren. Neben der geringen Stirnfläche sollte auch der Einmotorenflug wesentlich unproblematischer sein.

Doch das Interesse des Reichsluftfahrtministeriums (RLM) blieb aus. Dornier verfolgte die Idee, die er 1937 zum Patent angemeldet hatte, weiter und beauftragte die Firma Schempp-Hirth mit dem Bau des Erprobungsflugzeugs Göppingen Gö 9, einer verkleinerten (1:2,5) Do 17 aus Holz, das 1941 die einwandfreie Funktionsweise des Konzeptes aufzeigte. Das RLM zeigte sich jedoch weiterhin uninteressiert.

Projekt 231

Die zunehmend schlechter werdende Kriegslage verlangte 1942 dringend nach einem neuen, leistungsstarken Schnellbomber. Bei Dornier hatte man den früheren Entwurf weiter verfolgt und wartete mit dem Projekt P.231 auf.

Dornier bekam den Auftrag zum Bau von zunächst zehn Versuchsflugzeugen, von denen das erste, die Do 335 V1, am 26. Oktober 1943, angetrieben von zwei Daimler-Benz DB 603-V-12-Reihenmotoren, mit Flugkapitän Hans Dieterle am Steuer zum Erstflug abhob. Etwa 770 km/h Höchstgeschwindigkeit sprachen stark für den extravaganten Dornier-Entwurf. Selbst mit nur einem Motor konnten noch 560 km/h eingeflogen werden.

Die Sichtverhältnisse für den Flugzeugführer waren ausgezeichnet, und das Flugverhalten konnte insgesamt zufrieden stellen, wenngleich noch etliche Änderungen anstanden. Start und Landung waren durch die gegenläufigen Luftschrauben und das Bugradfahrwerk einfach, allerdings war durch die untere Seitenflosse der Anstellwinkel gewöh-

Die äußerst imposante zweisitzige Schulversion Do 335 V11. Auch die V10, das Versuchsflugzeug für den Behelfs-Nachtjäger A-6, war mit der erhöhten Kabine ausgestattet

Im Vergleich zur A-Serie erhielt die B-Reihe (hier die M17/B-6) eine geänderte Kanzelverglasung. In der Nachtjäger-Ausführung saß der Messfunker in einer Kabine auf Höhe des Piloten

Etliche Instrumente in der M17 wurden durch französische ersetzt, darunter auch das Reflexvisier

Die M17 startete am 2. April 1947 in Mengen zum Erstflug und wurde danach in Frankreich erprobt

nungsbedürftig begrenzt. Im Notfall konnte diese samt Luftschraube für eine Bauchlandung abgesprengt werden.

Schwierigkeiten bereitete insbesondere die Kühlung des hinteren Motors, Probleme, die sich bis Kriegsende nicht mehr ganz beheben ließen.

Trotz der verheißungsvollen Strahlflugzeuge Me 262 und Ar 234 konnte die Do 335 die RLM-Verantwortlichen überzeugen; so wurden weitere Maschinen, V-, A-0-Vorserien- und A-1-Serienflugzeuge in Auftrag gegeben.

Novum Schleudersitz

Der mit Pressluft betriebene Schleudersitz, damals noch ein seltenes Ausrüstungsmerkmal, trug der hohen Geschwindigkeit Rechnung. Um dem Flugzeugführer einen möglichst unbeschadeten Ausstieg zu ermöglichen, konnten Kabinenhaube, Heckpropeller und obere Seitenflosse vor Auslösen des Schleudersitzes abgesprengt werden. Erprobungspilot Werner Altrogge nutzte jedoch der Schleudersitz am 15. April 1944 nichts mehr: Als er nach Schwierigkeiten in der V2 aussteigen wollte, wurde er von der abgesprengten Kabinenhaube am Kopf getroffen und stürzte tödlich ab.

Für den Jagdbombereinsatz konnte im Rumpf und unter den Flächen eine Bombenlast von bis zu 1000 Kilogramm aufgenommen werden. Zur Reichweitenverlängerung sah man abwerfbare Zusatztanks unter den Flügeln sowie im Bombenschacht vor.

Dringliche Serienproduktion

Nach zehn Exemplaren der Vorserie A-0 begann im November 1944 die eigentliche Serienfertigung der Do 335 als A-1 mit zwei DB-603-E-1-Motoren. Das eigenwillige Flugzeug, wegen seines Aussehens auch scherzhaft Ameisenbär genannt, erregte Aufsehen. Hitler selbst hatte inzwischen angeordnet, die Produktion mit oberster Dringlichkeit voranzutreiben.

Im Oktober 1944 erhielt das Erprobungskommando 335 in Mengen die ersten Do 335 A-0.

Die Do 335 V10 (WNr. 230 010, CP+UK, später M10 für Musterflugzeug 10) war das Basismodell zur geplanten A-6, einer doppelsitzigen Nachtjagdvariante mit leistungssteigernder MW-50-Einspritzung und Funkmessanlage.

Für den Messfunker wurde eine Kabine in erhöhter Position hinter dem Piloten in den Rumpf integriert, so wie dies auch bei der Schulversion geschah. Das Volumen des 1830 Liter fassenden Treibstoffbehälters im Rumpf reduzierte sich auf etwa die Hälfte. Zusatztanks im Bombenschacht und unter den Flächen sollten dies ausgleichen.

Wenngleich die Funkerkabine, Antennen und Flammenvernichter an den Auspuffrohren die Geschwindigkeit um etwa 80 km/h verringerten, war der Behelfs-Nachtjäger immer noch schnell genug, um auf die britischen Mosquitos angesetzt werden zu können.

Zwar soll noch mit dem Bau einiger A-6 begonnen worden sein, auch nahm die M10 Ende Januar 1945 noch die Flugerprobung auf, fertiggestellt wurde jedoch keiner der A-6-Nachtjäger mehr.

Verbesserte Baureihe B

Neben Zerstörer- und Aufklärerausführungen beinhaltete die B-Reihe auch die verbesserte Nachtjägerversion Do 335 B-6 mit verstärkter Zelle und DB 603 E-1, die mit der V17 (später M17 genannt) erarbeitet wurde. Der zweite Mann saß nicht mehr überhöht, sondern in einer Kabine direkt hinter dem Piloten. Die Pilotenkanzel-Verglasung bekam begradigte Scheiben. Das Bugrad wurde jetzt beim Einziehen um 45 Grad geschwenkt. Als Funkmessausrüstung war ein FuG 218 G/R Neptun geplant, das auch vor Angriffen von hinten warnte. Die Bewaffnung bestand aus zwei 20-mm-MG-151/20 mit je 200 Schuss oberhalb des Frontmotors sowie einer durch die hohle Luftschraubenwelle feuernden 30-mm-MK-103 mit 70 Schuss Munition.

Fertiggestellt wurde das Flugzeug erst nach Kriegsende unter französischer

Am 25. November (od. 3. Dezember) 1948 knickte nach geglückter Landung das rechte Fahrwerksbein der M17 ein. Die Maschine wurde nicht wieder instand gesetzt und später verschrottet

Die Do 335 M17 mit der khakigrünen Lackierung der französischen Luftwaffe

Leitung in Mengen, wo es am 2. April 1947 vom französischen Testpiloten Roger Receveau erstmals geflogen wurde.

Mit vergrößerter Spannweite, Laminarprofil und DB-603-LA-Motoren war die B-7 (V20) geplant, während die B-8 ein nochmals vergrößertes Tragwerk mit 18,40 Meter Spannweite erhalten sollte. Bis Kriegsende wurden nur noch 29 Do 335 fertiggestellt, drei weitere außerdem danach.
Die Alliierten erbeuteten einige intakte Do 335 sowie in der Endmontage befindliche Do 335 verschiedener Varianten.

Für den Einsatz kam die eindrucksvolle Zweimot zu spät, und wirklich ausgereift genug, um im harten Fronteinsatz bestehen zu können, dürfte sie wohl noch nicht gewesen sein. Wie sich die »335« geschlagen hätte, bleibt eine Vermutung. Fest steht, dass die Do 335 schneller war als jedes 1945 über Deutschland im Einsatz befindliche alliierte Flugzeug.

Im Udvar-Hazy Center bei Washington kann eines der Do 335-Beutestücke in hervorragend restauriertem Zustand besichtigt werden.

Dornier Do 335-Nachtjäger

Dornier Do 335	A-6	*M17 (B-6)
Typ	Nachtjäger	Nachtjäger
Besatzung	2	2
Antrieb	2 x DB 603 E-1 hängender, flüssigkeitsgekühlter V-12-Zylinder-Reihenmotor	2 x DB 603 E-1
Startleistung	2 x 1750 PS bei 2750 U/min	2 x 1800 PS bei 2750 U/min
Kampfleistung kurzzeitig	2 x 1540 PS in 5700 m	2 x 1550 PS in 6400 m
Dauerleistung	2 x 1450 PS in 5500 m	2 x 1300 PS in 6400 m
Spannweite	13,80 m	13,80 m
Länge	13,85 m	13,85 m
Höhe auf Sporn	5,00 m	5,00 m
Flügelfläche	38,50 m^2	38,50 m^2
Spurweite	5,58 m	5,58 m
Rüstgewicht	–	7730 kg
Startgewicht	10 090 kg	10 100 kg
Höchstgeschwindigkeit	690 km/h	763 km/h
Normalgeschwindigkeit	605 km/h	685 km/h
Landegeschwindigkeit	180 km/h	180 km/h
Reichweite	2065 km	2000 km
Dienstgipfelhöhe	10 200 m	11 000 m
Starrbewaffnung	1 x 30-mm-MK 103 2 x 20-mm-MG151/20	1 x 30-mm-MK 103 2 x 20-mm-MG 151/20
Funkmess-Ausrüstung	FuG 217/218 Neptun	FuG 218 Neptun vorgesehen

*Werte ohne Antennenanlage und Flammenvernichter

Das nicht mehr geflogene Versuchsflugzeug He 178 V2

Der Beginn einer neuen Ära – das erste Düsenflugzeug der Welt

Heinkel He 178

Als sich am 27. August 1939 Heinkels He 178 in die Luft erhob, bedeutete dies den Aufbruch in eine neue Epoche der Luftfahrtgeschichte – das Düsenzeitalter hatte begonnen

Der erst 25jährige Wissenschaftler Hans Joachim Pabst von Ohain arbeitete schon geraume Zeit an seinem Luftstrahltriebwerk, als er 1936 zu Heinkel kam, um seine Arbeit effektiv voranzutreiben.

Nach einigen Rückschlägen konnte Ohain 1939 mit dem HeS 3 einen Strahlapparat präsentieren, der geeignet schien, ein Flugzeug mit ausreichend Leistung und Zuverlässigkeit in die Luft zu bringen. Bei Heinkel befasste man sich ab Mitte 1938 mit dem Entwurf und Bau eines einzig für den Zweck des Strahlfluges vorgesehenen Versuchsflugzeugs, der He 178. Die Entwicklung erfolgte auf privater Basis und kam Ernst Heinkels Leidenschaft für Hochgeschwindigkeits-Flugzeuge entgegen.

Der Rumpf des freitragenden Schulterdeckers bestand aus Duraluminiumblech, gefertigt in Schalenbauweise. Tragflächen und Leitwerk waren in Holzbauweise ausgeführt. Die Luft strömte über den Rumpfbug zum mittig eingebauten Strahlantrieb und trat über das Heck aus. Das Fahrwerk wurde per Druckluft eingezogen.

27. August 1939

Am 27. August 1939 startete das weltweit erste von einem Turbinen-Luftstrahltriebwerk angetriebene Flugzeug vom Heinkel-Werksflugplatz in Rostock-Marienehe erfolgreich zum Jungfernflug. Am Steuer des kleinen Düsenfliegers saß Werkspilot Erich Warsitz.

Weiterführende Arbeiten an der He 178 verhinderte der wenige Tage später ausbrechende Zweite Weltkrieg. Da das Heinkelprojekt erfolgreich und durchaus zukunftsweisend verlaufen war, übernahm das Reichsluftfahrtministerium (RLM) die Entwicklungskosten. Mit der He 280 sollte Heinkel dann einen für die Luftwaffe nützlichen Jäger mit Strahlantrieb bauen. An der He 178 zeigte man kein weiteres Interesse. Die noch fertig gestellte He 178 V2 wurde verschrottet, die V1 während des Krieges bei einem Bombenangriff zerstört.

In der Ausstellung zur Geschichte der Luftfahrt im Flughafen Rostock-Laage befindet sich ein Nachbau der geschichtsträchtigen He 178

Heinkel He 178

Heinkel He 178	V1
Einsatzzweck	Versuchsflugzeug
Besatzung	1
Erstflug	27.8.1939
Antrieb	Turbinen-Luftstrahltriebwerk Heinkel HeS 3 B
Schubleistung ca.	500 kp bei 13 000 U/min
Länge	7,48 m
Spannweite	7,20 m
Höhe	2,10 m
Spurweite	1,58 m
Flügelfläche	9,10 m²
Flächenbelastung	219 kg/m²
Rüstgewicht	1620 kg
Startgewicht max.	1998 kg
Höchstgeschwindigkeit	700 km/h
Dauergeschwindigkeit	580 km/h
Landegeschwindigkeit	165 km/h

OBEN He 178 V1 am 27. August 1939, dem Tag des Erstflugs

RECHTS Hans von Ohain, der Vater des ersten einsatzbereiten Turbinen-Luftstrahltriebwerks. Er setzte seine Entwicklungsarbeit nach dem Krieg in den USA fort

Um das Fliegen mit Triebwerken möglichst real simulieren zu können, wurden für die Gleitflugerprobung Attrappen unter die Flügel montiert

Das erste zweistrahlige Düsenflugzeug der Welt

Heinkel He 280

Schon 1941 brachte Heinkel mit der He 280 das weltweit erste zweistrahlige Flugzeug in die Luft. Triebwerksschwierigkeiten und das Konkurrenzmuster Me 262 verhinderten allerdings die Serienproduktion des Düsenjägers

Am 4. Januar 1939 gab das Reichsluftfahrtministerium (RLM) Richtlinien für ein neues Jagdflugzeug heraus. Wirklich neu daran war nur eines: Als Antrieb der Maschine sollte ein Turbinen-Luftstrahltriebwerk (TL) dienen.

Kenntnis von der revolutionären Antriebsart hatten die deutschen Flugzeugbauer spätestens seit der offiziellen Informierung durch das RLM im Herbst 1938.

Bei Heinkel ging man daran, ein zweistrahliges Jagdflugzeug zu entwerfen. Eine weitere Neuheit des Heinkel-Entwurfs war die Verwendung eines Bugrades, das zu dieser Zeit noch sehr selten war. Als Antrieb plante man hauseigene Aggregate ein: das unter Hans von Ohain in der Entwicklung befindliche Axial-Triebwerk HeS 9. Alternativ

Die He 280 V2 schwebt zur Landung ein. Sicherheitshalber blieben die noch unausgereiften Triebwerke ohne Verkleidung

Ernst Udet in der V2. Er war von der Maschine beeindruckt

V3 mit HeS 8 A; der Lufteinlass ist mittels Holzscheibe geschützt

sah man das radiale Strahltriebwerk HeS 8 vor.

Zunächst erhielt der Heinkel-Strahljäger die Bezeichnung He 180 vom RLM zugewiesen, die bald darauf jedoch in He 280 geändert wurde.

Nach zwei unterschiedlichen Attrappen, die am 26. September 1939 von RLM-Vertretern zur Zufriedenheit besichtigt wurden, sollte das Projekt so schnell wie möglich realisiert werden. Bereits im April nächsten Jahres wollte man das erste Flugzeug in die Luft bekommen.

Tatsächlich kamen die Arbeiten schnell voran. Die Entwicklung des Triebwerks bereitete jedoch Schwierigkeiten und hinkte dem Zeitplan hinterher. Vor Mitte 1941 war mit der Musterprüffähigkeit nicht zu rechnen.

Derweilen lief die Erprobung des Waffeneinbaus. Dafür wurde extra ein He 280-Bug gefertigt, der mit drei MG 151/20, Kaliber 20 mm, bestückt wurde. Montiert auf ein bewegliches Gestell, konnten die Waffen in unterschiedlichen Lagen getestet werden.

Zudem arbeitete man an einem mit Pressluft betriebenen Schleudersitz, der für ein sicheres Verlassen des schnellen Strahljägers für unbedingt notwendig erachtet wurde. Die Heinkel-Techniker leisteten auch auf diesem Gebiet wertvolle Pionierarbeit.

Konstruktiver Aufbau

Die Ganzmetall-Konstruktion war als Mitteldecker in Schalenbauweise mit ovalem Rumpfquerschnitt ausgelegt. Ein Hauptholm sowie ein Hilfsholm bildeten den Kern jeder Tragfläche. Querruder an den äußeren Enden und zwei daran anschließende Landeklappen bildeten die Flügelhinterkante. Die Triebwerke hingen in Gondeln unter den Flächen zwischen den Klappen, so wie dies

Ein Triebwerksbrand zwang am 8. Februar 1942 zur Außenlandung mit der He 280 V3

Ein Düsenjäger war damals noch etwas ganz Besonderes. Entsprechend wollten alle dabei sein, wenn ein weiterer Flug anstand

bisher auch bei zweimotorigen Kolbenmotor-Flugzeugen üblich war. Das Endscheibenleitwerk saß erhöht auf dem Heck. Höhen- und Seitenruder waren aerodynamisch ausgeglichen.

Das Bugrad-Fahrwerk konnte komplett in den Rumpf beziehungsweise die Innenflügel eingezogen werden. Am Heck befand sich ein Hilfssporn, der zu sehr durchgezogene Landungen auffangen sollte.

Erprobung im Gleitflug

Da die Düsentriebwerke immer noch nicht zur Verfügung standen, begann man die Flugerprobung des ersten Versuchsflugzeugs, der He 280 V1, im Schlepp- und Gleitflug. Zwar waren keine Motoren installiert, doch baute man Triebwerksattrappen an, um möglichst realistische Bedingungen zu erhalten.

Am 22. September 1940 fand mit Flugzeugbaumeister Bader am Steuer in Rechlin-Roggentin der erste Schleppflug statt. Eine zweimotorige He 111 B diente dabei als Schleppmaschine, die den antriebslosen Jäger auf 2000 bis 4000 Meter brachte. Bis hinunter auf etwa 1000 Meter konnte dann das Flugverhalten erprobt werden.

Im Oktober 1940 kam die He 280 V1 wieder zu Heinkel nach Rostock-Marienehe zurück, wo zahlreiche weitere Flüge durchgeführt wurden, darunter auch Kunstflug und Hochgeschwindigkeitsflüge mit mehr als 700 km/h.

Erster zweistrahliger Flug

Lange hatte die Heinkel-Mannschaft darauf gewartet, als am 30. März 1941 endlich der Erstflug mit zwei Strahltriebwerken HeS 8 durchgeführt werden konnte.

Start und Landung der V3. Wie ihre Vorgänger, war auch die V3 mit einem Schleudersitz ausgerüstet

In der Kabine der He 280 V2, des ersten zweistrahligen Flugzeugs der Welt, saß Flugzeugbaumeister Fritz Schäfer, der den Düsenvogel mit ausgefahrenen Klappen um den Platz flog. Wegen der Brandgefahr blieben die Triebwerke ohne Verkleidung.

Von der Serienreife waren die Turbinen jedoch noch weit entfernt. Insbesondere die Regelbarkeit des Schubes und die Zuverlässigkeit bereiteten Probleme. Die vorgesehene Schubleistung von je 750 kp konnte noch nicht erreichten werden, mehr als 550 kp waren nicht drin.

OBEN/LINKS **Erprobung des Waffeneinbaus mit drei MG 151/20. 1943 wurde eine erhebliche Verstärkung der Bewaffnung angedacht**

Als Behelfslösung sollten zwei bis drei Argus-Pulso-Schubrohre mit einer Leistung von je 150 kp unter jeder Fläche Verwendung finden. Der Start musste dann wieder per Schleppflug erfolgen. Um eigenständig abzuheben, waren insgesamt acht Argus-Rohre erforderlich. Als weitere Möglichkeit wurde der Einbau von Junkers Jumo- und BMW-Strahltriebwerken in Betracht gezogen. Doch waren auch diese noch weit davon entfernt zuverlässig zu arbeiten.

Am 5. Juli 1942 konnte endlich die He 280 V3 mit zwei HeS 8 A zum Erstflug starten. Die Flugeigenschaften der He 280 wurden als insgesamt gut beschrieben, wenngleich die Stabilität um die Hochsachse bemängelt wurde. Außerdem fielen ab einer Geschwindigkeit von etwa 600 km/h Unruhen im Leitwerk auf. Ein zentrales Seitenleitwerk sollte hier bald Abhilfe schaffen.

Inzwischen hatte jedoch auch die Konkurrenz Fortschritte gemacht. Messerschmitts Me 262 stand kurz vor dem Erstflug, den sie am 18. Juli mit zwei Jumo 004 absolvierte. Der riesige Vorsprung, den die Heinkel-Mannschaft einst hatte, war nahezu dahin.

Nun sollten in die He 280 V2 und V4 die wesentlich größeren und schwereren

Heinkel He 280

Heinkel He 280 V5	
Einsatzzweck	Versuchsflugzeug
Flugklartermin	26.7.1943
Besatzung	1
Antrieb	2 x Strahltriebwerk Heinkel HeS 8 A (V14 u. V15)
Standschub	2 x 750 kp
Spannweite	12,20 m
Länge	10,40 m
Höhe	3,06 m
Flügelfläche	21,50 m²
Flächenbelastung	200 kg/m²
Leergewicht	3055 kg
Rüstgewicht	3215 kg
Startgewicht	4300 kg
Höchstgeschwindigkeit	780 km/h in Meereshöhe 820 km/h in 6000 m 760 km/h in 10 000 m
Startrollstrecke	850 m 1100 m über 15 m Höhe
Landestrecke	970 m aus 15 m Höhe
Anfangssteigleistung	19 m/sec
Steigleistung	9,6 m/sec in 6000 m 1,6 m/sec in 10 000 m
Landegeschwindigkeit	140 km/h
Reichweite	400 – 1000 km
Gipfelhöhe	11 500 m
Bewaffnung	3 x MG 151/20 20 mm

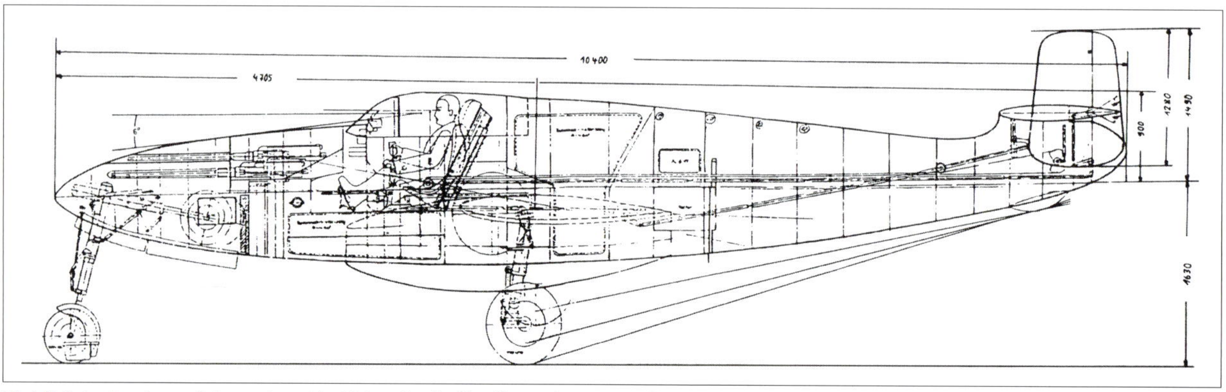

Einblick in das Innenleben einer He 280, wie sie für die Serie vorgesehen war

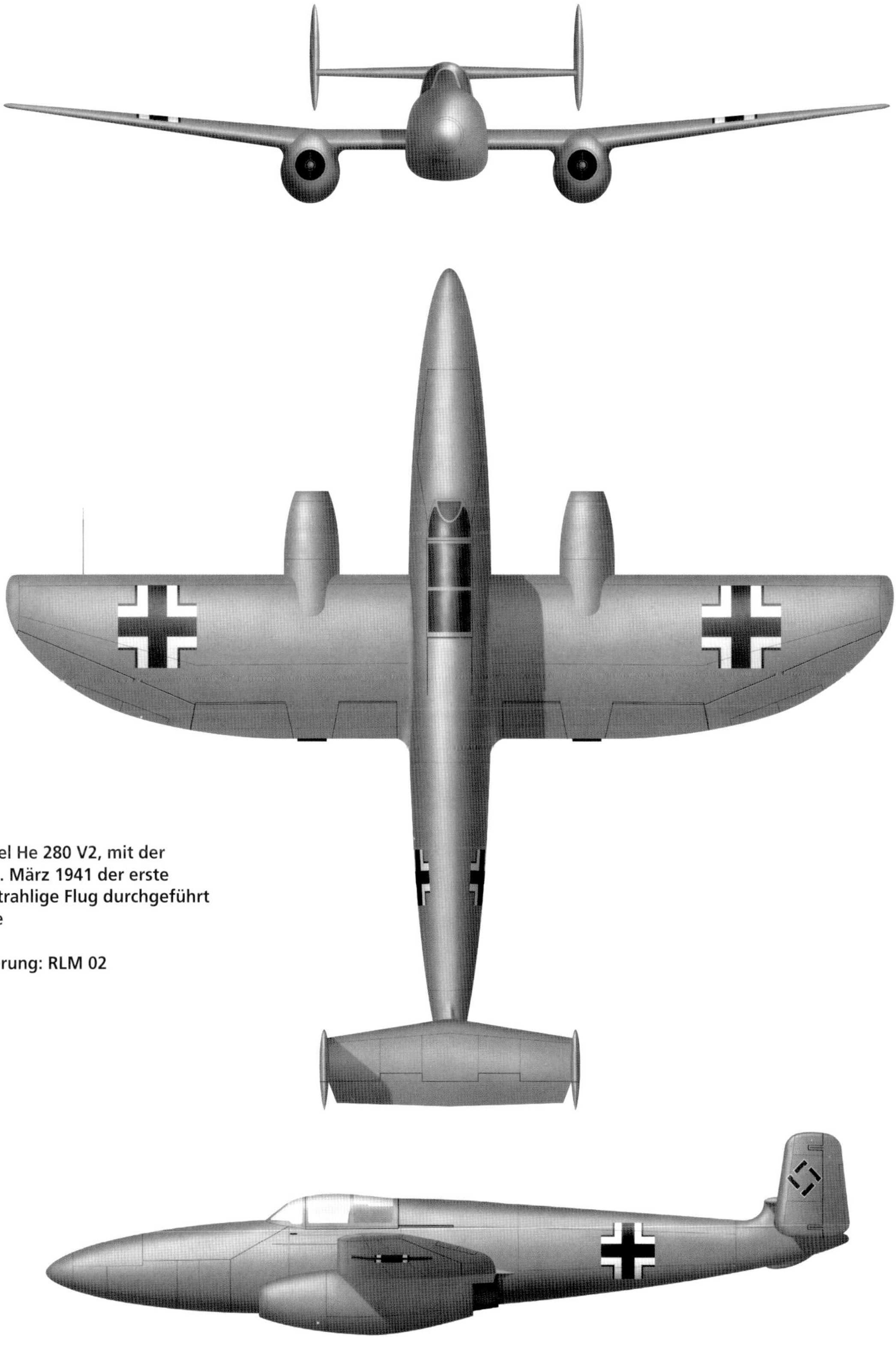

Heinkel He 280 V2, mit der am 30. März 1941 der erste zweistrahlige Flug durchgeführt wurde

Lackierung: RLM 02

Junkers Jumo 004-Aggregate eingebaut werden. Doch bedurfte dies für die Serienproduktion einiger nicht unerheblicher Änderungen an Flächen, Rumpf und Fahrwerk. Am 13. Januar 1943 ging die mit Argus-Rohren ausgerüstete V1 verloren. Nachdem sich das Schleppseil wegen des klemmenden Bugrades nicht aushängen ließ, stieg der Pilot per Schleudersitz aus. Das RLM entschied sich letztlich für die Me 262, am 27. März 1943 setzte Udets Nachfolger, Generalluftzeugmeister Erhard Milch, die He 280 ab. Die Serienreifmachung der He 280 wurde von Heinkel gestoppt, die freien Kräfte sollten dem Bomber He 177 zugute kommen.

Von den ursprünglich neun geplanten Versuchsmustern und 13 He 280 A-Serienflugzeugen entstanden nur noch Baugruppen für die neun He 280 V-Maschinen. Ob diese noch alle montiert wurden, ist unklar. Die He 280 dienten von nun an der Triebwerkserprobung. V2 und V8 flogen 1943 noch mit Jumo 004-Triebwerken, wobei die V2 nach Triebwerksbrand und Notlandung am 26. Juni 1943 zu 80 Prozent zerstört wurde und abgeschrieben werden musste. Möglicherweise erhielten andere He 280-Versuchsflugzeuge noch BMW P 3302-Turbinen. Fraglich ist, ob auch mit BMW-Aggregaten geflogen wurde.

Zur Erprobung eines V-Leitwerks für die He 162 an der He 280 V8 kam es nicht mehr. Bei der Deutschen Forschungsanstalt für Segelflug (DFS) diente die antriebslose He 280 V7 zur Untersuchung des Schnellflugs. ◀

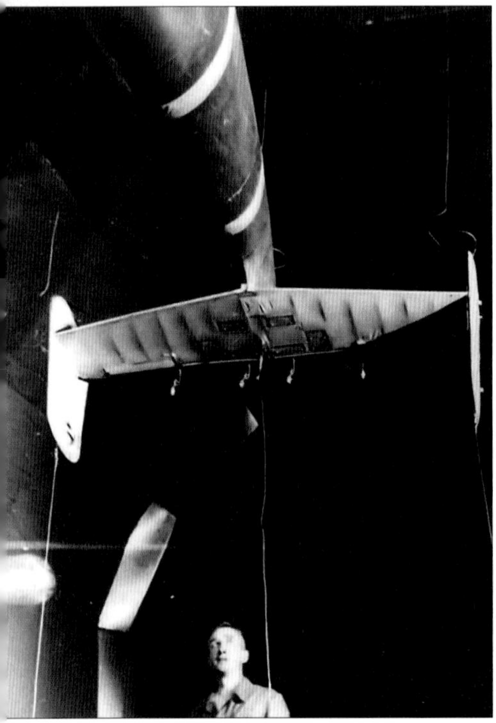

Endscheibenleitwerks-Untersuchungen am Model einer He 280

Für Abkippmessungen wurde die antriebslose V7 mit speziellen Gerätschaften ausgestattet, wozu auch Kameras gehörten

Eine weitere Untersuchungsreihe galt der Polarenmessung

Die V5 war die erste Me 262, die mit einem Bugrad ausgestattet wurde. Dieses stammte von einer Me 309, das Fahrwerk war noch fest installiert

Fotos/Zeichnungen, wenn nicht anders vermerkt: Archiv Ringlstetter – Aviaticus.com

Vom Projekt P 1065 zur Me 262

Messerschmitt Me 262 (Teil 1)

Schon im Herbst 1938 begannen bei Messerschmitt erste Arbeiten am Projekt 1065, der künftigen Me 262, doch es sollte noch bis Juli 1942 dauern, ehe sich die erste Me 262 mit reinem Strahlantrieb in die Luft erheben konnte

Mitte der 30er Jahre, als allgemein deutlich wurde, dass der Propellerantrieb bald an seine Grenzen stoßen würde, kam Bewegung in die kleine Schar von Entwicklern, die sich dem Bau eines überaus revolutionären Antriebs verschrieben hatten: dem Strahltriebwerk. Neu war die Idee zwar keineswegs, doch mangelte es an der praktischen Umsetzung.

Im November 1935 wurde dem jungen Hans Joachim von Ohain das Patent auf ein einfaches, aber viel versprechendes Turbinen-Luftstrahl-Triebwerk (TL) erteilt. Seit 1936 unter der Obhut von Ernst Heinkel, erreichten Ohain und seine Entwicklungsmannschaft bis Februar/März 1937 den Lauf ihres Triebwerks He S 1.

Ein zweiter Großer in der Rückstoß-Triebwerks-Entwicklung saß in Großbritannien: Frank Whittle, der schon seit Ende der 20er Jahre am Strahltriebwerk arbeitete und Anfang 1930 entsprechende Patente erhielt. Wirklich in Gang kam seine Arbeit jedoch erst mit der Gründung der Firma Power Jets 1936. Gut einen Monat nach Ohains lief auch Whittles Aggregat.

Am 18. Juli 1942 erfolgte mit der Me 262 V3 mit Fritz Wendel am Steuer der erste Flug nur mit Strahltriebwerken.

Auch bei Junkers beschäftigte sich eine Gruppe von Ingenieuren um Max Adolf Müller ab Mai 1936 mit dem revolutionären Antrieb. Erste, wenn auch problematische, Prüfstandsläufe fanden 1938 statt.

Noch 1937 erfuhr Willy Messerschmitt vom neuartigen Antriebssystem, das eine völlig neue Ära im Flugzeugbau einleiten sollte.

Im Herbst 1938 wurden die deutschen Flugzeugbauer und Flugmotorenhersteller vom Reichsluftfahrtministerium (RLM) offiziell über die Strahlantriebstechnik informiert, worauf bei Messerschmitt erste Arbeiten an einer Strahljäger-Studie begannen.

Projekt P 1065

Im Dezember 1938 erhielt die Messerschmitt AG den offiziellen Studienauftrag des RLM bezüglich eines Strahljägers. Die vorläufigen technischen Richtlinien vom Januar 1939 für schnelle

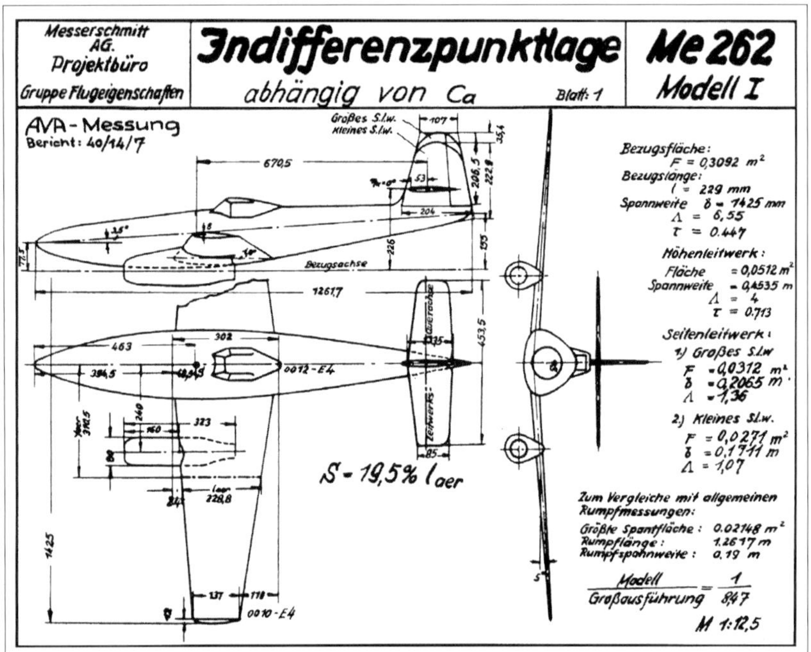

Variante des Projekts P 1065 mit unter den Flächen hängenden Triebwerksgondeln

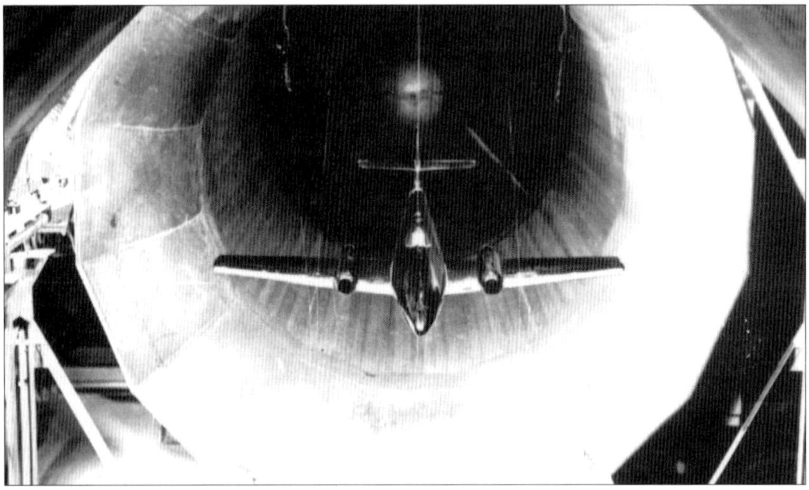

Eine Modellvariante der P 1065 im Windkanal der AVA in Göttingen. Die Triebwerke sind auf den Tragflächen angeordnet, die einen trapezförmigen Grundriss wie bei der Bf 109 E aufweisen

Jagdflugzeuge mit Strahltriebwerk forderten unter anderem: Eine Höchstgeschwindigkeit von 900 km/h bei einer Flugdauer von, je nach Einsatzzweck, 30 bis 60 min. Bei den Flugleistungen und -eigenschaften lag beim Jagdflugzeug die höchste Priorität bei der Geschwindigkeit, gefolgt von Steigleistung sowie Start- und Landequalitäten. Bei der Auslegung als Heimatschützer (Abfangjäger) gab man der Steigleistung den Vorrang. Als Bewaffnung sah man zwei 7,92-mm-MG 17 und ein 20-mm-MG 151/20 vor. Grundsätzlich sollte das Flugzeug mit einem Fertigungsaufwand in der Serie von maximal 3000 Stunden einfach und kostengünstig zu bauen sein.

Bei Messerschmitt betrat man mit dem Strahlflugzeug-Projekt in vielerlei Hinsicht absolutes Neuland. Die aerodynamischen Verhältnisse bei der Annäherung an die Schallgeschwindigkeit waren unbekannt. Erfahrungen mit TL-Triebwerken gab es auch keine.

Ab April 1939 arbeitete man im Messerschmitt-Projektbüro unter strengster Geheimhaltung offiziell am „Schnellen Jagdflugzeug“, dem Projekt P 1065, intern meist P 65 genannt, geleitet wurde es von Woldemar Voigt.

Der Antrieb der P 1065 sollte mit Bramo- bzw. BMW-Luftstrahltriebwerken erfolgen. Bei den Brandenburgischen Motorenwerken (Bramo) hatte man 1938 erste Untersuchungen für ein neues Antriebssystem angestellt. Auch bei BMW liefen Versuche mit einem Strahltriebwerk mit Axialverdichter. Nach dem Zusammenschluss mit den Bayerischen Motorenwerken Mitte 1939 wurden die jetzt BMW P 3302 und 3304 (später aufgegeben) genannten Versuchs-Triebwerke unter der Leitung von Hermann Oestrich weiterentwickelt.

Eine ganze Reihe von Entwürfen mit verschiedenen Triebwerksanordnungen und Zellenauslegungen wurden eingehend untersucht und diskutiert. Grundsätzlich war zu klären, ob die Maschine ein- oder zweistrahlig sein sollte.

Die lädierte V1 mit Kolbenmotor und BMW-Strahltriebwerken, aufgebockt in einer Halle in Augsburg-Haunstetten

Me 262 V1 (PC+UA) mit Jumo 210, mit dem sie am 18. April 1941 mit Fritz Wendel am Steuer zum Erstflug startete

Wenn möglich, sollten die Turbinen in die Tragflächen integriert werden, was jedoch voraussetzte, dass die Triebwerke, wie das P 3304, relativ klein sein müssten.

Am 7. Juni 1939 ging ein erstes Angebot an das RLM. Der Entwurf sah ein zweistrahliges Flugzeug mit Spornrad und typischem Messerschmitt-Trapezflügel mit einer Fläche von 18 m² vor (später 22 m²).

Uneinigkeit herrschte wegen des Rumpfquerschnitts – während Messerschmitt selbst einen ovalen Rumpfquerschnitt mit Bugrad favorisierte, wurde von anderen führenden Mitarbeitern ein abgerundeter dreieckiger Querschnitt als beste Wahl eingestuft. Für diesen sprach neben der guten Aerodynamik auch die Möglichkeit, das breit stehende, nach innen einziehbare Hauptfahrwerk im Rumpf ohne große Komplikationen unterzubringen. Gleichzeitig konnte das Flügelprofil so dünn wie möglich gehalten werden.

Im Windkanal der Aerodynamischen Versuchsanstalt (AVA) in Göttingen konnten an unterschiedlich ausgelegten Modellen strömungstechnische Untersuchungen vorgenommen werden.

Bei Heinkel hatte man in der Zwischenzeit allen Grund zur Freude: Am 27. August 1939 gelang mit der He 178 der weltweit erste Flug mit Strahlantrieb.

Ab November 1939 erhielt das RLM ein überarbeitetes Angebot, dem eine Attrappen-Besichtigung der P 1065 im Dezember folgte. Die RLM-Verantwortlichen stimmten dem Projekt zu und erteilten im März 1940 den Auftrag zum Bau von drei Versuchsflugzeugen sowie einer Bruchzelle.

Der Weg zur Me 262

Bei BMW machte man zwar Fortschritte, doch ergaben sich auch folgenreiche Änderungen. Die Abmessungen und das Gewicht des P 3302 fiel um einiges größer und schwerer als angenommen aus, was dazu führte, dass die in der Konstruktion schon weit fortgeschrittene P 1065 verändert werden musste. Zum Ausgleich des mit den gewichtigeren Turbinen zu weit vorne liegenden Schwerpunktes entschied man sich für eine Pfeilung der äußeren Tragflächen. Außerdem wurden die Triebwerke letztlich in Gondeln unter die Flächen verlegt. Anfang April 1940 konnte mit der endgültigen Konstruktion der P 1065 begonnen werden. Der Bau des ersten Flugzeugs erfolgte von Februar bis März 1941. Das RLM, das über die Veränderungen informiert worden war, erteilte dem Messerschmitt-Jäger im April 1941 offiziell die Baumuster-Nummer 8-262.

Bei Heinkel war man am 30. März 1941 erneut erfolgreich: der Erstflug der He 280 mit zwei He S 8A-Turbinen.

Am 15. Mai 1941 kam man auch in Großbritannien einen großen Schritt voran, als die einstrahlige Gloster E.28/39 zum Jungfernflug startete.

Erst im Februar 1941 waren bei BMW Probeläufe mit dem P 3302 durchgeführt worden. Die Me 262 V1 (W.Nr.

Die Me 262 V3 mit Jumo 004-Triebwerken, dahinter ein Me 321-Lastensegler. Die ersten vier Me 262-Versuchsflugzeuge waren noch mit einem Spornrad ausgerüstet, das sich für den Start als sehr ungünstig erwies. Die zukunftsweisenden gepfeilten Tragflächen verbesserten das Hochgeschwindigkeitsverhalten der 262, waren aber ursprünglich nicht vorgesehen

Die Kabinenhaube der V3, die nicht für die Serienfertigung übernommen wurde. Die gewölbten Scheiben verzerrten die Sicht, daher erhielt die Serie gerade Seiten- und Frontscheiben.

Me 262 V3, Leipheim im Juli 1942. Lackiert war das Flugzeug im damaligen Standard-Sichtschutzanstrich für Jagdflugzeuge aus RLM 74/75/76 sowie Flecken in 74/75 (71/02). Um eine Propellerhaube vorzutäuschen, war die Rumpfspitze zum Teil in RLM 70 gehalten

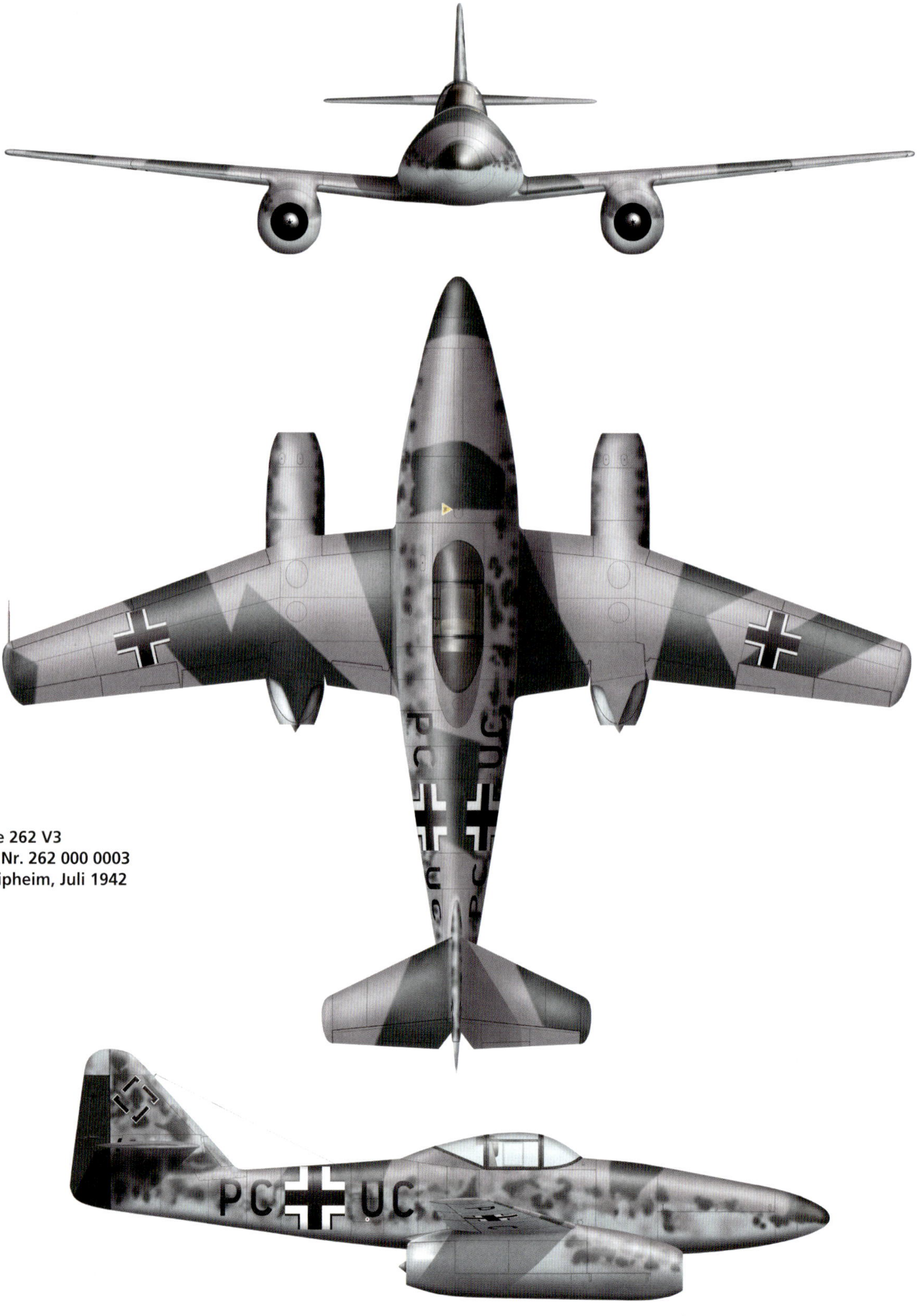

Me 262 V3
W.Nr. 262 000 0003
Leipheim, Juli 1942

262 000 0001) wartete auf ihre Triebwerke, doch sah man sich seitens BMW nicht imstande, die Strahlturbinen zu liefern. So erfolgte am 18. April 1941 der Erstflug der Me 262 V1 mit einem im Rumpfbug eingebauten 730 PS starken Jumo 210 G-Kolbenmotor. Immerhin konnte man so schon einmal etwas über das Flugverhalten der 262 herausfinden. Das Flugzeug zeigte besonders im Langsamflug unzureichende Eigenschaften und die Entwicklung wurde mit der Notmotorisierung fortgesetzt. Trotzdem erfolgte im Juli ein Bauauftrag über fünf Versuchsmaschinen und 20 Vorserienflugzeuge.

Etwa ein halbes Jahr später kamen endlich die je 450 kp Schub leistenden BMW-Triebwerke. Sicherheitshalber blieb jedoch weiterhin der Jumo 210 eingebaut, was sich als absolut richtig erweisen sollte, da beide BMW-Turbinen während des ersten Erprobungsfluges am 25. März 1942 kurz nach dem Start in etwa 50 m Höhe ausfielen. Wendel konnte die Maschine dank des Propellermotors einigermaßen heil herunterbringen. Ein zweiter Flug fünf Tage später verlief ebenfalls enttäuschend und Wendel bezeichnete den Gesamteindruck der Maschine als nicht zufrieden stellend. Das RLM reduzierte daraufhin den Auftrag auf nur noch fünf Flugzeuge.

Inzwischen stand das unter Anselm Franz entwickelte Junkers-Versuchs-Strahltriebwerk Jumo T 1 (004 A), das zwar schwerer, dafür aber mit je 850 kp Schub auch leistungsstärker als das von BMW war, zum Einbau bereit. So entschloss man sich, die V3, V4 und V5 mit den Junkers-Turbinen auszurüsten.

Mit Fritz Wendel im Führersitz hob am 18. Juli 1942 die nur mit Strahltriebwerken ausgerüstete Me 262 V3 in Leipheim erfolgreich zum Erstflug ab. Wendel war begeistert. So meinte er nach der Landung: „Es war ein reines Vergnügen, diese neue Maschine zu fliegen. Ich war selten so begeistert bei einem ersten Flug mit einem neuen Flugzeug wie mit dieser Me 262."

Neben ein paar kleineren Änderungen wurde das Tragflügelmittelstück in einer Linie mit der Vorderkante der äußeren Fläche zum Rumpf hin gezogen, wodurch ein wesentlich besseres Langsamflugverhalten und damit entsprechend bessere Start- und Landeeigenschaften erreicht wurden.

Das RLM stockte wieder auf – fünf Versuchs- und zehn Vorserienmaschinen wurden in Auftrag gegeben.

Die weitere Entwicklung kam jedoch nur schleppend voran. Im August 1942 missglückte E-Stellen-Testpilot Heinrich Beauvais bei heißem Wetter der

Messerschmitt-Testpilot Fritz Wendel, der den Erstflug mit der strahlgetriebenen V3 durchführte

Me 262 V5 (PC+UE) mit unter dem Rumpf montierten abwerfbaren Startraketen

Me 262 V6, W.Nr. 130001, VI+AA, bei einer Vorführung am 2. November 1943 in Lager Lechfeld, links schreitet Hermann Göring zur Besichtigung des Strahlvogels

Technische Daten – Messerschmitt Me 262

Messerschmitt Me 262	P 1065-Varianten (Gewicht- und Leistungsdaten errechnet)		V6
Einsatzzweck	Versuchsflugzeug/Projekt		Versuchsflugzeug
Besatzung	1		1
Entwurfs- bzw. Baujahr	Mai 40		Oktober 1943
Antrieb	2 x Strahltriebwerk BMW P 3302 (3304)		Junkers Jumo 004 B-0
Schubleistung	600 kp (erwartet)		2 x 900 kp
Spannweite	10,40 m	12,35 m	12,65 m
Länge	10,60 m	10,60 m	10,60 m
Höhe ohne*/mit Fahrw.	2,80 m*	2,80 m*	3,83 m
Flächeninhalt	18 m²	20 m²	21,70 m²
Leergewicht	2872 kg	3030 kg	3800 kg (A-1)
Startgewicht	4442 kg	4510 kg	6775 kg (A-1)
Höchstgeschwindigkeit	793 km/h	744 km/h	870 km/h
Dienstgipfelhöhe	–	–	11.800 m (A-1)
Bewaffnung	Verschiedene Vorschläge		3 x MG 151/20 – 20 mm (Erstausrüstung)

Der serienmäßige Führerraum einer Me 262 A-1a. Rechts unterhalb des Reflexvisiers sind die Instrumente zur Überwachung der Triebwerke. Gegen Beschuss von vorne ist eine 90 mm dicke Panzerglasscheibe eingebaut

Start mit der V3, die dadurch bis März 1943 ausfallen sollte.

Im Oktober 1942 flog erstmals die V2, die dann am 18. April 1943 durch Absturz verloren ging, ihr Pilot, Willi Ostertag, kam dabei ums Leben.

Im März 1943 unterbreitete Messerschmitt dem RLM erstmals auch eine Ausführung der Me 262 als Jagdbomber. Auch eine Aufklärervariante wurde frühzeitig vorgesehen. Erst im Mai 1943 war die V4 flugklar, im Juli kam die auf Jumo 004 umgerüstete V1 hinzu, die als erste 262 eine Druckkabine sowie eine aus drei 20-mm-MG 151/20 bestehende Bewaffnung im Bug erhielt.

Wegen der unzureichenden Anströmung des Höhenleitwerks, bedingt durch den fehlenden Propellerantrieb und Windschatten hinter der Fläche, war es nötig, beim Startvorgang in beträchtlicher Fahrt kurz auf die Bremsen zu tippen, um das Heck nach oben in den Luftstrom zu bringen. Um den Umgang mit der Maschine zu erleichtern, war ein Bugrad dringend vonnöten. Erstmals geschah dies, wenngleich noch starr, bei der am 6. Juni 1943 geflogenen V5. Ebenfalls an der V5 erprobt wurden unter dem Rumpf montierte Startraketen, womit die Rollstrecke bis zum Abheben von rund 715 auf 450 m reduziert werden konnte. Die V6 mit hydraulisch einziehbarem Bugrad folgte im Oktober. Sie wurde als erste 262 mit dem verbesserten und leichteren Jumo 004 B-0 ausgerüstet.

Ein Jumo 004-Axial-Strahltriebwerk, wie es in der Me 262 Verwendung fand, 1946 in den USA, wo es genauestens untersucht wurde US Air Force

Der schnellste Jäger der Welt

Im April 1943 flog Hauptmann Späte vom Erprobungskommando 16 die Me 262 V2, im Mai 1943 der General der Jagdflieger Adolf Galland die V4. Beide waren von der revolutionären Maschine begeistert, die um mindestens 150 km/h schneller war als die besten Feindjäger. Am 2. November wurde die Me 262 hohen Offizieren der Luftwaffe vorgeführt, darunter auch Generalluftzeugmeister Erhard Milch und Hermann Göring, die den Turbinen-Jäger schon im Juli in Rechlin erlebt hatten. Das hochmoderne und ebenso elegante Flugzeug, das mit einer Höchstgeschwindigkeit von 870 km/h beeindruckte, sollte nun so schnell wie möglich in Serie gehen.

Me 262 V6, W.Nr. 130 001, im November 1943. Lackiert war das Flugzeug in RLM 76 über alles

Me 262 V8, W.Nr. 130 003, die als erste 262 mit vier Maschinenkanonen MK 108, Kaliber 30 mm, ausgerüstet wurde. Erstflug: 18. März 1944. Lackierung: RLM 74/75/76

Me 262 S1, W.Nr. 130 006. Das in RLM 76 lackierte Flugzeug war die erste Serienmaschine (S1) und startete am 19. April 1944 zum Jungfernflug

Me 262 V10, W.Nr. 130005. Nach ihrem Erstflug am 15. April 1945 brachte es die V10 während 134 Flügen auf gut 41 Stunden Flugzeit. Dabei wurde sie zur Untersuchung von verschiednen Querrudern und Bombenabwurf-Erprobung eingesetzt. Lackierung: RLM 74/75/76

Die Weiße 4 der II./JG 7. Das linke Triebwerk wurde offenbar ausgetauscht, erkennbar an der unlackierten vorderen Verkleidung, die Bestandteil eines Triebwerkssatzes war

Me 262 A Schwalbe – das Jagdflugzeug

Messerschmitt Me 262 (Teil 2)

Das erste einsatzfähige und in Serie gebaute Strahlflugzeug der Welt, die Messerschmitt Me 262, setzte neue Maßstäbe im Flugzeugbau. Der Strahlantrieb, ihre gepfeilten, schlanken Tragflächen und ihre aerodynamische Qualität machten die Me 262 zu einer zukunftsweisenden Konstruktion und einem begehrten Beutestück der Alliierten

Am 22. Mai 1943 flog der damalige General der Jagdflieger, Adolf Galland, erstmals die Me 262 und war begeistert. „Es ist, als wenn ein Engel schiebt“, beschrieb er nach der Landung sein Flugerlebnis mit dem revolutionären Strahljäger.

In einem Brief an General Feldmarschall Milch vom 25. Mai 1943 schrieb Galland unter anderem:

„Bezüglich der Me 262 bitte ich folgendes vortragen zu dürfen:

1. Das Flugzeug stellt einen ganz großen Wurf dar, der uns im Einsatz ei-

LINKS Die W.Nr. 110371, eine nagelneue Me 262 A-1a. Als Jagdflugzeug war die Messerschmitt-Konstruktion praktisch allen damals über Deutschland eingesetzten alliierten Maschinen überlegen

Die Weiße 10, W.Nr. 110926, schwebt zur Landung ein – die 262-Piloten waren in dieser Phase praktisch wehrlos

Eine Me 262 A-1a des JG 7 mit 55-mm-Raketen R 4M. Unter jeder Fläche konnten zwölf dieser ungelenkten Geschosse befestigt werden

nen unvorstellbaren Vorsprung sichert, falls der Gegner noch länger beim Kolbentriebwerk bleibt.

2. Fliegerisch macht die Zelle einen sehr guten Eindruck.
3. Die Triebwerke überzeugen restlos, außer bei Start und Landung.
4. Das Flugzeug eröffnet völlig neue taktische Möglichkeiten."

Für die Me 262 wurde die bevorzugte Serienfertigung angeordnet, noch 1943 sollten 100 Maschinen gebaut werden. Doch tatsächlich serienreif war der Wundervogel keineswegs. Bis zur Produktion, geschweige denn Einsatzreife gab es noch viel zu tun.

Am 17. August 1943 wurden die Messerschmittwerke bei Augsburg bombardiert, was zu einer weiteren Verzögerung führte.

Als am 26. November 1943 Adolf Hitler neben anderen neuen Flugzeugen auch die Me 262 vorgeführt wurde, verlangte dieser, das Strahlflugzeug nicht als Jäger, sondern als Schnellbomber einzusetzen. Bereits im März 1943 waren gemäß Hitlers Weisung alle Jagdflugzeuge so auszurüsten, dass sie mit Bomben bestückt werden konnten. Die erwartete Invasion der Alliierten sollte so schon an den Stränden abgewehrt werden. Laut Messerschmitts Aussage war der „Blitzbomber" sogar in der Lage, bis zu 1000 kg Bomben zu tragen.

Für Gallands Jagdflieger war dies ein Schlag ins Gesicht, für die 262 bedeutete Hitlers Befehl ein weiterer Entwicklungsaufwand. Zwar waren schon Vorarbeiten geleistet worden, aber auch von der Einsatztauglichkeit der Me 262 als Bomber konnte keine Rede sein.

Am 20. Dezember 1943 flog die V7 mit Druckkabine, am 19. Januar 1944 die V9, die als erste Me 262 die verbesserte Kabinenhaube erhielt. Die Me 262 V8 unterschied sich von der V9 durch den Einbau von vier Maschinenkanonen MK 108.

Hitler hielt inzwischen unnachgiebig am Bomber-Befehl fest, selbst die Bordwaffen sollten ausgebaut werden, da das Flugzeug seiner Geschwindigkeit wegen ohnehin nicht abgefangen werden könnte.

Da die Me 262 S1 bei einem Bombenangriff beschädigt wurde, flog die auf der V8 basierende S2 am 28. März als erste Me 262-Serienmaschine.

Jagdflugzeug Me 262 A

Die Sichtverhältnisse für den Flugzeugführer waren hervorragend, sein Sitz konnte jedoch nur in der Höhe verstellt werden. Auf einen Katapultsitz hatte man verzichtet. Zum Ein- und Aussteigen ließ sich das Mittelteil der Kabinenhaube in typischer Messerschmitt-Art nach rechts aufklappen. Für den Notausstieg konnten das mittlere und hintere Haubenteil abgeworfen werden. Eine Panzerung wurde vorerst nur gegen Beschuss von vorne eingebaut, wenngleich schon im Mai 1943 auch ein rückwärtiger Schutz gefordert wurde, der später in Form eines Rücken- und Kopfpanzers eingebaut wurde.

Zum genauen Anpeilen des Ziels diente dem Piloten ein hinter der Windschutzscheibe aus 90 mm starkem Panzerglas eingebautes Reflexvisier Revi 16 B.

Der Ausschnitt aus dem Schießkamerafilm von Lt. Kenneys P-51 Mustang zeigt die Weiße 7, W.Nr. 110404, mit abgeworfener Kabinenhaube am 8. November 1944. Flugzeugführer Leutnant Schall, mit 17 Luftsiegen einer der erfolgreichsten auf der 262, sprang kurz darauf ab

Me 262 V186 (C-1a Heimatschützer) mit zusätzlich eingebautem Walter HWK 509 A-Raketentriebwerk im Februar/März 1945

Die Standard-Bewaffnung des komplett aus Metall gefertigten Jägers bestand aus vier in der Rumpfnase eingebauten Maschinenkanonen vom Typ Rheinmetall-Borsig MK 108, Kaliber 30 mm. An Munition standen je 100 Schuss für das obere und je 80 für das untere Waffenpaar zur Verfügung. Im hinteren Teil des Rumpfes waren der Mutterkompass sowie das FuG 16 ZY und FuG 25 A untergebracht.

Der Treibstoffvorrat der A-1a von 2570 l befand sich in vier selbstabdichtenden Rumpftanks. An Außenträgern konnten weitere 600 l in zwei abwerfbaren Zusatzbehältern mitgenommen werden.

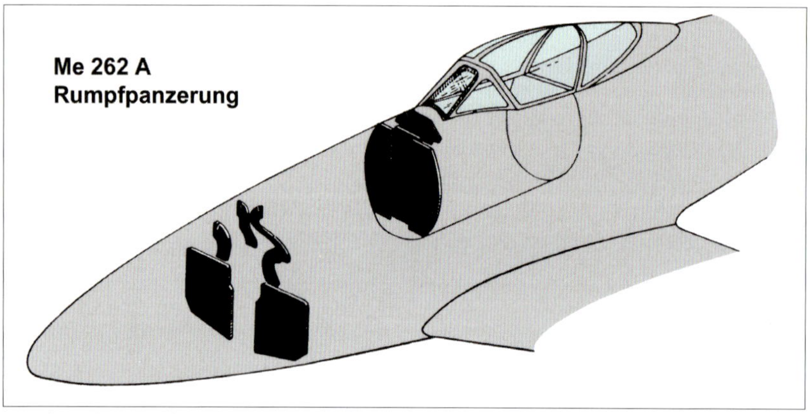

Um den Flugzeugführer sowie die Munition und wichtige Instrumente gegen Beschuss von vorne zu schützen, waren Panzerplatten eingebaut. Die Frontscheibe bestand aus 90 mm starkem Panzerglas

Alternativ zum Jumo 004 sollten BMW 003–Triebwerke in die Me 262 eingebaut werden. Hier die V074 (C-2b, Heimatschützer II) beim Testlauf

Eine Besonderheit war die mit durchgehendem, mittig verschraubtem Hauptholm ausgeführte gepfeilte schlanke Tragfläche. Entlang der Flügelnase verliefen automatische Vorflügel, die für ein besseres Langsamflugverhalten sorgten und selbständig ausfuhren, bevor die Strömung abriss. An den Tragflächenhinterkanten, rechts und links der Triebwerksgondeln, waren Landeklappen installiert. Außen anschließend verliefen bis zu den Randkappen hin mit Trimmflächen ausgestattete zweiteilige Querruder. Am linken Flügelende war das Staurohr zur Geschwindigkeitsmessung installiert.

Unter den Außenflächen, neben den Triebwerksgondeln, konnten später strömungsgünstig gestaltete hölzerne Träger zum Abfeuern von je zwölf ungelenkten 55-mm-R-4M-Raketen als Rüstsatz installiert werden.

Das Seiten- und Höhenleitwerk war in herkömmlicher Metallbauweise ausgeführt. Die aerodynamisch ausgeglichenen Ruderflächen besaßen je ein Trimmruder.

Neues Bugradfahrwerk

Die bei den ersten V-Maschinen aufgrund der Spornradauslegung aufgetretenen Startschwierigkeiten waren mit dem Einbau des nach hinten in den Rumpf einziehbaren Bugrades beseitigt und die Handhabung der Me 262 durch das gehobene Heck erheblich verbessert worden. Das 2,32 m breit stehende Hauptfahrwerk wurde nach innen in den Rumpf eingezogen und war, wie das Bugrad, vollends verkleidet.

Zwei Junkers Jumo 004 B-1 mit einer Schubleistung von je 900 kp dienten der Me 262 A-1a als Antrieb. Der große Lufteinlass versorgte das Triebwerk mit Frischluft, gestartet wurde die 004-Tur-

Me 262 A-1a
Stab/III./EJG 2
Oberstleutnant Heinz Bär
Lechfeld, März 1945

Lackierung: RLM 81/82/76

Späte RLM-Farben
Farben wurden 1944/45 oft gemischt, Restbestände verarbeitet, was eine einheitliche Farbgebung praktisch nicht zuließ. So kam es zu unterschiedlichen Tönen der Farben 80 bis 83.

Die Me 262 A-1a/R1, Weiße 3, der 9./JG 7, mit der Fähnrich Mutke am 25. April 1945 in Dübendorf/Schweiz landete. Das Flugzeug (W.Nr. 500071) steht heute im Deutschen Museum in München

Nicht nur in technischer, sondern auch in ästhetischer Hinsicht, war und ist die 262 ein außergewöhnliches Flugzeug. Überholt und mit neuer nicht authentischer Lackierung versehen, präsentierte sich diese Me 262 A-1a 1948 in den USA

Zu amerikanischem Beutegut wurde auch dieser so genannte Pulkzerstörer, eine Me 262 A-1a/U4 (V083) mit 50-mm-Kanone MK 214 im Bug. Die neuen Eigentümer gaben dem Vogel den Namen »Wilma Jeanne«, später wurde er in »Happy Hunter II« umbenannt. Auf dem Überführungsflug von Lechfeld nach Cherbourg ging die Maschine wegen Triebwerksproblemen verloren

bine mit einem Riedel-Startermotor, einem kleinen Zweizylinder-Zweitakter, der unter der runden Verkleidung im Einlass untergebracht war. Ein großes Manko dieser frühen Strahltriebwerke war deren überaus empfindliche Reaktion auf Gaswechsel. Die Schubregler waren mit größter Vorsicht zu bedienen, ein rascher Gaswechsel, wie bei Kolbenmotoren problemlos möglich, führte schnell zum Triebwerksbrand. Zudem waren die Turbinen, unter den Flugzeugführern auch Öfen genannt, generell relativ unzuverlässig. So lag die durchschnittliche Lebensdauer bei nur 10 bis 25 Stunden. Fiel eines der Triebwerke aus, stellte der einstrahlige Flug samt Landung mit der Me 262 für einen gut geschulten Flugzeugführer allerdings kein Problem dar.

Für den Start konnten zwei jeweils 500 kp Schub erzeugende R I 502-Startraketen installiert werden.

Die Me 262 A-1a/U1, von der wahrscheinlich nur ein Versuchsflugzeug gebaut wurde, erhielt zwei 30-mm-MK 103, zwei MK 108 und zwei 20-mm-MG 151/20, die alle mehr oder weniger weit aus dem Bug ragten.

Mit einer 490 kg schweren 50-mm-Motorkanone MK 214 war dagegen die Me 262 A-1/U4 bewaffnet. Das Bugrad musste entsprechend umgestaltet werden, damit es um 90° gedreht unter der monströsen Waffe Platz finden konnte. Zwei Me 262 wurden bis Kriegsende derart ausgerüstet.

Die als Schlechtwetterjäger entworfene A-1a/U2 sollte ab Mitte 1945 die A-1a ablösen.

In vier Me 262 A-1b (b für BMW 003) und einer C-2b kamen 003-A-Turbinen zum Einbau sowie BMW-Startraketen. Als Heimatschützer I, II und IV (III wurde fallen gelassen) waren die Versionen C-1a, C-2b und C-3a in Erprobung. Die Heimatschützer (Interzeptor) verfügten über einen zusätzlichen Raketenantrieb, der zum Steigen und schnellen Annähern zugeschaltet werden konnte.

Einsatz

Um die Einsatztauglichkeit der Me 262 zu erproben, stellte man Ende 1943 in Lechfeld das Erprobungskommando 262 (Ekdo. 262) auf, das zunächst jedoch nur über ein paar V-Maschinen verfügte. Die Führung übernahm Hauptmann Thierfelder vom ZG 26. Erfahrene Zweimot-Piloten hielt man für am besten geeignet, mit der Me 262 zurechtzukommen. Erst im Frühjahr 1944 kamen erste Serienmaschinen in die Einheit. Behindert wurde dies auch durch die Aufstellung eines Schnellstbomber-Kommandos, dem Einsatzkommando Schenk des KG 51, das

Die W.Nr. 111711 wurde von Hans Fay geflogen, der den Turbojäger im März 1945 bei den Amerikanern landete. Blechstöße und Nieten sind gespachtelt und verschliffen, einen Tarnanstrich hatte die Maschine nicht mehr bekommen US Air Force

auf Hitlers Weisung den Vorrang erhielt. Hastig und schlecht ausgebildete Flugzeugführer sowie technische Unzulänglichkeiten der an vielen Kinderkrankheiten leidenden Me 262 gestalteten deren Einsatz schwierig und zeitraubend. Zeit, die aufgrund der Kriegslage jedoch kaum mehr vorhanden war. Luftangriffe auf Einsatzplätze und Werksanlagen kamen erschwerend hinzu.

Nach der alliierten Invasion taute Hitler langsam auf und schloss den Einsatz der Me 262 als Jäger nicht mehr völlig aus.

Als die ersten Me 262 im Einsatz auftauchten, war es Sommer 1944. Der erste beiderseits bestätigte Luftsieg mit einer Me 262 gelang am 8. August 1944 durch Leutnant Weber vom Ekdo. 262, der eine der schnellen britischen Mosquitos abschoss.

Alliierte Flieger konnten den deutschen Strahljägern meist nur ungläubig hinterherblicken. Mit keinem der damals im Einsatz befindlichen alliierten Flugzeuge war es möglich, an einem Strahljäger dranzubleiben, sie waren einfach zu schnell.

Die enorme Schnelligkeit der Me 262 erforderte neue Angriffsverfahren, die Piloten mussten sich taktisch wie fliegerisch umstellen, damit das enorme Potential dieses epochalen Flugzeugs, das mit seinen vier schweren Bordkanonen zudem eine gewaltige Feuerkraft besaß, voll ausgeschöpft werden konnte. Auftauchen, zuschlagen, absetzen lautete die bevorzugte Taktik, der Kurvenkampf war unbedingt zu vermeiden.

Am 8. November 1944 fiel Major Walter Nowotny (258 Luftsiege), der seit 3. Oktober das Kommando Nowotny (III./JG 6) führte.

Erfolge mit Jagdverband 44

Weitere Neuaufstellungen und Umgruppierungen, darunter das Ergänzungsjagdgeschwader 2 (III./EJG 2) unter dem Kommando von Oberstleutnant Heinz Bär sowie das JG 7 unter Johannes Steinhoff folgten. Allmählich stieg die Zahl der einsatzfähigen Me 262 an und ab Anfang 1945 wurden zunehmend auch die mit wenig Erfolg operierenden Jagdbomber zu Jagdeinsätzen herangezogen.

Nach wiederholten Auseinandersetzungen mit Göring wurde Adolf Galland Anfang 1945 seines Postens enthoben. Als Führer des berühmten, zum größten Teil aus hervorragenden kampferprobten Jagdfliegern, sogenannten Experten, bestehenden Jagdverbandes 44 (JV 44) flog er selbst die Me 262 im Einsatz und erzielte mehrere Abschüsse. Den deutschen Flugzeugführern gab die Me 262 trotz ihrer vollkommen aussichtslosen Lage ein Gefühl der Überlegenheit und Stärke.

Eine der vielen von den Alliierten aufgefundenen 262, hier direkt neben einer Autobahn abgestellt, die als Piste diente. Dieser Jagdbomber A-1a gehörte ehemals zur 1./KG 51

Messerschmitt Me 262

Messerschmitt Me 262	A-1a
Einsatzzweck	Jagdflugzeug
Besatzung	1
Baujahr	1944
Antrieb	2 x Junkers Jumo 004 B-1
Schubleistung	2 x 900 kp
Spannweite	12,65 m
Länge	10,60 m
Höhe	3,83 m
Flügelfäche	21,70 m^2
Leergewicht	3800 kg
Rüstgewicht	4120 kg
Startgewicht max.	6775 kg
Höchstgeschw.	800 km/h in 0 m 870 km/h in 6000 m 845 km/h in 9000 m
Marschgeschw.	825 km/h in 6000 m
Höchstzul. Geschw.	950 km/h bis 8000 m 900 km/h ü. 8000 m 300 km/h bei Fahrwerkbetätigung 1000 km/h im Sturzflug
Landegeschw.	180 km/h
Steigleistung	ca. 20 m/sec Anfangsrate ca. 10 m/sec in 6000 m 6000 m in 7 min 9000 m in 13 min
Startrollstrecke	ca. 920 m
Reichweite normal maximal	ca. 520 km in 6000 m ca. 700 km in 9000 m
Dienstgipfelhöhe	11 800 m (bei 5100 kg)
Bewaffnung	4 x MK 108 – 30 mm (gesamt 360 Schuss)
Außenlasten	24 R-4M-Raketen 500 kg Bomben (Rüstsatz) od. 2 x 300-l-Zusatztank

Zwar war die Jagdversion praktisch allen alliierten Flugzeugen weit überlegen, dennoch hatten die Me 262-Verbände große Verluste zu beklagen. Gezielte Abschüsse waren zwar selten, kamen jedoch vor. Angriffe auf die Einsatzplätze, wo die landenden, völlig wehrlosen Turbojäger nicht selten zur leichten Beute alliierter Jagdflieger wurden, machten den Einheiten zu schaffen. Diesem Übel begegneten die Deutschen mit eigens zum Schutz der Me 262 abgestellten Kolbenmotor-Jägern (meist Fw 190 D), die den Platz abschirmten. Außerdem trugen die unzuverlässigen Triebwerke und die mangelhafte hastige Ausbildung nicht unerheblich zur Verlustrate bei.

Zum Aufeinandertreffen der Me 262 mit den ersten alliierten Strahljägern, der amerikanischen Bell P-59 und der britischen Gloster Meteor Mk I kam es nicht. Die leistungsmäßig enttäuschende P-59 blieb in den USA, während die Meteor I, die kurze Zeit nach der Me 262 einsatzklar war, hauptsächlich zur Bekämpfung der V-1-Flugbomben (Fieseler Fi 103) herangezogen wurde. Ein ernsthafter Gegner der Me 262 wäre jedoch erst die ab Ende 1944 ausgelieferte wesentlich leistungsstärkere Meteor III gewesen.

1944/45 war die katastrophale Kriegslage in allen Bereichen merklich spürbar. Das Fehlen von Kraftstoff sowie der Mangel an Einsatzmaschinen und fähigen Flugzeugführern brachten den Flugbetrieb nach und nach zum Erliegen. Beim Anrücken der Alliierten wurden zahlreiche Me 262 gesprengt, viele wurden jedoch zur Kriegsbeute der Siegermächte, die den deutschen Strahljäger genau untersuchten und erprobten.

Me 262 A-1a, W.Nr. 170071, Erprobungskommando 262 im Juli 1944. Das Flugzeug kam später zum EJG 2, wo es von Major Erich Hohagen geflogen wurde. Lackierung: RLM 74/75/76

Me 262 A-1a, W.Nr. 110813, Kommando Nowotny, September 1944. Das Flugzeug diente als Schulmaschine, daher auch das S am Heck. Zuvor war es zur Bombenabwurf-Erprobung eingesetzt. Lackierung: RLM 74/75/76

Me 262 A-1a, geflogen von Hauptmann Franz Schall, der sowohl beim Kommando Nowotny als auch im daraus entstandenen JG 7 flog, wo er die 10. Staffel befehligte. Lackierung: RLM 81/82/76

Me 262 A-1a, JV 44, geflogen vom ehemaligen General der Jagdflieger, Adolf Galland, der seines Postens enthoben, zu Kriegsende wieder einen Jagdverband führte. Galland erzielte noch einmal sieben Luftsiege, darunter zwei Viermotorige. Am 26. April 1945 schoss Galland zwei B-26-Bomber ab, bevor er von einer P-47 angeschossen wurde und in der Nähe des unter Tieffliegerangriff stehenden Heimathorstes notlanden musste

Französische Beutemaschine Me 262 A-1a, Bretigny/Frankreich, August 1947. Das Flugzeug war komplett in Khakigrün lackiert

Die Werknummer 110813, eine Me 262 A-1a, wurde zum Jagdbomber umgebaut, dann aber wieder rückgerüstet und als „Grüne 3" dem Kommando Nowotny zugeteilt

Fotos, wenn nicht anders vermerkt: Archiv Ringlstetter – Aviaticus.com

■ Blitzbomber, Aufklärer und Nachtjäger

Messerschmitt Me 262 (Teil 3)

Obwohl im Grunde als Jagdflugzeug entwickelt, sah Adolf Hitler in der Me 262 den ersehnten Blitzbomber, mit dem der erwartete Landungsversuch der alliierten Invasionstruppen schon im Ansatz zerschlagen werden sollte.

Schon im Mai 1943 hatte man bei Messerschmitt den Entwurf einer Jagdbomber-Ausführung der Me 262 ausgearbeitet. So antwortete Willy Messerschmitt auf Hitlers Frage im November 1943, ob die Maschine auch Bomben tragen könne, mit ja – sogar 1000 kg wären möglich. Dass dies noch nicht erprobt worden war, verschwieg Messerschmitt allerdings.

Hitler gab den Befehl, die Me 262 ausschließlich als Schnellstbomber zu bauen und einzusetzen – eine fatale Fehlentscheidung. Zudem stand in absehbarer

LINKS Me 262 V7, W.Nr. 170303 – versuchsweise wurde die zweite V7 Anfang 1945 mit zwei 500-kg-Bomben geflogen. Beim Start sorgten zwei Startraketen für zusätzlichen Schub

Zeit mit der ebenfalls zweistrahligen Arado 234 ein hierfür weitaus besser geeignetes Muster zur Verfügung.

Einsatztauglich war weder die Jagd- noch die Bomberversion der Me 262. Die Bomber-Weisung Hitlers erforderte einen beträchtlichen zusätzlichen Entwicklungs- und Erprobungsaufwand, der weitaus sinnvoller der Jagdausführung zugute gekommen wäre. Abgesehen von der Einsatzfrage machte jedoch auch die Unzuverlässigkeit der überaus empfindlichen Düsentriebwerke zu schaffen.

Blitzbomber

Zur Aufnahme der Abwurflast wurden unter dem Vorderrumpf zwei Träger ETC 503 A-1 oder zwei so genannte speziell für die Me 262 entwickelte Wikingerschiffe installiert. Neben 250- oder 500-kg-Bomben, konnten auch Waffenbehälter gleichen Gewichts oder ein Bombentorpedo BT 200 mitgenommen werden. Versuchsweise wurde eine Bombenlast von 1000 kg montiert, die zwar machbar, aber für den normalen Fronteinsatz nicht empfehlenswert war.

Per Rüstsatz wurden Me 262 A-1a-Jäger zum Schnellkämpfer umgerüstet, wobei auch das Fahrwerk und die Reifen verstärkt wurden. Für einen beschleunigten Start konnten zwei jeweils 500 kp Schub erzeugende Startraketen installiert werden. Als Starrbewaffnung verfügte der auch Sturmvogel genannte Jagdbomber nur über das untere Paar Maschinenkanonen MK 108 in der Rumpfnase. Der Munitionsvorrat lag bei 100 Schuss je Waffe. Als Zielvorrichtung diente beim Jagdbomber ein Reflexvisier Revi 16 D.

Der Treibstoffvorrat von normalerweise 2570 l konnte im Bombereinsatz nicht ausgeschöpft werden, wobei der hintere 600 l fassende Rumpftank mit maximal 400 l befüllt werden durfte. Der Treibstoff war dieselähnlich und einfach herzustellen. Der wesentlich günstigeren Erzeugung des J 2 genannten Kraftstoffs stand allerdings auch ein im Vergleich zu benzinbetriebenen Kolbenmotoren wesentlich höherer Verbrauch der Jumo 004 B-Strahltriebwerke gegenüber.

Als regulärer Jagdbomber kam 1944 die Me 262 A-2a, die jedoch auch für den Einsatz als Jäger vorgesehen und entsprechend einfach rückrüstbar war.

Versuche mit per Deichselschlepp, Fahrgestell und der Fläche einer V-1 in die Luft gebrachter 500- und 1000-kg-Bomben verliefen insgesamt unbefriedigend.

Um einen möglichst gezielten Bombenwurf im Horizontalflug zu ermöglichen, erhielt der Schnellstbomber Me 262 A-2a/U2 (V484, W.Nr. 110484) eine hölzerne Bugkanzel für die Auf-

Beladener Blitzbomber Me 262 A des KG 51. Selbst mit Bomben, meist 2 x 250 kg, war die Messerschmitt-Konstruktion noch schneller als jeder alliierte Kolbenmotorjäger. So war es nur im Sturzflug oder Gegenanflug möglich, an einen Turbo heranzukommen

Me 262 A-2a der 1. Staffel des KG 51 mit individuellem Tarnmuster, das in ähnlicher Form bei den Kampffliegern öfter vorkam. Das weiße Y der Kennung 9K+YH war wesentlich größer als die restlichen Buchstaben aufgemalt

Per Deichselschlepp bringt Gerd Lindner mit der Me 262 V10 im Oktober 1944 versuchsweise eine mit V-1-Tragfläche und Fahrgestell versehene 1000-kg-Bombe in die Luft

Schnellstbomber Me 262 A-2a/U2, V555, mit einer Bugkanzel für den Bombenschützen und das Lotfe 7 H. Ein Flugzeugführer desertierte mit dieser Maschine und landete mit defektem Fahrwerk auf den Triebwerken. Die Aufnahme entstand beim Abtransport durch US-Personal US Air Force

Schuldoppelsitzer Me 262 B-1a, W.Nr. 170075, der I./KG(J) 54

Die V056 (W.Nr. 170056) wurde Anfang 1945 in Lechfeld mit einem Siemens-Bordfunkmessgerät FuG 218 V2 Neptun erprobt

Me 262-Verbände

Me 262-Verbände ab Ende 1943 aufgestellt und teilweise ineinander übergehend
- Erprobungskommando 262 (Ekdo.- 262) – III./ZG 26
- Einsatzkommando Schenk (E 51) – 3./KG 51
- Kampfgeschwader 51 Edelweiß (I., II., IV.(Erg.)/KG 51)
- Kommando Nowotny (III./JG 6)
- Ergänzungsjagdgeschwader 2 (III./EJG 2)
- Kampfgeschwader (Jagd) 54 (I., II., III./KG(J)54)
- Kommando Welter (10./NJG 11)
- Nahaufklärungsgruppe 6 (NAGr. 6)
- Jagdgeschwader 7 (I., II., III./JG 7)
- Jagdverband 44 (JV 44)
- Sowie weitere kleinere Einheiten

nahme eines Bombenschützen, der liegend darin Platz fand und über ein Bombenzielgerät Lotfe 7 H den Abwurf lenkte. Zur Lastaufnahme dienten ETC 504-Bombenträger. Bis auf die berechtigte Angst des Bombenschützen vor einem funktionsuntüchtigen Bugrad, war die Konstruktion viel versprechend und ein zweites Exemplar dieser Art, die W.Nr. 110555 (V555) mit veränderter Bugkanzel, flog erstmals im Februar 1945. Zum Einsatz kam jedoch keines der Flugzeuge.

Ein weiteres Bombenzielgerät, die Tiefwurf- und Schleuderanlage TSA 2 D wurde in drei Me 262 A/U1 zusammen mit einem Revi 16 B noch 1944 mit Erfolg in Rechlin erprobt.

Aufklärer

Schon 1941 gab es erste Entwürfe für eine Aufklärer-Version der Me 262. Als Me 262 A-1a/U3 (später als A-5a geplant) zeigte der überarbeitete Entwurf 1943 einen Behelfsaufklärer mit zwei zusammen 145 kg schweren Reihenbildkameras Rb 50/30, die im Rumpfbug untergebracht waren. Zusätzlich verkleidet durch zwei längliche Beulen waren die Kameras in einem Winkel von 11° nach außen installiert. Die Bewaffnung war ausgebaut oder auf eine Maschinenkanone MK 108 reduziert. Die Funkausrüstung bestand aus einem FuG 16 ZS.

Doppelsitzer

Ende April 1944 begannen bei Blohm & Voss (später auch bei der Lufthansa) die Umbauarbeiten an der zweisitzigen Me 262 B-1a, einer Schulmaschine mit Doppelsteuerung, mit der es endlich möglich werden sollte, vernünftige und effektive Einweisungen auf den Strahljäger durchzuführen. Um Platz für den zweiten Mann zu schaffen, reduzierte man das Fassungsvermögen des hinter dem Führersitz gelegenen 900-l-Tanks

Me 262 A-1a Jabo
W.Nr. 130179
Schwarzes F
Kommando Schenk
Sommer 1944

Lackierung: RLM 74/75/76

Etliche Maschinen wurden nach Kriegsende in die USA verschifft und dort umfassend untersucht, darunter auch diese Me 262 B-1a/U1 (ehem. »Rote 6«, W.Nr. 110306, der 10./NJG 11). Die FE-610 am Heck stand für Foreign Equipment 610

Führer- und Bordfunkerraum eines Me 262 B-1a/U1-Nachtjägers

auf 400 l und des hintersten von 600 auf 250 l. Zwei abwerfbare 300-l-Zusatztanks verhalfen zu mehr Treibstoff, während die Bewaffnung von vier MK 108 bestehen blieb. 67 Maschinen sollen derart umgebaut worden sein.

Der Nachtjäger Me 262 B-1a/U1 (serienmäßig als B-2 geplant), basierend auf der Schulmaschine, war mit einem Bordfunkmessgerät FuG 218 Neptun ausgestattet, das eine Reichweite von 5000 m bei einem Suchwinkelbereich von 1200 m aufwies und vom hinten sitzenden Bordfunker bedient wurde.

Zahlreiche Weiterentwicklungs-Projekte wurden nicht mehr realisiert, so beispielsweise der Schnellbomber Ia mit wesentlich weiter vorne liegender Führerkabine, der Schnellbomber II mit im erweiterten Rumpf untergebrachter Abwurflast oder der Aufklärer II mit ebenfalls bauchigerem Rumpf für die Kameraausrüstung. Das Kriegsende setzte den an weiteren Neuerungen und Entwürfen arbeitenden Messerschmitt-Entwicklern ein jähes Ende.

Einsatz

Die Aufstellung eines Verbandes zur Erprobung der Me 262 als Jagdbomber, das Kommando Schenk, als Teil des Kampfgeschwaders 51, erfolgte im Frühsommer 1944. Hitlers Weisung entsprechend hatte die Jabo-Einheit Vorrang. Der tatsächliche Einsatz der Me 262 als Bomben tragendes Kampfflugzeug gestaltete sich schwierig. Ab Mitte des Jahres begannen die Schnellkämpfer vom Kommando Schenk mit wenigen Maschinen scharfe Einsätze zu fliegen. Die gewöhnliche Bombenbestückung bestand aus einer oder zwei SC bzw. SD 250 oder einer SC bzw. SD 500. Da keine geeignete Zieleinrichtung vorhanden und zudem die Sicht des Flugzeugführers nach unten sehr eingeschränkt war, wurde in einem 40° steilen Bahnneigungsflug mit 950 km/h aus 5000 m auf das Ziel gehalten und bei spätestens 2000 m abgefangen. Eine links und rechts an der Kabinenhaube verlaufende schräge Linie half dabei, den Neigungswinkel einzuhalten. Bald wurde jedoch per Führerbefehl verboten, über Feindgebiet tiefer als 4000 m zu fliegen. Auf keinen Fall sollte eine Me 262 (Tarnname Silber) dem Feind in die Hände fallen. Außerdem durften 750 km/h nicht überschritten werden. Erst im Dezember 1944, inzwischen waren weitere Me 262-Kampfverbände im Einsatz, wurde diese unsinnige und wenig Erfolg bringende Maßnahme wieder aufgehoben. Wirklich sinnvoll waren die Bombereinsätze aber ohnehin nicht und insgesamt gesehen blieben die Angriffe bedeutungslos. So wurden ab 1945 zunehmend auch Jabos zu Jagdeinsätzen herangezogen, die sie schon Mitte 1944 hätten fliegen können.

Zweisitziger Schnellstbomber Me 262 V555, W.Nr. 110 555, auch V11 genannt, mit Bugkanzel für den liegend untergebrachten Bombenschützen. Das Flugzeug flog erstmals im Februar 1945 (siehe auch Foto Seite 28)

Anfang Dezember 1944 wurde auch eine Me 262-Nahaufklärereinheit, das Einsatzkommando Braunegg, aufgestellt, das später der Nahaufklärergruppe 6 unterstellt wurde. Ausgerüstet war der Verband mit Behelfs-Aufklärern Me 262 A-1a/U3, den schnellsten Aufklärern des Zweiten Weltkriegs.

Im November 1944 wurde Leutnant Welter versuchsweise die Nachtjagd mit nur wenig modifizierten Me 262 A-1a genehmigt, der Geburtsstunde des Kommandos Welter. Geflogen wurde in Zusammenarbeit mit dem Flakführer Berlin nach dem Verfahren „Wilde Sau", das auf Sichtkontakt beruhte. Ergänzt durch weitere Piloten wurde das Kommando als 10. Staffel dem Nachjagdgeschwader 11 zugeordnet. Welter erzielte schnell Erfolge. Sein bevorzugtes Ziel: die schnellen britischen Mosquitos, die als Pfadfinder für die Bomber fungierten. Im März 1945 wurden die ersten Behelfsnachtjäger Me 262 B-1a/U1 zugeteilt, mit denen das Kommando bis Kriegsende im Einsatz stand. Der zum Oberleutnant beförderte Kurt Welter soll inoffiziell 35 Luftsiege mit der Me 262 erzielt haben. Die Staffel blieb die einzige mit Düsenjägern ausgestattete Nachtjagdeinheit.

Zu wenige und zu spät

Wenngleich technisch überlegen, konnte auch die Me 262 keine Wende im Kampf um das „tausendjährige" Deutsche Reich mehr herbeiführen. Neben technischen Schwierigkeiten spielte die verfehlte Prioritätensetzung in Fertigung und Einsatz eine entscheidende Rolle in der Geschichte der Me 262, zu der auch tausende von Zwangsarbeitern gehören, die für die Fertigung der Me 262 herangezogen wurden und dabei ihr Leben verloren. Die fatale Kriegslage beendete schließlich die Entwicklung und Einsatzzeit des ersten einsatzfähigen Strahlflugzeugs der Welt. Für die Alliierten wurde die Me 262 zur willkommenen Entwicklungshilfe für eigene Strahljägerkonstruktionen.

1433 Me 262 sollen gebaut worden sein, von denen wahrscheinlich nicht einmal ein Fünftel noch zum Einsatz kam. In der Tschechoslowakei baute man nach dem Krieg die A-1a bei Avia als S-92 und die B-1a als CS-92 nach.

Mit dem von weitaus zuverlässigeren General Electric-Triebwerken angetriebenen Nachbau der Me 262 gibt die Messerschmitt Stiftung die Möglichkeit, das einst so gefährliche wie bahnbrechende Strahlflugzeug in friedlicher Atmosphäre zu erleben. So wird sich die Me 262 nicht nur für ausgemachte Kriegsflugzeug-Enthusiasten zum Glanzlicht von so mancher Flugschau erheben.

Auch dieser Strahlaufklärer Me 262 A-1a/U3 der NAGr. 6 fiel in alliierte Hände. Wegen der Kameraausrüstung mussten links und rechts am Bug Beulen angebracht werden US Air Force

Messerschmitt Me 262

Messerschmitt Me 262	A-2a (mit 2 x 250-kg-Bombe)	B-1a/U1
Einsatzzweck	Schnellstbomber (Jagdbomber)	Behelfs-Nachtjäger
Besatzung	1	2
Baujahr	1944	1945
Antrieb	2 x Junkers Jumo 004 B-1	
Schubleistung	2 x 900 kp	2 x 900 kp
Spannweite	12,65 m	12,65 m
Länge	10,60 m	10,80 m
Höhe	3,83 m	3,83 m
Flügelfläche	21,70 m^2	21,70 m^2
Leergewicht	4150 kg	–
Fluggewicht	6150 kg	–
Fluggewicht mit Überlast	7100 kg (mit 2400 l Treibstoff)	6700 kg
Höchstgeschwindigkeit	720 km/h in 0 m 750 km/h in 6000 m 690 km/h in 9000 m	770 km/h in 0 m 795 km/h in 6000 m –
Höchst zul. Geschw.	950 km/h bis 8000 m 300 km/h bei Fahrwerkbetätigung 1000 km/h im Sturzflug	– – –
Landegeschwindigkeit	180 km/h	180 km/h
Steigleistung	ca. 15 m/sec Anfangsrate ca. 7 m/sec in 6000 m 8000 m in 20,5 min	– – –
Startrollstrecke	ca. 1050 m ca. 630 m mit Startraketen	– –
Reichweite normal maximal	ca. 470 km in 6000 m ca. 550 km in 6000 m	– ca. 900 km
Flugdauer max.	1,2 h in 6000 m	–
Dienstgipfelhöhe	10 500 m (bei 5500 kg)	11 000 m
Bewaffnung	2 x MK 108 – 30 mm 2 x 100 Schuss	4 x MK 108 – 30 mm 2 x 80 u. 2 x 100 Schuss
Außenlasten (max. 1000 kg)	24 R 4M-Raketen 2 x 250 kg 1 x 500 kg 2 x 300-l-Zusatztank	– – – 2 x 300-l-Zusatztank

Me 262 A-2a, 9K+BK der 2./KG 51, Rheine im Oktober 1944. Lackierung: möglicherweise RLM 82/76 mit Muster in 81 oder 83

Me 262 A-1a, W.Nr. 500 042, B3+AA, KG(J) 54, Giebelstadt im Februar 1945. Geflogen wurde die Maschine von Geschwader-Kommodore Oberstleutnant Volprecht Riedesel Freiherr von Eisenbach, der am 9. Februar bei Idstein im Luftkampf gefallen ist. Lackierung: möglicherweise RLM 81/83/76

Me 262 A-2a, I. Gruppe/Kampfgeschwader 51 »Edelweiß«, geflogen von Leutnant Wilhelm Batel, Saaz im Mai 1945. Lackierung: RLM 82/83/76 oder 81/83/76

Me 262 B-1a/U1, W.Nr. 110635, der 10./NJG 11 in Burg bei Magdeburg im Mai 1945, geflogen von Staffelkapitän Oberleutnant Kurt Welter. Lackierung: RLM 76 mit Flecken in 81/82(83), Unterseite RLM 22 Schwarz

Die umgebaute Me 262 V9 (VI+AD) mit »Rennkabinenhaube«

Verwirklichte und nicht verwirklichte Projekte

Messerschmitt Me 262 (Teil 4)

Neben der Serienreifmachung bereits beschlossener Typen beschäftigte sich die Messerschmitt-Entwurfs- und Entwicklungsabteilung mit neuen, innovativen Projekten sowie der Weiterentwicklung vorhandener Konstruktionen, so auch bei der Me 262

Die meisten dieser Projekte kamen über das Entwurfsstadium nicht hinaus. Das Kriegsende beendete schließlich das Treiben der Entwickler für die deutsche Luftwaffe. Nach dem Krieg konnten viele ihre Arbeit bei ehemaligen Gegnern fortsetzen.

Schnellbomber I, Ia und II

Die Verwendbarkeit der Me 262 als Bomber führte 1943 auch zum Schnellbomber-Entwurf I mit zusätzlichem 1000-l-Tank im Rumpfbug. Auf eine Bewaffnung wurde verzichtet. Bis zu 1000 kg an Bombenlast konnten unter dem Vorderrumpf mitgeführt werden. Um das zusätzliche Gewicht aufzunehmen und in die Luft zu bekommen, sah man ein verstärktes

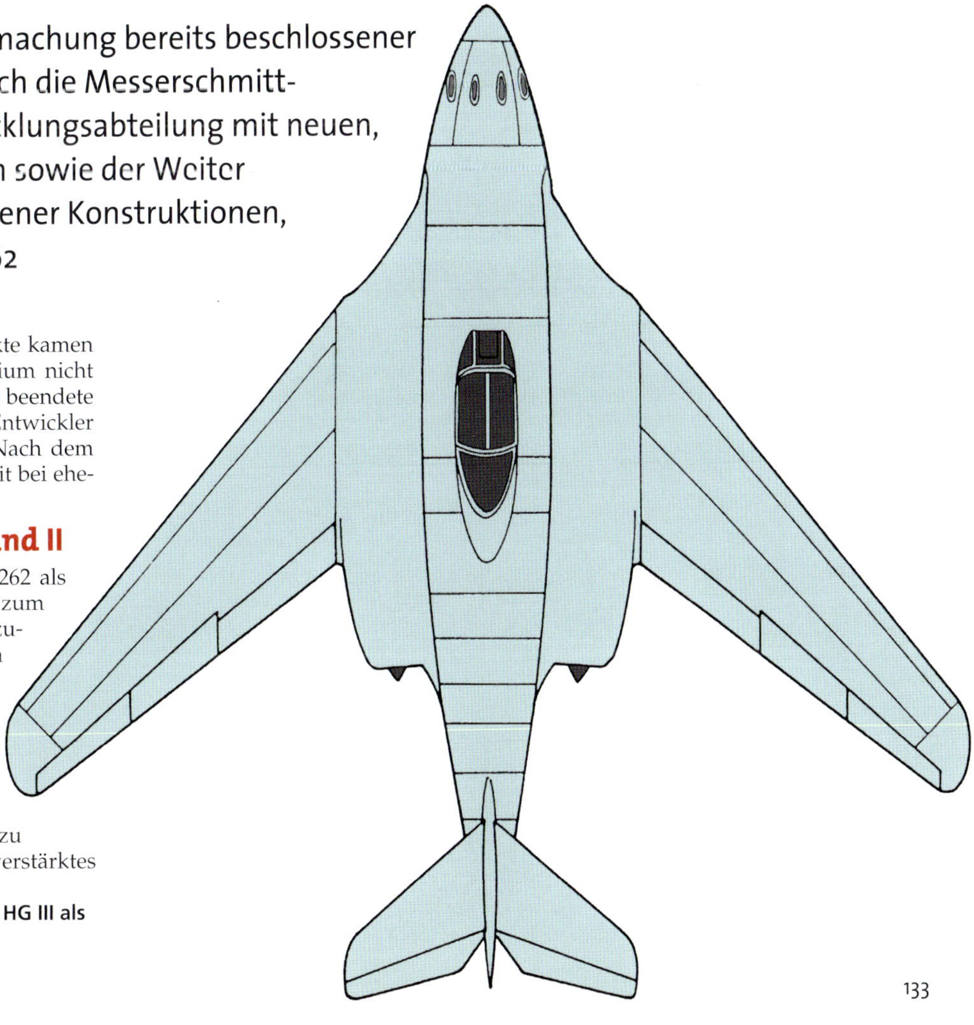

Hochgeschwindigkeits-Projekt HG III als Jagdflugzeug

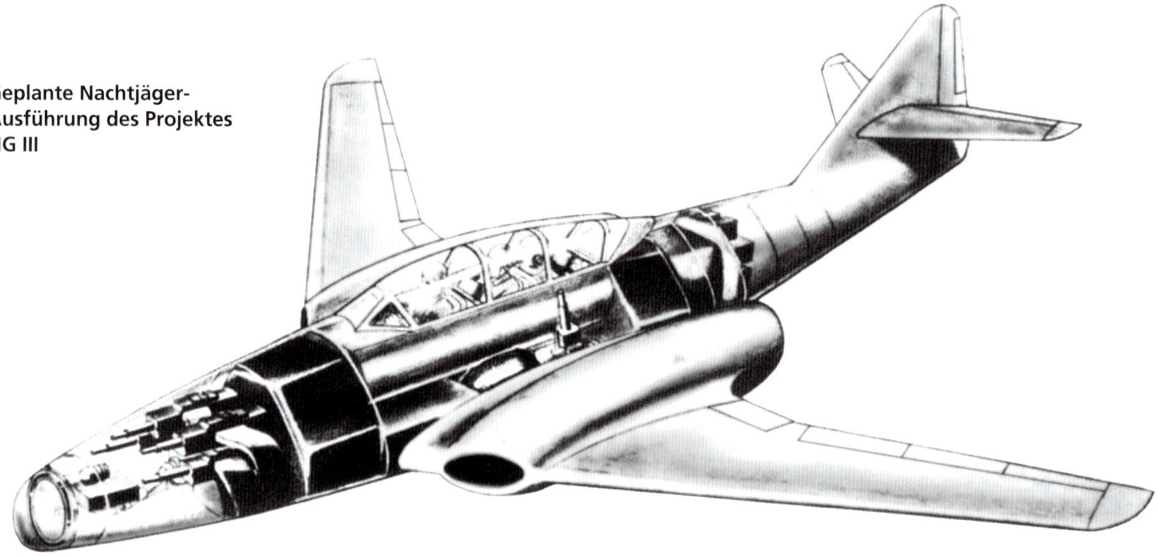

Geplante Nachtjäger-Ausführung des Projektes HG III

Fahrwerk und abwerfbare zusätzliche Räder sowie die Verwendung von Jumo 004 C-Turbinen mit 1000 kp Schub samt Starthilfsraketen vor.

Einen Schritt weiter ging der Entwurf Ia. Die Kabine war hier wesentlich weiter nach vorne verlegt, womit ein sehr viel besseres Sichtfeld für den Flugzeugführer ermöglicht wurde. Das Funkgerät kam in der Rumpfspitze zum Einbau, außerdem wurde der Treibstoffvorrat auf 4000 Liter aufgestockt. Das Fahrwerk sollte wie beim Schnellbomber I verstärkt sein.

Das Projekt Schnellbomber II sah die strömungsgünstige Unterbringung der Abwurflast im nach unten erweiterten Rumpf vor. Die Funkanlage war ins Rumpfheck verlegt, die Kraftstoffkapazität nochmals erhöht. Triebwerksanlage und Fahrwerk glichen den Entwürfen I und Ia. Neben der Bomberausführung war zu jedem der projektierten Schnellbomber auch eine Aufklärerversion mit Kameraausrüstung geplant. Unterschiedlich war deren Einbau. Ihren Platz fanden die Lichtbildgeräte entweder vorne (I) oder im hinteren Teil des Rumpfes (Ia und II). Aufklärer II sollte sogar drei Kameras in der Rumpfspitze erhalten. Beim Aufklärer I wurde mit einer Höchstgeschwindigkeit von bis zu 960 km/h gerechnet.

Interzeptor I, II, III, IV

Um möglichst schnell auf die Höhe der angreifenden Bomber zu gelangen, musste der so genannte Heimatschützer (Interzeptor) über zusätzlichen Schub verfügen. Als Lösung bot sich ein Raketentriebwerk an, das zum Steigen und schnellen Annähern zugeschaltet werden konnte.

Interzeptor I (C-1a) bekam hierfür ein zusätzliches im Heck eingebautes 1700 kp Schub leistendes Walter HWK 509 A, dessen Treibstoffe (T- und C-Stoff) in Rumpfbehältern untergebracht waren. Die so gerüstete V186 flog mit Gerd Lindner am Steuer erstmals am 25. Februar 1945. 12 000 Meter sollten mit der Me 262 C-1a in 4,5 Minuten erreicht werden (siehe auch Me 262 Teil 2).

Interzeptor II war mit BMW 003-Motoren ausgerüstet, kombiniert mit jeweils einem 1000 kp Schub erzeugenden Raketentriebwerk BMW P 3395.

Interzeptor III sollte ausschließlich mit zwei Walter HWK 509-Raketentriebwerken beschleunigt werden. Der Entwurf wurde jedoch nicht weiter verfolgt.

Die Variante Interzeptor IV sah ein als Rüstsatz ausgeführtes, unter dem Rumpf montiertes HWK 509 vor.

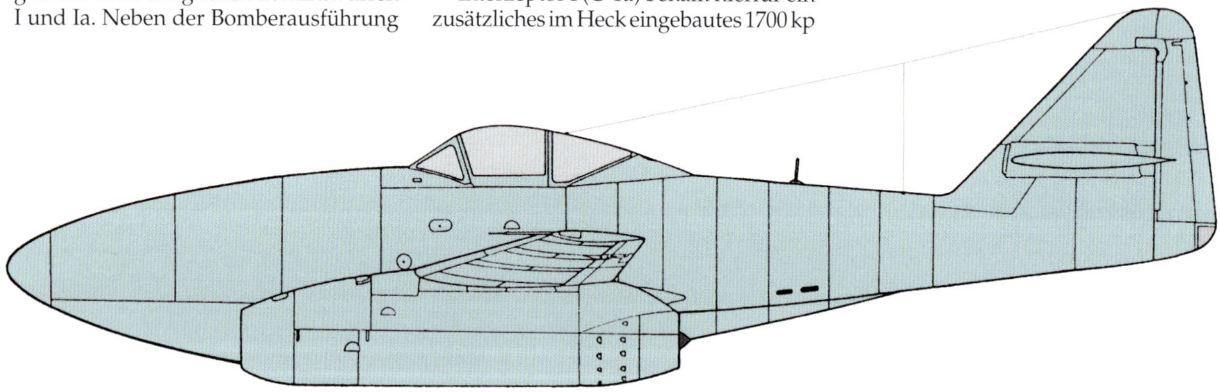

Die bauchige 262 sollte als Schnellbomber II und Aufklärer II eingesetzt werden können

Me 262 Schnellbomber Ia – umgesetzt wurde das Projekt nicht

Die Bewaffnung der Heimatschützer wurde gegenüber der Serienausführung um zwei auf sechs MG 108 erweitert.

Auch bei den Jägern Interzeptor I und II sollten zusätzliche abwerfbare Räder Verwendung finden.

Hochgeschwindigkeits-Flugzeuge (HG)

Um auf dem Gebiet des schallnahen Fluges voranzukommen und die Flugeigenschaften in diesem Bereich zu optimieren, wurde die Me 262 V9 als erste Stufe eines Hochgeschwindigkeits-Flugzeuges (HG I) mit flacher Kabinenhaube und gepfeiltem Höhenleitwerk sowie vergrößertem Seitenleitwerk ausgestattet. Wegen Stabilitätsproblemen erhielt die Maschine wieder das Standartleitwerk. Letzte Flüge erfolgten im März 1945. Zudem überlegte man, den Mittelflügel weiter nach vorne zu ziehen.

In der zweiten Stufe (HG II) waren Flächen mit 35 Grad Pfeilung vorgesehen, in der dritten plante man zudem die Anordnung der Strahltriebwerke links und rechts am Rumpf anliegend. Die Flügel sollten um 45 Grad gepfeilt sein. In dieser Konfiguration war auch ein dreisitziger Nachtjäger angedacht.

Lorin-262

Über den Jumo 004 sollten zwei riesige Staustrahltriebwerke, so genannte Lorin-Rohre, montiert werden. Zwar schrumpfte die Reichweite einer derart ausgerüsteten 262 auf etwa ein Fünftel, dafür aber rechnete man mit einer enormen Zunahme der Flugleistungen. So erwarteten die Entwickler eine Steigleistung von 10 000 Meter in rund sechs Minuten und einen Geschwindigkeitszuwachs von cirka 200 km/h bei einer Flughöhensteigerung um 4000 Meter. Wohl hätten die Flugeigenschaften einer Lorin-262 reichlich gelitten, doch standen deren Verbesserung auch nicht auf dem Plan eines solchermaßen leistungsgesteigerten Kurzstrecken Abfangjägers.

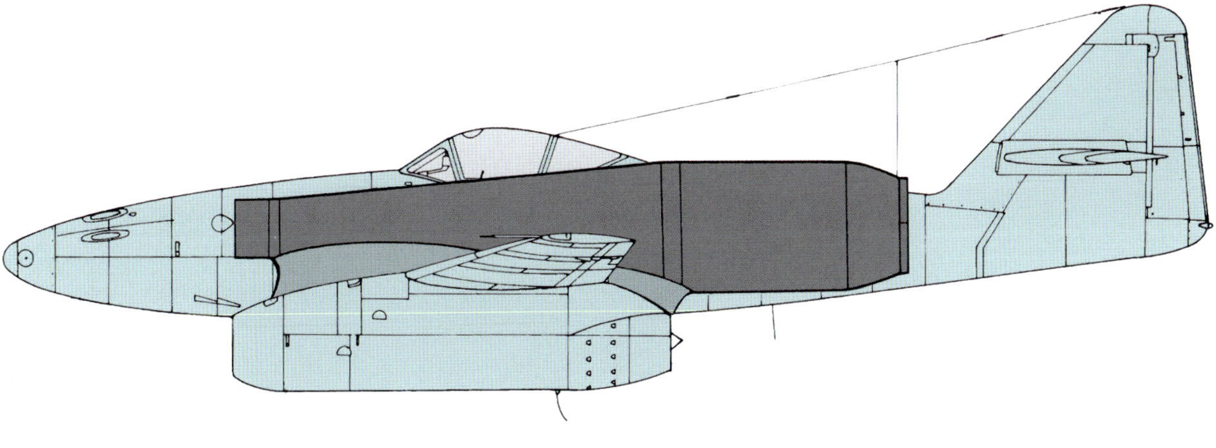

Me 262-Projekt mit Lorin-Stau-strahltriebwerken

Der Strahljäger Me 262 setzte neue Maßstäbe im Flugzeugbau – Strahlantrieb, schlanke, gepfeilte Tragflächen und aerodynamische Güte machten die 262 zu einer zukunftsweisenden Konstruktion, die von den Alliierten ausgiebig untersucht wurde. Dieser Nachtjäger Me 262 B-1a/U1 (ehem. Rote 6) gehörte zur 10./NJG 11 und fand den Weg in die USA

■ Der nachtaktive Strahljäger

Messerschmitt Me 262-Nachtjäger

Das erste einsatzfähige Strahlflugzeug der Welt, die Me 262, zeigte sich sämtlichen alliierten Maschinen als überlegen. So ließ auch die nächtliche Einsatzerprobung in der Nachtjagd nicht lange auf sich warten, wo man dringend nach einem »Mosquito-Jäger« suchte

Ab Ende 1938 arbeitete man bei Messerschmitt unter strengster Geheimhaltung an einem Strahljäger-Projekt, dem Projekt P 1065, dem »Schnellen Jagdflugzeug«. Für den Antrieb sollten zwei BMW-Luftstrahltriebwerke sorgen. Bei Fertigstellung des Prototyps 1941 sah man sich bei BMW aber noch nicht imstande, die Strahlturbinen P-3302 zu liefern; und so erfolgte am 18. April 1941 der Erstflug der Me 262 V1 mit einem im Rumpfbug eingebauten Jumo-210-G-Kolbenmotor. Das Flugzeug zeigte besonders im Langsamflug unzureichende Flugeigenschaften, und die Entwicklung wurde mit der Notmotorisierung fortgesetzt. Etwa ein halbes Jahr später kamen endlich die 450 Kilopond Schub leistenden BMW-Triebwerke. Sicherheitshalber blieb jedoch weiterhin der Jumo-Motor eingebaut, was sich als absolut richtig erweisen sollte, da beide BMW-Turbinen während des ersten Erprobungsfluges am 25. März 1942 ausfielen. Parallel zu BMW hatte man auch bei Junkers ein Strahltriebwerk in der Entwicklung Dieses war zwar schwerer, dafür aber leistungsstärker als das von BMW. So erfolgte die Umrüs-

Me 262 A-1a, WNr. 170 095, KD+EA, mit der 262-Typbegleiter Major Behrens die Nachtjagd-Tauglichkeit des Düsenjägers erprobte

Fotos, soweit nicht anders angegeben, H. Ringlstetter

tung auf Jumo-004-A-Turbinen. Am 18. Juli 1942 hob Fritz Wendel in der nur mit Strahltriebwerken ausgerüsteten Me 262 V3 in Leipheim erfolgreich zum Erstflug ab und zeigte sich begeistert. So meinte er nach der Landung unter anderem: »Es war ein reines Vergnügen, diese neue Maschine zu fliegen.«

Neben ein paar kleineren Änderungen wurde das Tragflügelmittelstück in einer Linie mit der äußeren Fläche zum Rumpf hin gezogen, zudem bekam die 262 ab der V5 ein Bugrad, das den Umgang mit der Maschine beträchtlich erleichterte.

Das hochmoderne Strahlflugzeug, das mit einer Höchstgeschwindigkeit von 870 km/h beeindruckte, sollte nun so schnell wie möglich in Serie gehen. Doch war auch ein gewisses Misstrauen der Luftwaffenführung gegenüber dem neuartigen Vogel vorhanden.

Der damalige General der Jagdflieger, Adolf Galland, war von der Me 262, die er am 22. Mai 1943 erstmals flog, von Anfang an begeistert. »Es ist, als wenn ein Engel schiebt«, beschrieb er nach der Landung sein Flugerlebnis mit dem revolutionären Strahljäger und empfahl den schnellstmöglichen Einsatz des überlegenen Flugzeuges.

Die V056 (WNr. 170 056), die Anfang 1945 in Lechfeld mit der günstigsten Antennenanlage des Bordfunkmessgeräts FuG 218 V2 von Siemens erprobt wurde

Zukunftsweisende Technik

Die Ganzmetallkonstruktion war besonders strömungsgünstig entworfen. Der nach hinten und vorne gepanzerte Führerraum war als Druckkabine ausgelegt und hatte einen nur in der Höhe verstellbaren Sitz. Der Flugzeugführer fand ausgezeichnete Sichtverhältnisse vor. Zum Ein- und Aussteigen ließ sich das Mittelteil der Kabinenhaube nach rechts aufklappen.

Hinter der Windschutzscheibe aus 90 Millimeter starkem Panzerglas diente dem Piloten ein Revi-16-B-Reflexvisier zum genauen Anpeilen des Ziels.

In der Rumpfnase des Jägers waren vier Maschinenkanonen vom Typ Rheinmetall-Borsing MK 108, Kaliber 30 Millimeter, untergebracht. Je 100 Schuss standen für das obere Waffenpaar und je 80 für das untere zur Verfügung. Der Treibstoffvorrat von 2570 Litern (A-1a) war in vier selbstdichtenden Behältern im Rumpf untergebracht. Zudem konnten zwei je 300 Liter fassende Zusatztanks unterhalb des Vorderrumpfes mitgeführt werden.

Im hinteren Teil des Rumpfes fanden der Mutterkompass sowie das FuG 16

Die Nachtjagd-Testflüge mit der Me 262 A-1a, KD+EA, verliefen positiv. Bevorzugte Beute der nachtaktiven »262« sollten die schnellen britischen Mosquitos sein. Die Farbgebung ist spekulativ, möglich wäre auch eine 74/75/76-Lackierung

Die WNr. 111 930, Rote 12, trägt unter dem Rumpf zwei 300-Liter-Kraftstoff-Zusatzbehälter

Die in Schleswig-Jagel von Briten in Beschlag genommenen 262 der 10./NJG 11 in Reih und Glied. Vorne sind die Zweisitzer B-1a/U1, hinten die Einsitzer A-1a zu sehen

ZY und FuG 25 A Platz. Ein besonderes Merkmal war das mit durchgehendem, mittig verschraubtem Hauptholm ausgeführte gepfeilte Tragwerk. Entlang der Flügelnase verliefen automatische Vorflügel, die das Langsamflugverhalten verbesserten und selbsttätig ausfuhren, bevor die Strömung abriss. Links und rechts der Triebwerksgondeln waren an den Tragflächenhinterkanten Landeklappen installiert. Daran anschließend verliefen bis zu den Flügelspitzen hin mit Trimmflächen ausgestattete zweiteilige Querruder. Die Flügelenden bildeten aufgesetzte Randkappen mit Positionslichtern, zudem war links das Staurohr zur Geschwindigkeitsmessung eingebaut.

Unter den Außenflächen konnten strömungsgünstig gestaltete hölzerne Träger zum Abfeuern von je zwölf ungesteuerten 55-Millimeter-R 4M-Raketen installiert werden.

Das Leitwerk war in herkömmlicher Metallbauweise ausgeführt. Die aerodynamisch ausgeglichenen Ruderflächen waren ebenfalls mit Metall beplankt und besaßen je ein Trimmruder.

Das 2,32 Meter breit stehende Hauptfahrwerk wurde nach innen in den Rumpf eingezogen und war vollends verkleidet, das ebenfalls einziehbare Bugrad war zu jener Zeit noch kaum verbreitet und sorgte für eine gute Handhabung der 262 am Boden. Fast alle Me 262 wurden von zwei Junkers Jumo 004-B-Strahltriebwerken angetrieben, die eine Schubleistung von je 900 Kilopond abgaben. Über den großen Lufteinlass wurde das Triebwerk mit Frischluft versorgt, unter der runden Verkleidung im Einlass war der Riedel-Startermotor untergebracht, ein Zweizylinder-Zweitaktmotor. Die Turbinen reagierten sehr empfindlich auf Gaswechsel und waren auch bei Anlauf der Serienproduktion noch sehr unzuverlässig. Die durchschnittliche Lebensdauer lag bei nur zehn bis 20 Stunden.

Für den Start konnten am hinteren Tankdeckel unter dem Rumpf zwei jeweils 500 Kilopond Schub erzeugende R-I-502-Startraketen installiert werden.

Jäger, »Blitzbomber« und Doppelsitzer

Als Ende 1943 Adolf Hitler die Me 262 vorgeführt wurde, verlangte dieser das Strahlflugzeug als Schnellbomber einzusetzen, was einen weiteren Entwicklungsaufwand erforderte und die Frontreife der Me 262 zusätzlich verzögerte. Doch die größte Schwierigkeit lag schlichtweg in der Unzuverlässigkeit der überaus empfindlichen Düsentriebwerke.

Neben der Schnellbomber-Version, dem »Blitzbomber«, wurde an einer Aufklärer-Variante (A-5a) sowie Schul- und

Führer- und Bordfunkerraum eines Behelfsnachtjägers Me 262 B-1a/U1

Me 262 B-1a/U1, WNr. 110 635, der 10. Staffel/Nachtjagdgeschwader 11 im Mai 1945. Lackierung: RLM 76 mit Flecken in 81/82, Unterseite RLM 22 Schwarz

Nachtjäger-Versionen (B-Muster) gearbeitet.

Ende April 1944 begannen bei Blohm & Voss die Umbauarbeiten zur zweisitzigen Me 262 B-1a, einer Schulmaschine mit Doppelsteuerung, mit der es endlich möglich werden sollte, effektive Einweisungen auf den Strahljäger durchzuführen. Um Platz für den zweiten Mann zu schaffen, reduzierte man das Fassungsvermögen des hinter dem Führersitz gelegenen 900-Liter-Tanks auf 400 und des hintersten von 600 auf 250 Liter. Zwei 300-Liter-Zusatztanks verhalfen zu mehr Treibstoff, während die Bewaffnung auf zwei MK 108 reduziert wurde. 67 Maschinen sollen derart umgebaut worden sein.

Die Serienreife der Me 262 B-2 genannten Nachtjäger-Ausführung mit etwas verlängertem Rumpf für mehr Tankvolumen lag jedoch noch weit entfernt. Um die Zeit bis zur Einsatzfähigkeit der B-2 zu überbrücken, bekam die Lufthansa-Werft in Berlin-Staaken den Auftrag, zweisitzige Schulversionen Me 262 B-1a zu Behelfsnachtjägern umzurüsten.

Der so entstandene Behelfs-Nachtjäger Me 262 B-1a/U1 war mit einem Bordfunkmessgerät FuG 218 Neptun ausgestattet, das eine Reichweite von 5000 Metern bei einem Suchwinkelbereich von 1200 Metern aufwies und vom hinten sitzenden Bordfunker bedient wurde.

Zur Erprobung der dazugehörenden Antennenanlage rüstete man Anfang 1945 die einsitzige Versuchsmaschine V056 entsprechend aus. Diese startete am 26. Januar 1945 zu ihrem Erstflug. Zusätzlich erhielt die 056 das FuG 226 Neuling.

Weiterführende Projekte – wie eine dreisitzige Nachtjäger-Version mit am Rumpf anliegenden Heinkel He S 011-Strahltriebwerken, Horizontal- und Schrägbewaffnung sowie stärker gepfeilten Flächen – wurden nicht mehr realisiert.

Der Me 262 B-1a/U1 sollte ab Mitte 1945 der serienmäßige Nachtjäger B-2 folgen

Die »Rote 8«, heute eine Museumsmaschine, auf einem RAF-Flugplatz friedlich neben einstigen Gegnern

Vom Tag- zum Nachtjäger

Ab Ende 1943 wurde die Einsatztauglichkeit der Me 262 als Jäger und Jagdbomber erprobt. Schlecht ausgebildete Flugzeugführer und technische Unzulänglichkeiten der an vielen Kinderkrankheiten, allen voran die unzuverlässigen Triebwerke, leidenden 262 machten deren Einsatz äußerst schwierig und zeitraubend – Zeit, die aufgrund der Kriegslage jedoch nicht mehr vorhanden war. Luftangriffe auf Werksanlagen und Einsatzflugplätze taten ein Übriges.

Im Herbst 1944 begannen Oberst Hajo Herrmann, der Begründer der »Wilde Sau«-Nachtjagdtaktik, und Major Otto Behrens, Typenbegleiter der »262«, in Rechlin mit der Me 262 A-1, WNr. 170 095, das Muster auf seine Nachtjagd-Tauglichkeit zu untersuchen – mit positivem Ergebnis.

Im November 1944 wurde Leutnant Kurt Welter versuchsweise die Nachtjagd mit nur wenig modifizierten Me 262

Die »Rote 8«, eine der im Mai 1945 in alliierte Hände gefallenen Me 262 B-1a/U1, hat überlebt und steht heute im Nationalmuseum für Militärgeschichte in Johannesburg Foto NJR ZA

Messerschmitt Me-262 Nachtjäger

Messerschmitt Me 262	A-1a	B-1a/U1
Antrieb	2 x Strahlturbine Junkers Jumo 004 B	
Einsatzzweck	Jagdflugzeug	Behelfs-Nachtjäger
Besatzung	1	2
Baujahr	1944	1945
Schubleistung	2 x 900 kp	2 x 900 kp
Spannweite	12,65 m	12,65 m
Länge	10,60 m	10,60 m
Höhe	3,83 m	3,83 m
Flügelfläche	21,70 m²	21,70 m²
Leergewicht	3800 kg	–
Startgewicht	6775 kg	7600 kg
Höchstgeschwindigkeit	800 km/h in 0 m 870 km/h in 6000 m 845 km/h in 9000 m	– 795 km/h in 6000 m –
Marschgeschwindigkeit	825 km/h in 6000 m	–
Höchst zul. Geschwindigkeit	950 km/h in 8000 m 1000 km/h im Sturzflug	– –
Landegeschwindigkeit	175 km/h	175 km/h
Steigleistung	ca. 20 m/sec Anfangsrate ca. 10 m/sec in 6000 m 6000 m in 7 min	– – –
Startrollstrecke	ca. 920 m	–
Reichweite normal maximal	ca. 520 km in 6000 m ca. 700 km in 9000 m	– ca. 900 km
Dienstgipfelhöhe	11 800 m	11 000 m
Bewaffnung	4 x MK 108 – 30 mm mit 2 x 80 u. 2 x 100 Schuss	4 x MK 108 – 30 mm mit 2 x 80 u. 2 x 100 Schuss
Außenlasten	24 R4M-Raketen 500 kg Bomben (Rüsts.) od. 2 x 300-l-Zusatztank	– – 2 x 300-l-Zusatztank
Funkmess-Ausrüstung	keine	FuG 218

A-1a genehmigt. Geflogen wurde in Zusammenarbeit mit dem Flakführer Berlin nach dem Verfahren »Wilde Sau«, das auf Sichtkontakt beruhte (siehe auch unter »Wilde Sau«).

Am 12. Dezember 1944 erzielte Welter mit dem Abschuss einer Mosquito den ersten Luftsieg mit einem Strahljäger bei Nacht. Ergänzt durch weitere Piloten, wurde das Kommando Welter Ende Januar 1945 als 10. Staffel dem Nachtjagdgeschwader 11 zugeordnet. Weiterhin galt das besondere Interesse der »262«-Nachtjäger den schnellen britischen Mosquitos, die als Pfadfinder für die Bomber fungierten und als Nachtjäger den deutschen Kontrahenten in ihren Bf 110 und Ju 88 das Leben schwer machten. Der zum Oberleutnant beförderte Kurt Welter soll inoffiziell 35 Luftsiege mit der Me 262 erzielt haben, mindestens 20 wurden ihm zuerkannt – immer noch weit mehr als jeder andere »262«er-Pilot.

Im März 1945 wurden die ersten Behelfsnachtjäger Me 262 B-1a/U1 zugeteilt, die dem Kommando neben einsitzigen Me 262 A-1a bis Kriegsende zur Verfügung standen. Die Staffel blieb die einzige mit Düsenjägern ausgestattete Nachtjagdeinheit.

Die katastrophale Kriegslage war 1944/45 in allen Bereichen spürbar – fehlender Kraftstoff und der Mangel an Einsatzmaschinen und fähigen Flugzeugführern brachten den Flugbetrieb nach und nach zum Erliegen, so auch bei der 10./NJG 11. Zu den Me 262, die von den Alliierten erbeutet wurden, gehörten auch die verbliebenen Maschinen der 10./NJG 11. Darunter befanden sich vier Doppelsitzer B-1a/U1. Die »Rote 8« ist erhalten geblieben und steht heute im South African National Museum of Military History in Johannesburg in Südafrika.

1433 Me 262 sollen gebaut worden sein, von denen wahrscheinlich nicht einmal ein Fünftel noch zum Einsatz kam, die wenigsten davon als Nachtjäger. Umso bemerkenswerter scheinen deshalb die mit der »262« erzielten Nachtjagd-Erfolge.

Ansehnliche Front: die von den Amerikanern in Obhut genommene »Rote 6« mit »Hirschgeweih« (siehe auch Seite 64)

Zwei Messerschmitt Me 262 A-10 Jagdflugzeuge der III./EJG 2 unmittelbar vor dem Start auf dem Flugplatz Lager Lechfeld im Frühjahr 1945.

Foto: DEHLA

Frühjahr 1945: Unvollständige Messerschmitt Me 262 auf der Taktstraße des Waldwerks Kuno bei Leipheim nahe der Reichsautobahn A8 (München-Stuttgart), die den dezentral gefertigten Strahljägern als erste Startbahn vor der Übergabe an die Luftwaffeneinheiten diente.

Das erste Musterflugzeug, die He 162 M 1 (V1), erstmals geflogen am 6. Dezember 1944. Die Flügelenden weisen noch nicht die nach unten geknickten Enden, »Ohren«, auf

Fotos: Sammlung Ringlstetter

Der »Volksjäger«

Heinkel He 162 »Spatz«

Mit der He 162 setzten die Heinkel-Konstrukteure auf ungewöhnliche und genial einfache Weise in kürzester Zeit das Konzept eines schnell und einfach produzierbaren leistungsstarken Abfangjägers um, dem so genannten »Volksjäger«

He 162 A-2, W.Nr. 120 074, der I. Gruppe des JG 1 in Leck. Die »Gelbe 11« wurde vom Kapitän der 3. Staffel, Oberleutnant Demuth, geflogen, der am Leitwerk steht. Die darauf aufgemalten Abschussmarkierungen wurden mit anderen Maschinen erzielt

Akute Treibstoff- und Materialknappheit zwang die deutsche Führung im Sommer 1944 zu eindringlichen Maßnahmen. In einer Ausschreibung des Reichsluftfahrtministeriums (RLM) vom September 1944 forderte die Luftwaffenführung für ihr Jägernotprogramm ein einfach aufgebautes und in Massen herzustellendes einsitziges Jagdflugzeug. Dabei sollte die Verwendung von kriegswichtigen Materialien, so genannten Sparstoffen, möglichst gering gehalten werden. Mit einem Strahltriebwerk als Antrieb sollte der Jäger überlegene Flugleistungen gegenüber den gängigen mit Kolbenmotoren ausgerüsteten alliierten Typen aufweisen. Gefordert waren unter anderem: 20 Minuten Flugzeit in niedriger Höhe, eine Startstrecke von 500 Meter und ein Gesamtgewicht von maximal 2000 kg. Schon im Vorfeld hatte man bei Heinkel

Für die Flugzeugführer des JG 1 ist im Mai 1945 der Krieg vorbei. In Leck warten sie auf die Übergabe an die herannahenden Briten. Ganz links, der Kommandeur der I. Gruppe, Major Werner Zober, daneben Oberst Herbert Ihlefeld, der Kommodore des JG 1

He 162 der I./JG 1, ganz vorn die »Weiße 1« von Leutnant Schmitt (siehe Zeichnung)

mit dem von Siegfried Günter geleiteten Strahljäger-Projekt P 1073 an einem entsprechenden Entwurf gearbeitet, einem viel versprechenden Messerschmitt Me 262-Konkurrenten mit gepfeilten Flächen. Der Entwurf sah ein- und zweistrahlige Varianten mit über und unter dem Rumpf angeordneten Triebwerken vor. So war man sehr schnell in der Lage einen auf die Forderungen des RLM abgestimmten vereinfachten Entwurf mit nur einem Triebwerk vorzulegen.

Mitte September 1944, und damit noch vor der Zusage des RLM, machte man sich bei Heinkel in Wien-Schwechat an die konstruktive Ausarbeitung des zunächst offiziell He 500 genannten Kleinjägers. Schon Ende Oktober konnte mit dem Bau des ersten Versuchsmusters, jetzt He 162* V1 genannt, begonnen werden. Bei Heinkel erhielt der kleine Strahljäger den Beinamen »Spatz«.

Auch Focke-Wulf, Arado sowie Blohm & Voss hatten Vorschläge eingereicht, darunter zum Teil sogar sehr viel versprechende. Der Heinkel-Entwurf hatte jedoch einen zu diesem Kriegszeitpunkt enorm wichtigen Faktor auf seiner Seite: der Heinkel-Jäger war bei weitem am schnellsten zu verwirklichen.

Konstruktiver Aufbau

In nicht einmal drei Monaten entstand ein einfacher Schulterdecker mit auf dem Rumpf montiertem Strahltriebwerk BMW 003 A-1, das am Boden einen Standschub von 800 kp abgab.

Der Rumpf und das Höhenleitwerk wurden überwiegend in Leichtmetallbauweise gefertigt, die durchgehende trapezförmige Tragfläche, das Endscheiben-Seitenleitwerk sowie sämtliche Ruder entstanden dagegen in Holzbauweise.

Der sehr günstig produzierbare dieselähnliche Kraftstoff J 2 war in einem

RECHTS **Filmbilder vom Absturz der M 1 am 10. Dezember 1944, bei dem Flugkapitän Gotthold Peter ums Leben kam**

Mit ausgefahrenen Landeklappen schwebt eine He 162 A zur Landung ein

He 162 A-2 der I. Gruppe des JG 1 in Leck

Führerraum einer He 162 »Spatz«. Unter dem Instrumentenbrett ragt der Radkasten des Bugrades in die Kabine

790-Liter-Rumpftank sowie in den speziell abgedichteten Flügeln untergebracht, die variabel zwischen 320 und 900 Liter fassten. Im Tragflügel-Mittelstück befand sich ein weiterer Behälter mit 30 Liter Fassungsvermögen, der den Riedel-Anlasser des Triebwerks speiste.

Das für die Flugzeugführer ungewohnte Bugradfahrwerk stand konstruktionsbedingt relativ eng und wurde hydraulisch nach hinten in den Rumpf eingezogen. Das Ausfahren bewerkstelligten beim Einfahren gespannte Ringfedern.

Eine seinerzeit noch ausgesprochene Besonderheit der He 162 war deren Schleudersitz. Dieser war wegen dem oben liegenden Strahltriebwerk und der hohen Geschwindigkeit zwingend erforderlich. Natürlich ließen die Sichtverhältnisse nach hinten wegen des Triebwerks sehr zu wünschen übrig, dafür ermöglichte die weit vorne liegende Kabine dem Piloten ansonsten hervorragende Sichtbedingungen.

Die Bewaffnung war im Rumpf montiert und bestand bei der He 162 A-1 aus zwei MK 108-Bordkanonen, Kaliber 30 mm. Pro Waffe standen 50 Schuss Munition zur Verfügung. Nachdem die MK 108 nicht mehr geliefert werden konnte, baute man bewährte 20 mm-MG 151/20 ein (A-2). Gegen feindlichen Beschuss war der Flugzeugführer lediglich von vorne durch eine Panzerplatte geschützt.

Tragischer Absturz

Gesteuert von Flugkapitän Peter startete die He 162 M 1 (V 1), W.Nr. 200 001 (seit Dezember als M 1 für Musterflugzeug 1 bezeichnet), am 6. Dezember 1944 vom Werksflugplatz bei Wien zum Erstflug.

Schon kurze Zeit später, am 10. Dezember 1944, wurde die M 1 geladenen Gästen im Flug vorgeführt. Nach einem Bahnneigungsflug in niedriger Höhe mit etwa 700 km/h, montierten die rechte Flügelnase sowie das Querruder und die Flächenendkappe ab. Nach mehreren sehr schnellen Rollen stürzte die He 162 ab. Gotthold Peter hatte keine Chance das unkontrollierbar gewordene Flugzeug zu verlassen und fand den Tod.

Als Ursache des Unfalls stellten sich mangelhafte Verleimung und Unterdimensionierung heraus, woraufhin entsprechende Änderungen vorgenommen wurden. Gotthold Peter sollte jedoch nicht der einzige bleiben, der in einer He 162 sein Leben verlor.

Schon bald darauf, am 22. Dezember 1944, hob der zweite Prototyp, die He 162 M 2, ab. M 3, 4, 6 und M 18 (W.Nr. 220 001) folgten im Abstand von Tagen. Insgesamt wurden 33 Musterflugzeuge gebaut. Und bereits am 14. Januar 1945 konnte die erste Serienmaschine (W.Nr. 120 001), gebaut im Heinkel-Werk bei Rostock, geflogen werden.

Die Kriegslage war inzwischen verheerend, für langwierige Erprobungen blieb keine Zeit, notwendige Verbesserungen sollten in die laufende Serie einfließen. Eine der bald vorgenommenen Änderungen waren die nach unten geknickten Flächenenden, die zwar für

Die pausenlosen alliierten Bombenangriffe zwangen zu ausgefallenen Produktionsstätten: Serienfertigung der He 162 im Werk »Languste«, einem ehemaligen Kreidebergwerk in Hinterbrühl bei Wien – Zulieferer der Holzteile waren Handwerksbetriebe, darunter auch kleine Tischlereien

eine Verringerung des Schieberollmoments sorgten, die Längsstabilität jedoch verschlechterten.

Ohnehin waren die Flugeigenschaften des kleinen Heinkel-Jägers alles andere als gutmütig, besonders Start und Landung galten als schwierig und fliegerisch anspruchsvoll. Allerdings hing dies in erster Linie mit dem empfindlichen Strahltriebwerk zusammen. Beim Schiebeflug mit einem Winkel von mehr als 20 Grad konnte die He 162 zudem leicht ins stationäre Trudeln geraten, aus dem sie nicht mehr herauszubringen war. Die He 162 war schlichtweg kein Flugzeug für ungeübte Piloten. Für erfahrene Flugzeugführer soll es allerdings durchaus eine große Freude gewesen sein, die schnelle und überaus wendige He 162 zu fliegen. Der fliegerisch sehr versierte britische Testpilot Eric Brown konnte sich nach dem Krieg von der He 162 ein Bild machen und schwärmte besonders von der überragenden Rollrate (2 sec pro Rolle) und guten Stabilität des kleinen deutschen Jagdflugzeugs. Allerdings verlor einer seiner

Frisch aus der Bergwerks-Produktion: der umgedrehte Rumpf einer He 162

RECHTS **Eine He 162 mit beschädigtem linken Seitenleitwerk. Die Tragfläche, die Rumpfspitze sowie weitere Teile liegen daneben. Wahrscheinlich kam das Flugzeug nie zum Einsatz**

Lediglich die Tragflächenoberseiten, Teile der Rumpfoberseite, des Seitenleitwerks sowie die Triebwerksverkleidung haben bei der »27« noch einen Sichtschutzanstrich erhalten – vor allem der zunehmende Zeitdruck zwang die deutschen Hersteller zu solchen Ergebnissen

Bei Kriegsende fielen zahlreiche He 162 den Alliierten in die Hände, so auch die Rote 1 »Nervenklau« der 2./JG 1, die heute zu den bekanntesten He 162 zählt und mit gewechselter Triebwerkseinheit im Planes of Fame Museum in Chino/Kalifornien steht

Kollegen auf einer He 162 sein Leben, als er eben jene phantastische Rollrate in Bodennähe vorführen wollte und dabei wohl etwas zuviel ins Seitenruder trat.

Zu Schulungszwecken sollten He 162 S, ein- und zweisitzige Gleitervarianten, dienen. Gebaut wurden allerdings nur ein paar dieser antriebslosen Maschinen, die erste davon im Februar 1945.

Stärkere Strahltriebwerke, wie das Junkers Jumo 004 oder Heinkel He S 011, sollten die Leistungsfähigkeit der He 162 erhöhen. Da billig und schnell zu beschaffen, wurde sogar an die Ausrüstung mit zwei Schubrohren Argus As 014 (Antrieb der Fieseler Fi 103, der V 1) oder einem As 044 gedacht.

Eine zweisitzige Schulversion (A-3) sowie mehrere weiterführende Entwürfe, unter anderem mit verbessertem Tragflügel und verlängertem Rumpf, waren die letzten Arbeiten in Verbindung mit der He 162. Geflogen ist jedoch kaum mehr eine dieser Maschinen, die meisten kamen über die Planungsphase nicht mehr hinaus.

Einsatz

Schnell, einfach und in Massen wollte man die He 162 produzieren. Auch fliegerisch sollte der entsprechend als »Volksjäger« bezeichnete kleine Jagdeinsitzer massentauglich sein. Fanatische Jungen der Hitlerjugend sollten mit dem Jäger die alliierten Bomber vom Himmel fegen und die Luftherrschaft über dem Reich zurückerobern – ein Vorhaben, das, abgesehen von der erdrückenden Kriegslage, allein schon aufgrund der für Anfänger vollkommen ungeeigneten Flugeigenschaften nicht in die Tat hätte umgesetzt werden können.

Stattdessen wurden erfahrene Jagdflieger für den Einsatz der He 162 ausgewählt. Nach der Umschulung von der Focke-Wulf Fw 190 auf den Strahljäger in Parchim, kam die I. Gruppe des Jagdgeschwaders 1 »Oesau« ab Mitte März 1945 bei Leck in Schleswig Holstein zum Einsatz, gefolgt von der II. Gruppe unter der Führung von Hauptmann Dähne, etwa sechs Wochen später. Dähne kam am 24. April 1945 in einer He 162 ums Leben. Etliche andere Piloten des JG 1 fanden ebenfalls den Tod in der He 162.

Um wirksam in die Reichsverteidigung eingreifen zu können, kamen die

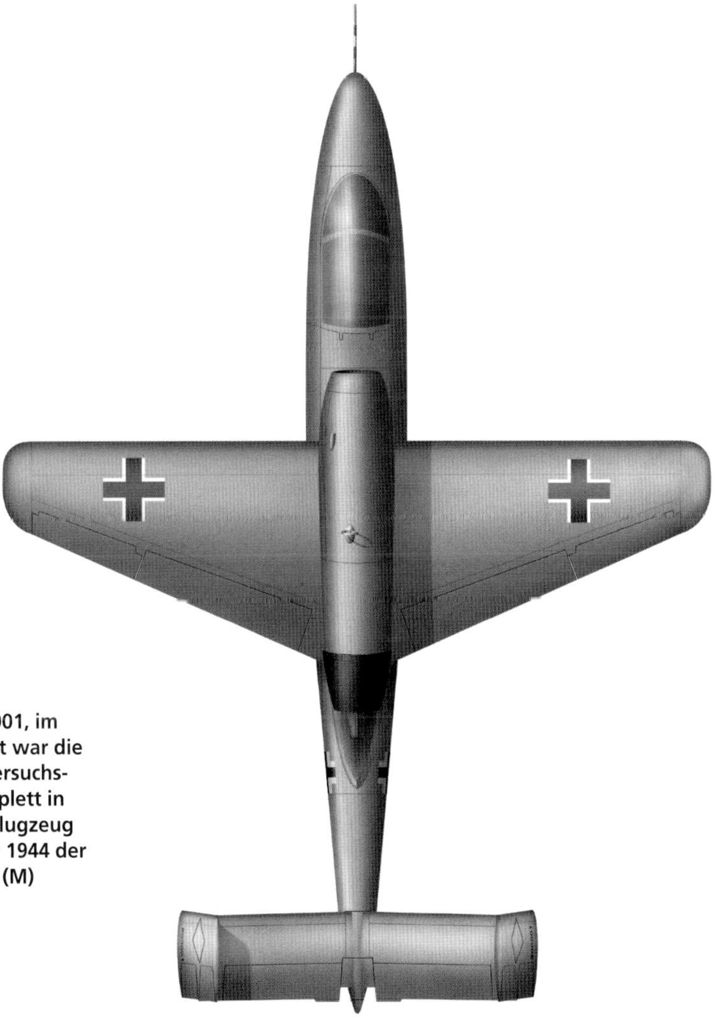

He 162 M 1, W.Nr. 200 001, im Dezember 1944. Lackiert war die erste He 162, wie bei Versuchsflugzeugen üblich, komplett in RLM 02. Statt Versuchsflugzeug (V) wurde ab Dezember 1944 der Begriff Musterflugzeug (M) verwendet

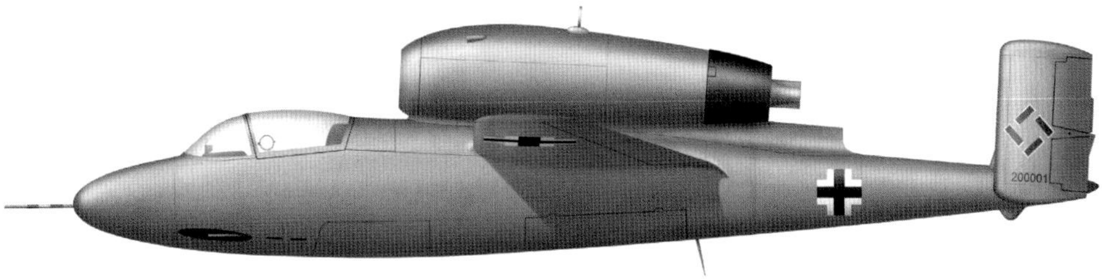

OBEN/LINKS **Auch die »Weiße 23«, W.Nr. 120 230 fand den Weg in die USA. Die Maschine erhielt dort das Seitenleitwerk mit der W.Nr. 120 222. Auch das Triebwerk wurde wenigstens einmal gewechselt – zunächst wurde vielleicht nur der Einlassring getauscht. Der kleine Strahljäger ist heute im Besitz des National Air and Space Museums**

He 162-Einheiten jedoch viel zu spät. Zu tatsächlichen Feindeinsätzen kam es kaum mehr. Die Kriegslage ließ nicht genug Zeit, um die Fähigkeiten der He 162 unter Beweis zu stellen. Hinzu kam die immer schlechter werdende Versorgungslage.

Der vielleicht einzige Luftsieg mit einer He 162 gelang am 4. Mai 1945, als Leutnant Schmitt aus der 1./JG 1 den Abschuss eines britischen Jägers vom Typ Hawker Typhoon (od. Tempest) meldete, der jedoch der Flak zugesprochen wurde. Eine weitere Meldung über einen Luftsieg, erzielt am 26. April, stammt von Unteroffizier Rechenbach, auch dieser ist bis heute umstritten.

Nur 180 Maschinen

Gebaut wurde die 162 nicht nur in verschiedenen Heinkelwerken (auch unterirdisch), sondern auch in Lizenz bei Junkers in Bernburg, wo die Flugzeuge mit 310 beginnende Werknummern erhielten. Für Juni 1945 war der Ausstoß von 1000 Flugzeugen geplant. Insgesamt sollen bis Kriegsende jedoch nur noch etwa 180 He 162 fertig gestellt worden sein.

Viele komplette He 162 sowie eine große Anzahl von im Bau befindlichen

Mit einer Spannweite von nur 7,20 und einer Länge von gut 9 Meter ist die He 162 ein ausgesprochen kleines Flugzeug

Auf Testflug in Großbritannien. Viele Veröffentlichungen zeigen die Maschine mit Balkenkreuz am Rumpf. Es handelt sich dabei jedoch um ein retuschiertes Foto, um eine optisch authentische 162 darzustellen. In den Händen eines guten Flugzeugführers vermochte der kleine Jäger auch fliegerisch zu überzeugen

Die W.Nr. 120 072 wurde zum Beutestück der Royal Air Force

Technische Daten Heinkel He 162

Heinkel He 162	A-1
Einsatzzweck	Jagdflugzeug
Besatzung	1
Erstflug	6.12.1944
Antrieb	Strahltriebwerk BMW 003 E
Schubleistung	800 (920) kp
Länge	9,05 m
Spannweite	7,20 m
Höhe	2,60 m
Flügelfläche	11,16 m²
Flügelstreckung	4,65
Flächenbelastung	265 kg/m²
Leergewicht	1663 kg
Rüstgewicht	1758 kg
Rollgewicht	2907 kg
Startgewicht	2805 kg
Höchstgeschwindigkeit	790 (890) km/h in 0 m 840 (905) km/h in 6000 m 765 (845) km/h in 11 000 m
Landegeschwindigkeit	170 km/h
Steigleistung	ca. 19,2 (26,5) m/sec Anfangsrate ca. 9,9 (16,0) m/sec in 6000 m ca. 1,6 (5,8) m/sec in 11 000 m
Startrollstrecke	ca. 850 m
Landerollstrecke	ca. 950 m
Reichweite bei Vollgas	ca. 390 km in Bodennähe ca. 620 km in 6000 m ca. 975 km in 11.000 m
Dienstgipfelhöhe	11 500 m
Bewaffnung	2 x MK 108 – 30 mm je 50 Schuss A-2: 2 x MG 151/20 – 20 mm mit je 120 Schuss

( ) 30 sec Kurzleistung

Maschinen fielen bei Kriegsende den alliierten Truppen in die Hände. In Großbritannien und den USA wurde der deutsche Kleinjäger untersucht und erprobt. Auch in der Sowjetunion wurden zwei He 162 A-2 zusammengebaut und 1946 ausgiebigen Tests unterzogen.

In verschiedenen Museen sind einige Exemplare des »Volksjägers« erhalten geblieben, die alle aus den ehemaligen Beständen des JG 1 stammen und in Rostock-Marienehe gebaut wurden. In Deutschland ist jedoch leider keine originale He 162 mehr vorhanden.

Spatz

Der oft für die He 162 zu findende Beiname »Salamander« bezeichnete übrigens wahrscheinlich das Produktionsprogramm, sicher aber nicht das Flugzeug. Eine andere Quelle spricht von einem sowjetischen, der He 162 stark ähnelnden Nachkriegsentwurf, der diesen Namen trug. Bei Heinkel wurde die He 162 werksintern sehr zutreffend »Spatz« genannt.

**Die 162 war schon einmal für die nicht in Serie gegangene Bf 162 vergeben worden. Die He 162 wurde damit – wohl ganz bewusst – als wesentlich älterer Entwurf ausgegeben.*

He 162 A-2, W.Nr. 210 072, der 2./JG 1. Der »Nervenklau« wurde von Leutnant Gerhard Hanf geflogen

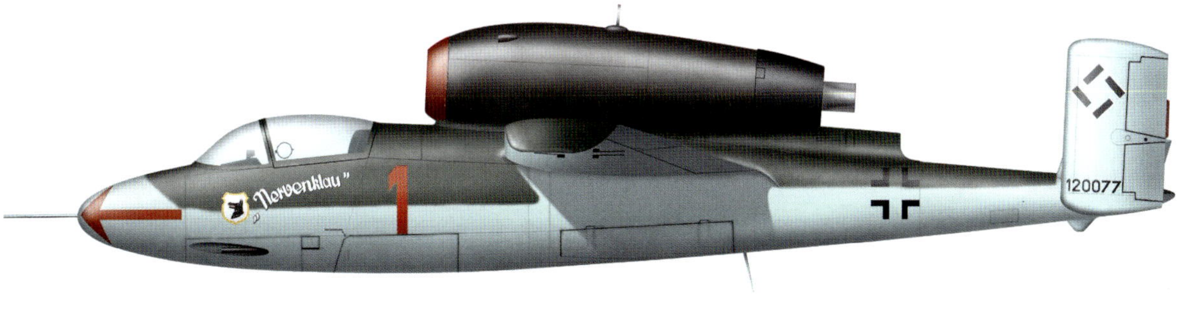

He 162 A-2, W.Nr. 120 027, der 1./JG 1, geflogen von Leutnant Rudolf Schmitt, Leck im Mai 1945. Am Rumpf unterhalb der Kabinenhaube ist das Wappen der 1. Staffel aufgemalt. Schmitt meldete am 4. Mai 1945 den Abschuss eines britischen Jägers vom Typ Hawker Typhoon (od. Tempest)

He 162 A-2, W.Nr. 120 230, so wie sie von Oberst Herbert Ihlefeld, dem Kommodore des JG 1, noch im Mai 1945 geflogen wurde. Die Maschine hatte wahrscheinlich einen Sichtschutzanstrich aus zwei Grüntönen. Der noch erhaltene Originalrumpf des Flugzeugs zeigt einen grünen Anstrich. Das ausgetauschte Triebwerk mit hellen Seiten (RLM 76), wie auch die Flügel, einen identischen Ton. Ob der Lufteinlassring eine Farbe hatte (gelb?) ist unklar

He 162 M 20, die bei Kriegsende in nahezu komplettem Zustand aufgefunden wurde

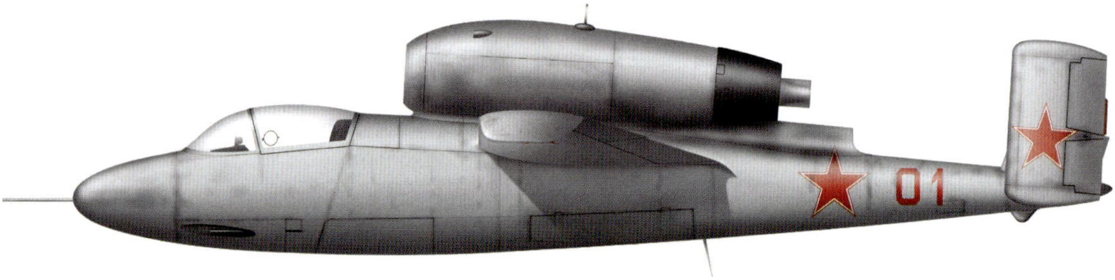

Eine von den Sowjets untersuchte und ab Mai 1946 nachgeflogene He 162 A-2

OBEN September 1945: Die Heinkel He 162 „weiße 23“ bei einer Beuteschau in Frankreich. Fotos: Wikipedia Opensource

Beutestück der US-Airforce: Die Heinkel He 162 mit der Nr. 120067 wurde am 31. Mai 1946 ins Depot 803 nach Park Ridge verbracht, danach verliert sich ihre Spur.

Das fast fertige zweite Versuchsflugzeug H IX V2 mit zwei Jumo 004

Fotos Sammlung Ringlstetter

Der erste Strahl-Nurflügler der Welt

Horten Ho 229 (H IX, Gotha Go 229)

Schon in den 1930er-Jahren machten die Gebrüder Horten durch ihre Nurflügel-Segelflugzeuge auf sich aufmerksam. Noch vor Kriegsende brachten sie mit der futuristischen H IX/Ho 229 eines der außergewöhnlichsten Flugzeuge seiner Zeit in die Luft

Nach einer Reihe von Modellflugzeugen entwickelten und bauten die Brüder Reimar und Walter Horten bereits 1932/33 ihr erstes bemanntes Segelflugzeug, die H I. Weitere, verbesserte Konstruktionen folgten, darunter auch motorisierte. Das außergewöhnliche an den leistungsstarken Horten-Fliegern: Sie wurden allesamt als Nurflügler ausgelegt.

Schon vor Kriegsbeginn waren die drei Horten-Brüder in die Luftwaffe eingetreten. Der Älteste, Wolfram, fiel bei einem Mienenleg-Einsatz im Mai 1940 in einer Heinkel He 111. Walter diente zu Kriegsbeginn als Jagdflieger und Technischer Offizier im Jagdgeschwader 26 und wurde im Mai 1941 zum Technischen Referenten im Stab des Generals der Jagdflieger. Reimar war zu Kriegsbeginn Reserveoffizier und 1940 bei einer Lastensegler-Schuleinheit eingesetzt. Für die geplante Invasion Großbritanniens sollten auch Horten-Segelflugzeuge zu Lastenseglern umgerüstet werden. Die Invasion entfiel, und Reimar Horten führte seine Entwicklungsarbeiten mit weiteren Nurflügel-Projekten fort.

Sonderkommando IX

Angeregt von Walter Horten richtete sich die konstruktive Aufmerksamkeit schon bald auf ein leistungsstarkes einsitziges Jagdflugzeug. Mit der H IX wollten die Horten-Brüder den vom Reichsluftfahrtministerium (RLM) herausgegebenen Anforderungen, wie sie im sogenannten Projekt 3000 festgelegt waren, nachkommen. Danach sollte ein künftiger Jagdbomber 1000 kg Abwurflast tragen können, einen Aktionsradius von 1000 km haben und 1000 km/h schnell sein.

Nach einem erfolgreichen Treffen mit Reichsmarschall Göring erhielten die Hortens den Bauauftrag für drei Versuchsflugzeuge, von denen das erste als Gleiter bis 1. März 1944 fliegen sollte. Auf einem Fliegerhorst samt Werkstatt bei Göttingen, wo man schon im Vorfeld

an früheren Konstruktionen gearbeitet hatte, wurde im Sommer 1943 das Luftwaffenkommando IX unter Hauptmann Walter Horten mit Reimar als seinem Stellvertreter eingerichtet und zudem die Horten Flugzeugbau GmbH in Bonn gegründet.

Basierend auf der von zwei Argus As 10-Motoren mit Druckpropeller angetriebenen H VII entstand die Horten H IX mit zwei Strahltriebwerken, für deren Konstruktion in erster Linie Reimar Horten verantwortlich zeichnete.

Die Konstruktion

Das Flügelmittelstück bestand aus einem geschweißten Stahlrohrrahmen. Darüber sorgte ein mit Formholz verkleidetes Holzgerüst für die äußere Form. Die Außenflächen waren sogar komplett aus Holz gefertigt, wodurch kriegswichtiges Metall eingespart werden konnte. Zudem zeigt sich die Horten durch ihren großen Holzanteil weitaus unempfindlicher gegenüber Radarerfassung als Metallkonstruktionen. Dass bewusst eine Leim-Kohlenstaub-Mischung in der Oberfläche (Formholz) der H IX zur Absorption von Radarstrahlen verwendet worden sein soll, gehört ins Reich der Sagen.

Lenken ließ sich der Nurflügler durch an den Flügelhinterkanten verlaufende Steuerflächen: Querruder, Höhenruder und Landeklappen. Zudem waren mittig nahe den Flügelenden auf jeder Seite oben und unten zwei kleine Spoilerklappen eingebaut, die als Seitenruder fungierten – die großen für niedrige, die kleinen für hohe Geschwindigkeiten.

Das Dreibeinfahrwerk mit seinem auffällig großen Bugrad war ab der V2 hydraulisch einziehbar und fast komplett verkleidet. Im Notfall kam eine Pressluftflasche zum Einsatz. Bei der V1 blieben die Räder noch draußen. Das Bugfahrwerk musste verstärkt werden,

OBEN LINKS **Die H IX V1 während der Fertigung**

OBEN RECHTS **Das Mittelstück der H IX V1 vor der Endmontage im Februar 1944. Das Fahrwerk stammte vorne vom Heck einer He 177 und hinten von einer Bf 109 G**

MITTE **Auch nach mehr als 60 Jahren besticht die H IX mit ihren eleganten Linien. Auf dem Heck ist der ungepackte Bremsfallschirm zu erkennen**

UNTEN **Ein Druckanzug (Watanzug) sollte die Druckkabine ersparen. Wie die Aufnahme schon vermuten lässt: eine wenig praktikable Lösung**

Formvollendet: H IX V1

da es die Neigung zum Flattern zeigte und während der Erprobung brach.

Um die Landestrecke zu verkürzen, war im Heck des Mittelstücks ein Bremsfallschirm installiert. Da die Kabine, deren Haube sich nach hinten aufschieben ließ, ohne Druckausgleich konzipiert war, versuchte man mit einem speziellen Druckanzug große Einsatzhöhen zu ermöglichen; der Anzug erwies sich jedoch als nicht einsatztauglich. Als Antrieb sollten später zwei BMW 003-Strahltriebwerke eingebaut werden. Gesteuert von Heinz Scheidhauer, der mit Horten-Flugzeugen besonders vertraut war, hob die H IX V1 am 5. März 1944 im Schlepp hinter einer Heinkel He 111 erfolgreich zum Jungfernflug ab. Der Gleiter konnte fliegerisch durchaus überzeugen. Die eigentliche Flugerprobung fand in Oranienburg statt, danach kam die V1 nach Brandis. Dass dort noch die militärische Erprobung durchgeführt wurde, ist eher unwahrscheinlich.

Die antriebslose V1 1944 während der Flugerprobung

Vorbereitungen zum Erstflug der Horten H IX V2, dem ersten strahlgetriebenen Nurflügel-Flugzeug der Welt

V2 mit Düsenantrieb

Vom RLM erhielt die H IX im Juli 1944 die Nummer 8-229, wodurch die Bezeichnung offiziell Ho 229 lautete. Die vorgesehenen BMW 003-Triebwerke ließen, obwohl zugesichert, immer noch auf sich warten. So entschied man sich, stattdessen auf die leistungsstärkeren Junkers Jumo 004-Aggregate auszuweichen, die einen Schub von jeweils 900 kp abgaben und leicht nach vorne und seitlich geneigt eingebaut wurden. Der Kraftstoff war in zwei selbstdichtenden Tanks untergebracht, die rund zwei Drittel der Fläche ausfüllten.

Um die nicht nur je 100 kg schwereren, sondern auch im Durchmesser größeren Jumo 004 unterzubringen, musste das Mittelstück erweitert werden. Dadurch wuchs die Spannweite um 80 cm auf 16,80 Meter an. Die äußere Flügeldicke des Mittelstücks veränderte sich ebenfalls und lag nun bei 13,8 Prozent der Flächentiefe im Vergleich zu 13 Prozent bei der V1. Die Änderungen waren so weitreichend, dass praktisch ein neues Flugzeug entstand. Die Bereiche um die Triebwerke erhielten außerdem eine zusätzliche Blechbeplankung. Zudem war die H IX/Ho 229 mit einem Schleudersitz ausgestattet.

Der erste offizielle Flug gelang am 2. Februar 1945 mit Walter Ziller am Steuer der V2, der dem Düsen-Nurflügler gute Flugeigenschaften attestierte. Aber nur offiziell – denn möglicherweise hob Ziller schon im Dezember 1944 während der Rollerprobung ab, als die Maschine zu schnell wurde und ein unbeabsichtigter Start und kurzer Flug mit Ziller am Steuer folgte. Dokumentiert ist dies jedoch nicht.

Am 18. Februar 1945 startete Leutnant Erwin Ziller zum offiziell dritten Flug mit der V2. Nach etwa 45 Minuten fiel das rechte Triebwerk aus. Mit stark wellenartigen Flugbewegungen versuchte

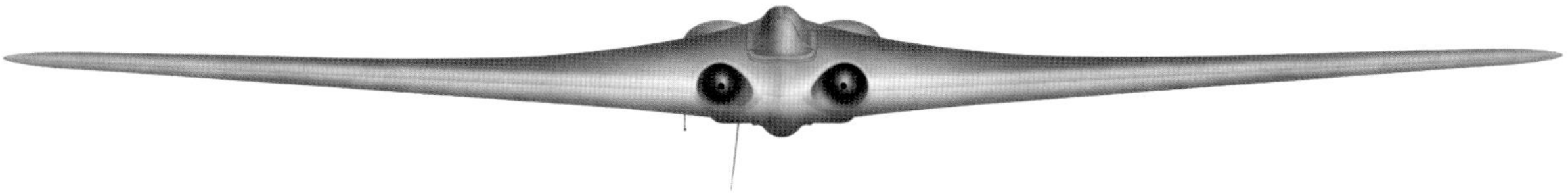

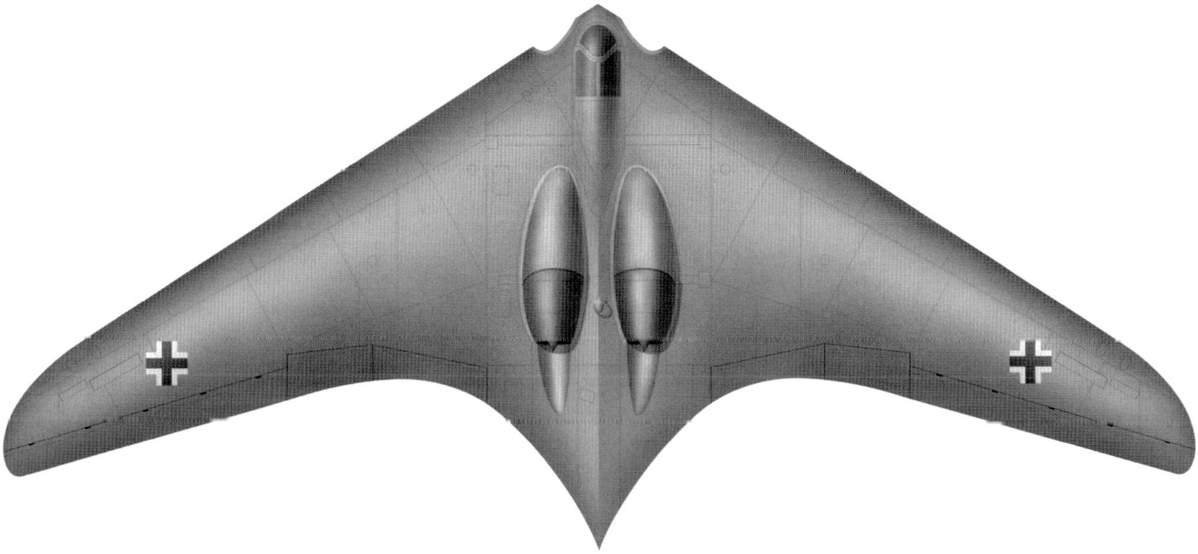

Horten Ho 229 V2
Februar 1945

Lackierung:
RLM 02/76(65), wie hier
oder 71/65(76?)

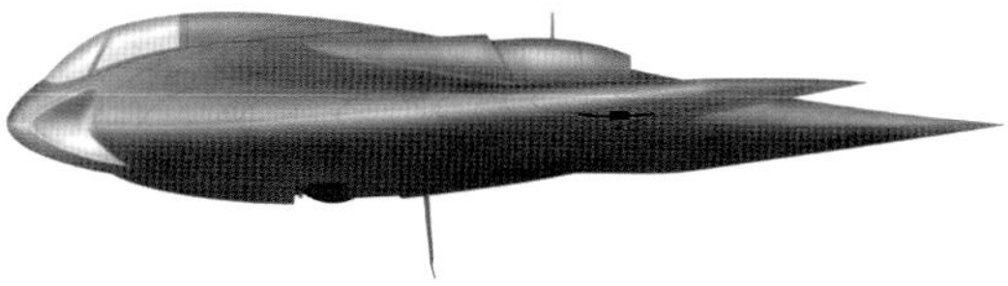

Weniger futuristisch: Mittelstück-Stahlrohrgerüst der V5

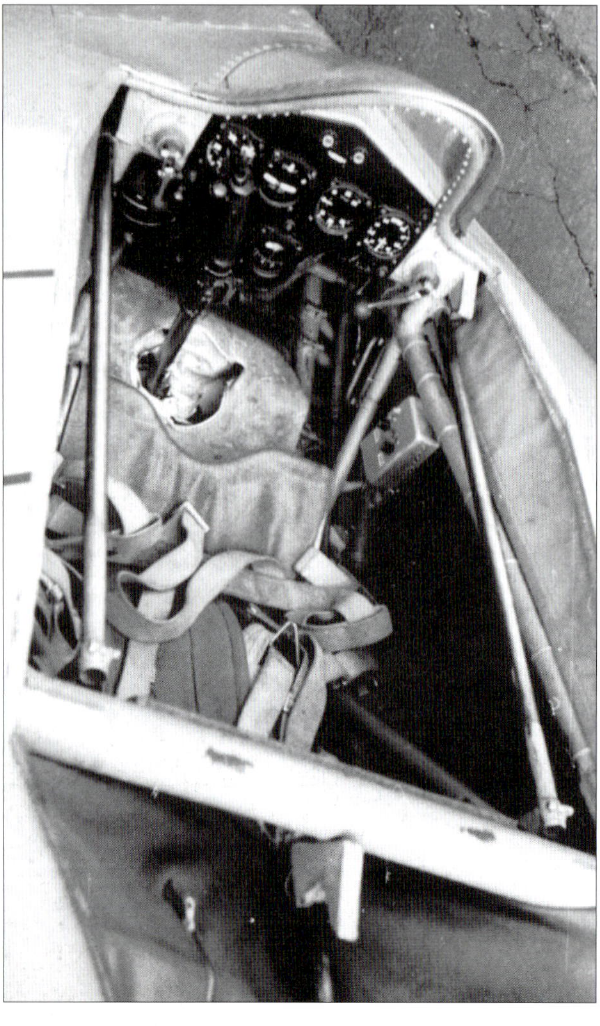

Führerraum der H IX V1

Ziller, es wieder in Gang zu bringen – vergeblich. Mit ausgefahrenem Fahrwerk verlor er im Kreis fliegend die Kontrolle über die V2 und stürzte ab. Beim Aufprall wurde Ziller aus der Maschine geschleudert und prallte mit dem Kopf gegen einen Baum. Er starb durch Genickbruch. Laut Zeugenaussage waren beim Absturz auch die Jumo-Triebwerke aus der V2 gerissen worden, im linken war noch Bewegung zu vernehmen, während im rechten Stille herrschte und dieses zudem schon erkaltet war.

Geplante Serie bei Gotha

Der Oberbefehlshaber der Luftwaffe, Reichsmarschall Herman Göring, war von der Horten-Konstruktion mehr als angetan und beauftragte die fertigungstechnisch hierfür ausgerüstete Gothaer Waggonfabrik (GWF) in Friedrichroda mit dem Bau von 40 Vorserienmaschinen Ho 229 (Go 229). Zunächst sollten jedoch weitere Versuchsflugzeuge entstehen. Bei Gotha nahm man einige konstruktive Veränderungen, besonders hinsichtlich der Serienfertigung, vor.

Als Bewaffnung waren vier im Mittelteil untergebrachte Maschinenkanonen MK 108, Kaliber 30 mm, mit 400 Schuss Munition oder zwei 30-mm-MK 103 vorgesehen. Auch dachte man an 24 bis 36 ungesteuerte Raketen R 4 M. Für den Einsatz als Jagdbomber war die Aufnahme von bis zu 2000 kg Abwurflast an Außenträgern geplant. Abwerfbare Zusatztanks sollten die Reichweite erhöhen. In der Serie sollte auch eine

Nurflügel-Pioniere

Walter (13. 11. 1913 bis 9. 12. 1998) und Reimar (12. 3. 1915 bis 14. 8. 1993) Horten.

Zwar konnte Reimar Horten nach dem Krieg in Argentinien noch etliche Seglerentwürfe verwirklichen, während Walter in Deutschland einen Neuanfang versuchte. Die große Zeit der Horten-Brüder endete jedoch mit dem Zweiten Weltkrieg. Eine Zusammenarbeit mit dem US-Nurflügel-Spezialisten Jack Northrop ergab sich nicht.

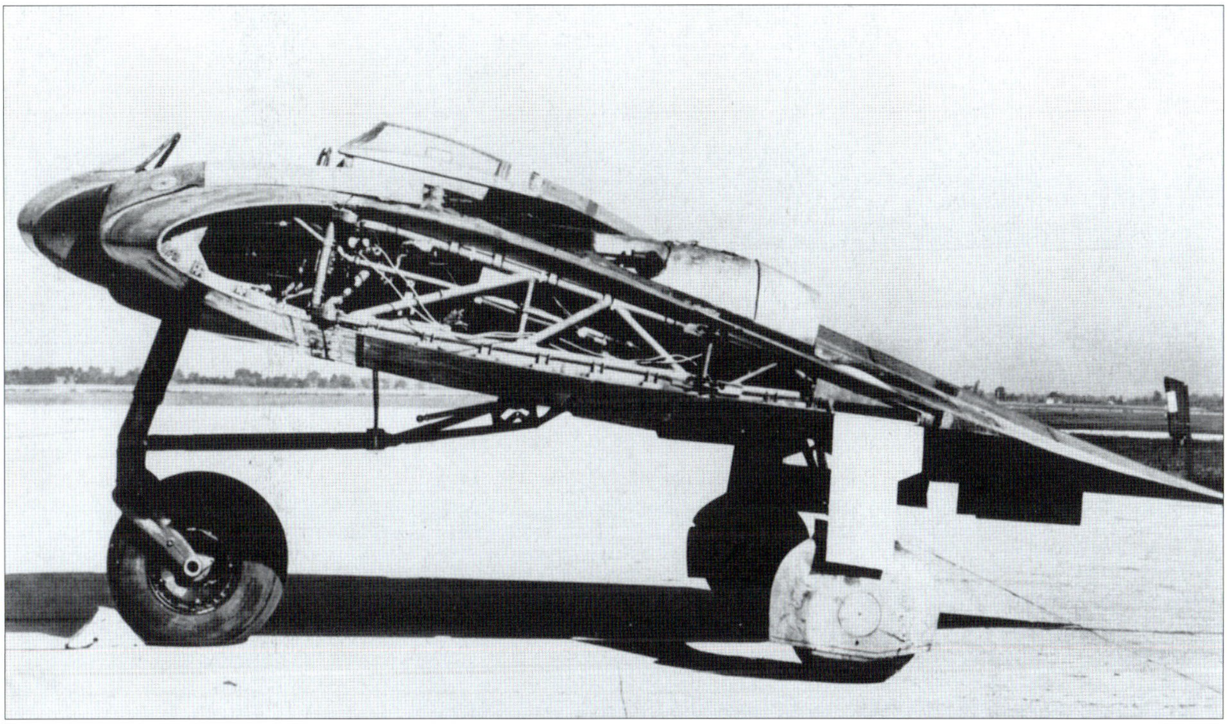

Die Ho 229 V3 wurde von den Amerikanern noch weiter komplettiert

Druckkabine eingebaut werden. Weitere Versuchsmuster dienten unter anderem zur Erprobung einer Aufklärer-Variante. Die Horten-Brüder entwarfen mit der V6 noch eine zweisitzige Version, die auch als Nachtjäger und Aufklärer vorgesehen war. Verwirrenderweise wurde ein aus der GWF-Konstruktionsabteilung stammender einsitziger Entwurf, ebenfalls V6 genannt. Außerdem arbeitete man bei Gotha an einer Ho/Go 229 mit erweitertem Führerraum und weiter auseinander liegenden Triebwerken.

Unter der Projektbezeichnung P.60 stellte die Mannschaft bei Gotha darüber hinaus einen eigenen Nurflügel-Entwurf vor, der sich teils erheblich von der Ho 229 unterschied.

Ob die Ho/Go 229 tatsächlich als Jagdflugzeug geeignet gewesen wäre, konnte in der Praxis nicht mehr ermittelt werden. Als Schulflugzeug für künftige Ho 229-Piloten war der Bau von H VII vorgesehen.

US-Beute und trauriger Rest

Reimar Horten arbeitete inzwischen auf Hochtouren an der H XVIII, einem Langstrecken-Nurflügel-Bomber, einem sogenannten Amerika-Bomber mit sechs Düsentriebwerken, der in der Lage sein sollte, die Ostküste der Vereinigten Staaten anzugreifen.

Doch dazu kam es nicht mehr. Vielmehr erbeuteten amerikanische Truppen bei der Einnahme der Gothaer Waggon-

Technische Daten – Horten Ho 229 (Gotha Go 229)

Horten Ho 229	V1	V2	V3
Einsatzzweck	Versuchsflugzeug	Versuchsflugzeug	Versuchsflugzeug, geplant als Jagdflugzeug/Jagdbomber
Besatzung	1	1	1
Entwurfs- bzw. Baujahr	1944	1944/45	1945
Antrieb	ohne	2 x Strahltriebwerk Junkers Jumo 004 B	
Schubleistung	–	2 x 900 kp	2 x 900 kp
Spannweite	16,00 m	16,80 m	16,80 m
Länge	6,50 m	7,47 m	7,47 m
Höhe	2,40 m	2,70 m	2,90 m
Flügelfläche	46,00 m²	51,80 m²	51,80 m²
Flächenbelastung	43,50 kg/m²	130,90 kg/m²	142,00 kg/m²
Rüstgewicht	1900 kg	4844 kg	5067 kg
Kraftstoffgewicht	–	1700 kg	2000 kg (2400 l)
Startgewicht	2000 kg	6876 kg	7515 kg
Höchstgeschwindigkeit	–	795 km/h in Meereshöhe 920 km/h in 12000 m	840 km/h (berechnet, andere Quellen nennen ca. 1000 km/h)
Landegeschwindigkeit	75	130 km/h	157 km/h
Anfangssteigleistung	–	12,50 m/s	–
Reichweite	–	1000 km	–
Dienstgipfelhöhe	–	16 000 m (berechnet)	–
Bewaffnung	ohne	ohne	ohne (in der Serie 4 x MK 108 vorgesehen)
Abwurflast	keine	keine	keine (in der Serie 2000 kg vorgesehen)

Die Ho 229 V3, wie sie US-Truppen vorfanden

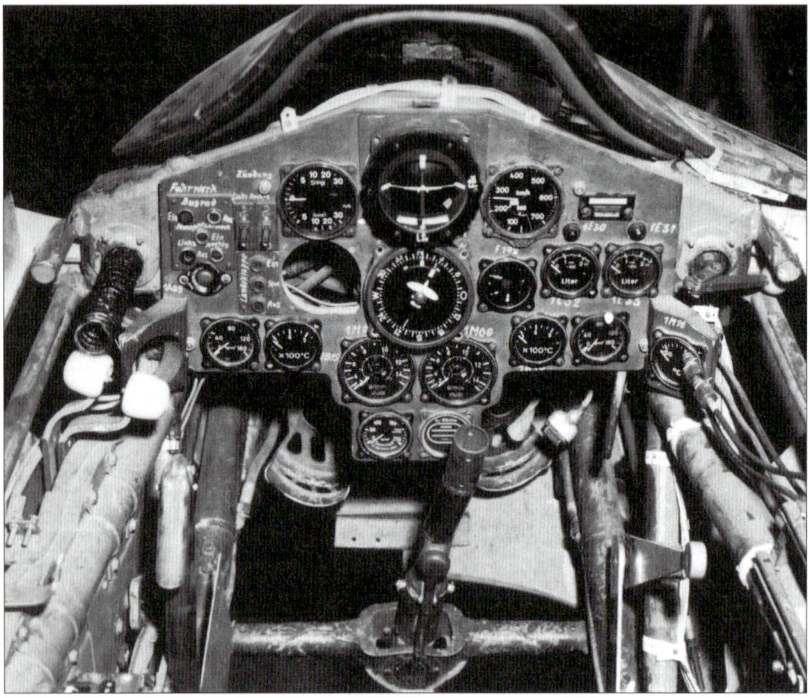

Fast vollständig: Instrumentenbrett der V3

fabrik am 14. April 1945 mehrere Exemplare der geheimnisumwitterten Ho 229-Flugzeuge in verschiedenen Baustufen. Auch die annähernd fertige V3 trat als Frachtgut die Reise in die USA an. Dort wurde die Maschine fertiggestellt und zumindest einmal komplett montiert.

Natürlich nahmen die US-Experten die Ho 229 V3 genau unter die Lupe, geflogen wurde sie jedoch nicht. Besonders Mitarbeiter des US-Flugzeugherstellers Northrop sollen die Horten-Exponate näher in Augenschein genommen haben – dort arbeitete man ebenfalls am Nurflügel-Konzept.

Das Beutestück Ho 229 V3 hat bis heute überlebt: Eingelagert in einer Halle des National Air and Space Museums fristet dieses fantastische Stück Fluggeschichte ein unwürdiges Dasein.

Auch wenn technisch Welten dazwischen liegen, äußerlich kann sich die Ho 229 selbst neben einer rund 40 Jahre jüngeren Northrop B-2 noch sehen lassen – wüsste man es nicht besser, kaum jemand würde vermuten, dass es sich bei der Ho 229 um ein 63 Jahre altes Flugzeug handelt. ◀

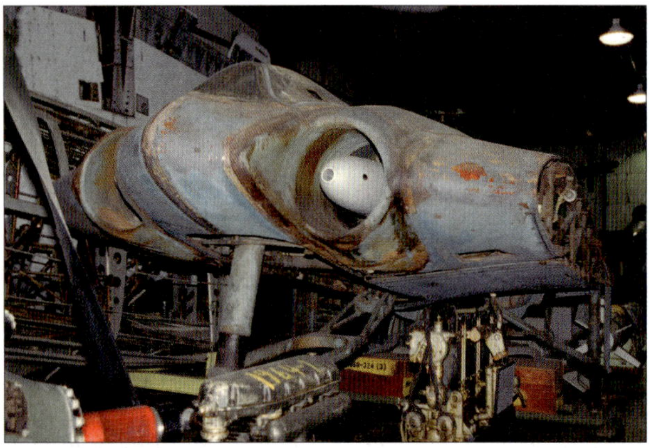

Das Beutestück T2-490, Ho 229 V3, fristet in der Garber Restoration Facility des Smithsonian Instituts (National Air and Space Museum) ein Dasein, das diesem außergewöhnlichen Flugzeug nicht gerecht wird. Die V3 wurde in den USA für Ausstellungszwecke lackiert, auch die Hakenkreuze wurden dort aufgemalt

Fotos Michael Katzmann (2)

Das wertvolle Beutestück P 1101 mit MG-Attrappen in den USA

■ Pfeilflügel-Jäger

Messerschmitt P 1101

Zu den bekanntesten und fortgeschrittensten Strahl-Jäger-Projekten, die sich zu Kriegsende in der Entwicklung befanden, gehört Messerschmitts P 1101, dessen Weiterentwicklung später als X-5 in den USA flog

OBEN/MITTE/UNTEN
Zu etwa 80 Prozent konnte die P 1101 noch fertig gestellt werden. In den USA erhielt der Pfeilflügel-Jäger ein Westinghouse-Düsentriebwerk

Mitte 1944 gab das Oberkommando der Luftwaffe (OKL) den Entwicklungsauftrag für einen Jagdeinsitzer heraus, der mit einem HeS 011-Strahltriebwerk ausgerüstet sein sollte. Als Bewaffnung sah man vier Maschinenkanonen MK 108 vor. Die Höchstgeschwindigkeit des neuen Jägers sollte im Bereich von 1000 km/h in 7000 Meter Höhe liegen. Beauftragt wurden die Flugzeugbauer Heinkel, Focke-Wulf, Junkers, Blohm & Voss sowie Messerschmitt, dessen Strahljäger Me 262 sich gerade in der Einsatzerprobung befand.

Pfeilflügel-Projekt 1101

Bei Messerschmitt arbeitete man eine ganze Reihe von Entwürfen aus, die

OBEN/MITTE/UNTEN **Das US-amerikanische Experimentalflugzeug Bell X-5 basierte auf der P 1101, hatte jedoch verstellbare Flächen für einen Pfeilungswinkel von 20, 40 oder 60 Grad** Fotos: NASA

den Verantwortlichen der Luftwaffe für das so genannte Jägernotprogramm vorgelegt werden konnten, darunter auch P 1101.

Messerschmitt veranlasste die Oberammergauer Entwicklungsabteilung der Messerschmitt-Werke vorab schon mit den Konstruktionsarbeiten zur P 1101 zu beginnen. Mit der Maschine sollten weitere Erkenntnisse im Hochgeschwindigkeitsflug gewonnen und die Steigerung der Machzahl erreicht werden. Messerschmitt fasste schon weiterentwickelte Entwürfe ins Auge und reichte später die Projekte P 1106 und 1110 ein, wobei er letzteres favorisierte.

Konstruktive Merkmale

Der Mitteldecker wies stark gepfeilte Flügel- und Leitwerksflächen auf. Soweit möglich wurde die Verwendung möglichst vieler Teile der Me 262 vorgesehen, so deren Außenflügel sowie Steuerung, Ausrüstung und Panzerung. Als Antrieb war zwar das leistungsstarke HeS 011 geplant. Da es jedoch noch nicht lieferbar war, wurde ein Junkers Jumo 004 B zum Einbau vorgesehen. Um kriegswichtiges Metall zu sparen, sollte zumindest das Höhenleitwerk in Holzbauweise gefertigt werden, für die anderen Baugruppen verwendete man Metall.

Die Pfeilung der Tragflächen war am Boden zwischen 35 und 45 Grad variabel einstellbar. Auch die Verstellbarkeit in der Luft wurde diskutiert und für künftige Konstruktionen ins Auge gefasst. Mit einem Modell von knapp zwei Meter Spannweite wurde 1944 im Windkanal des DVL in Berlin-Adlershof die Wirkung von Ruder, Vorflügel und Landeklappen untersucht.

Zwar machte der Bau des ersten Versuchsflugzeuges in Oberammergau zunächst rasch Fortschritte, doch geriet dieser mit dem nahenden Kriegsende und der immer schwieriger werdenden Material- und Beförderungslage zusehends ins Stocken. So konnte auch kein Triebwerk mehr geliefert werden.

Alliierte Kriegsbeute

Geflogen ist Messerschmitts P 1101 entsprechend nicht mehr. Vielmehr wurde der letzte Messerschmitt-Jäger zum alliierten Beutestück. Als amerikanische Truppen 1945 in Oberammergauer eintrafen, fiel ihnen die zu etwa 80 Prozent fertig gestellte antriebslose P 1101 in die Hände, die dann den Weg in die USA fand, wo der

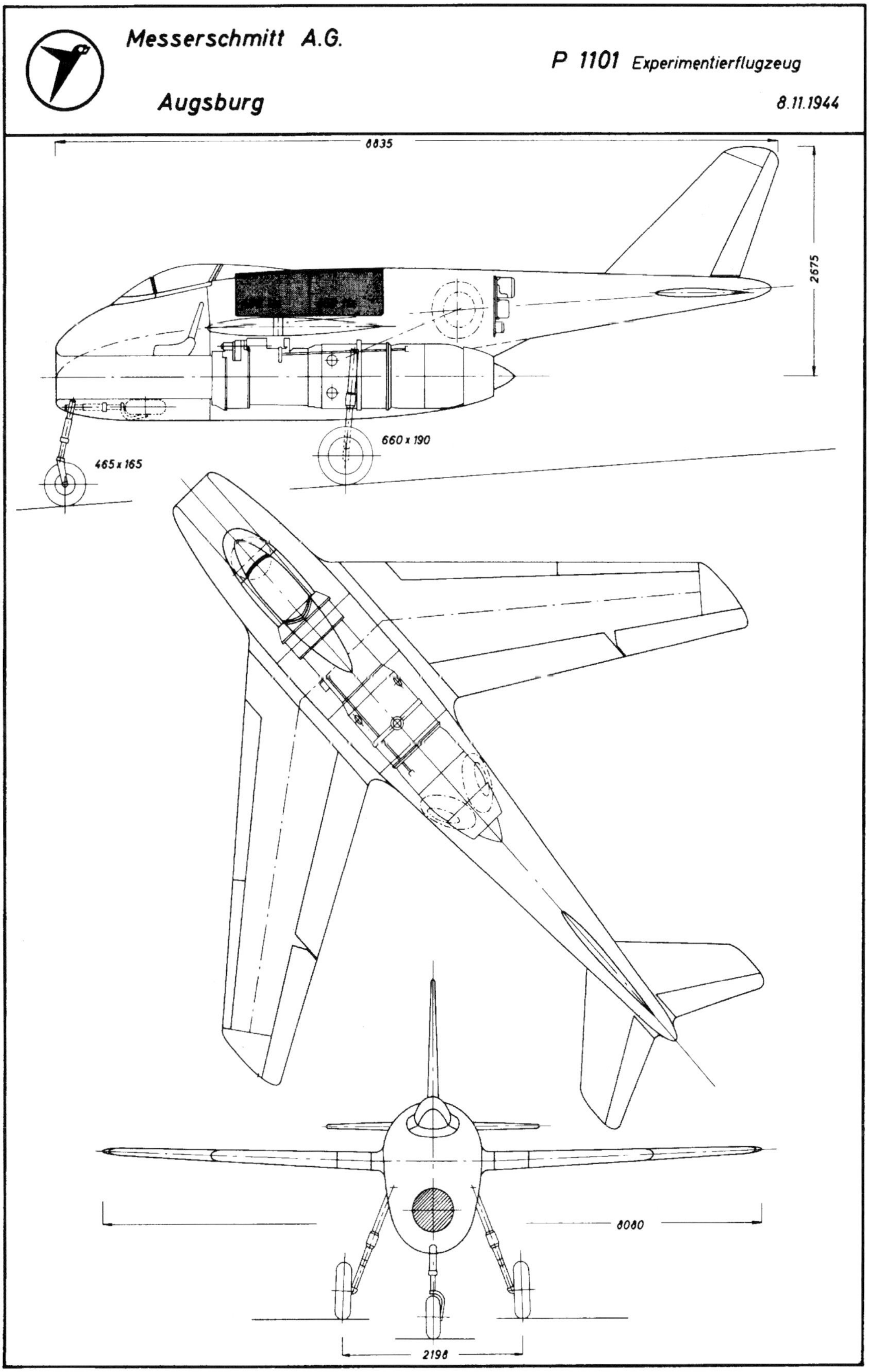

Entwurfszeichnung vom 8. November 1944. Messerschmitt hielt die P 1101 jedoch nicht für optimal und reichte weitere Entwürfe für den Jägerwettbewerb ein, der bis Kriegsende nicht mehr entschieden wurde

Messerschmitt P 1101

Messerschmitt P 1101 – Bell X-5

Messerschmitt	P 1101 V1	Geplante Serie (Stand 22. 2. 1945)	Bell X-5
Einsatzzweck	Versuchsflugzeug/ Jagdflugzeug	Jagdflugzeug	Experimental-Flugzeug
Besatzung	1	1	1
Erstflug	–	–	20. Juni 1951
Antrieb	Strahltriebwerk Jumo 004 B	Strahltriebwerk Heinkel HeS 11 A	Strahltriebwerk Allison J35-A-17
Schubleistung	890 kp	1300 kp	2225 kp
Treibstoffmenge	900 l	1400 l	–
Länge	8,98 m	9,18 m	10,16 m
Spannweite	8,08 m bei 40° Pfeilung am Boden von 35° – 45° einstellbar	8,25 m bei 40° Pfeilung	6,31 – 10,21 m Variabel von 20° – 60°
Flügelfläche	15,80 m^2	15,85 m^2	16,26 m^2
Höhe	3,93 m	4,06 m	3,60 m
Startgewicht max.	2841 kg	4064 kg	4400 kg
Höchstgeschwindigkeit	860 km/h	985 km/h in 7000 m	1150 km/h
Landegeschwindigkeit	–	170 km/h	–
Dienstgipfelhöhe	–	–	15 200 m
Reichweite	–	–	1200 km
Bewaffnung	keine	4 x MK 108 – 30 mm mit 210 Schuss	keine
Bombenlast	keine	500 kg	keine

kleine Strahljäger sowie die Entwicklungsergebnisse auf höchstes Interesse stießen und zusammen mit zahlreichen weiteren deutschen Unterlagen künftige Flugzeugentwicklungen stark beeinflussten.

Weiterentwicklung in den USA

Auf Basis der P 1101 entwickelte die US-Flugzeugbaufirma Bell Aircraft Corporation ein Hochgeschwindigkeits-Versuchsflugzeug. Das als X-5 bezeichnete Experimental-Flugzeug startete am 20. Juni 1951 zum Erstflug und glich sehr seinem deutschen Vorbild. Es verfügte jedoch über ein stärkeres Triebwerk und besaß als Besonderheit im Flug verstellbare (20/40/60 Grad) Tragflächen, wodurch die Pfeilung den Bedürfnissen angepasst werden konnte. Die zu geringe Größe sowie Stabilitätsprobleme verhinderten die weitere Entwicklung des Musters. Zwei dieser Maschinen wurden gefertigt, eine ging am 14. Oktober 1953 durch Absturz verloren, wobei der Testpilot getötet wurde. Die zweite X-5 steht heute im National Museum der US Air Force in Dayton/Ohio.

Ein Triebwerk mit dem Lufteinlass im Bug und Pfeilflügel – Merkmale der P 1101, die bald bei vielen der kommenden Düsenjäger zu finden waren, allen voran die amerikanische North American F-86 Sabre und die sowjetische MiG 15. Das Bugrad war 1945 schon Standard bei Neukonstruktionen

So hätte Messerschmitts P 1101 als Serienflugzeug bei der Truppe aussehen können

■ Raketen-Versuchsflugzeug

Heinkel He 176

Von vorneherein war Heinkels He 176 als reines Versuchsflugzeug mit Raketenantrieb geplant, mit dem man in Geschwindigkeitsbereiche vorstoßen wollte, die noch nie zuvor erreicht worden waren: 1000 km/h!

Mit den beiden He 112 R wurden bereits im Vorfeld Raketenantriebe auch im Flug erprobt

Neu war die Idee des Raketenantriebs keineswegs. Schon seit 1928 hatte es erfolgreiche Flüge mit Raketenunterstützung gegeben. An ein reines Raketenflugzeug hatte sich bisher jedoch noch niemand gewagt.

Bisher kamen Feststoffraketen zum Einsatz, die zwar relativ sicher zu handhaben sind, aber ein großes Manko mitbringen: Der Schub lässt sich nicht regeln. Anders verhält es sich bei einem Flüssigkeits-Raketentriebwerk. Dessen Betrieb jedoch damals weitaus gefährlicher war.

Das Reichsluftfahrtministerium (RLM) beauftragte Heinkel mit dem Bau von vier Versuchsmustern eines speziellen Raketenflugzeugs. Unter der Projektbezeichnung P 1033 entstand ein Mitteldecker in Ganzmetallbauweise mit kreisrundem Rumpfquerschnitt, gerade groß genug, um den Flugzeugführer in halb liegender Position unterzubringen. Die Arbeiten an dem kleinen Raketenflugzeug mit einziehbarem verkleidetem Fahrwerk erstreckten sich über das ganze Jahr 1937. Mitte 1938 konnten Windkanalversuche mit der fertig gestellten, extrem windschnittig wirkenden He 176 V1 unternommen werden.

Eine der Besonderheiten des gerade mal sechs Meter langen Fliegers war dessen Kabine, die zur Rettung des Piloten im Notfall vom Rumpf abgesprengt wurde und per Bremsfallschirm niederging. Der Flugzeugführer konnte dann bei niedriger Geschwindigkeit mit dem eigenen Fallschirm aussteigen. Schon ab 1937 hatte man mit den beiden Kolbenmotorflugzeugen He 112 (R) V3 und V4 zusätzlich installierte Raketenantriebe ausgiebig erprobt und wichtige Erfahrungen und Kenntnisse gesammelt.

Die He 176 V1 in Peenemünde. Für Rollversuche wurde sicherheitshalber ein Bugrad angebracht, das für den Flugbetrieb wieder entfiel

Mit Walter-Triebwerk

Wernher von Braun war dabei, ein regelbares Raketentriebwerk zu entwickeln, mit dem es möglich sein sollte, in Geschwindigkeitsbereiche von 1000 km/h vorzudringen. Die Einsatzreife des aufwendigen Antriebs ließ jedoch auf sich warten. Als zweite Möglichkeit stand das Aggregat von Hellmuth Walter auf dem Plan, welches früher zur Verfügung stand und in die erste Versuchsmaschine eingebaut wurde. Mit einem Standschub von 600 kp brachte es allerdings wesentlich weniger Leistung als von Brauns Triebwerk. Zudem erwies sich das mittig im Rumpf eingebaute HWK R als weitaus durstiger. Der Treibstoffe Wasserstoffsuperoxyd und Methanol sollten zuerst in den Flügeln Platz finden, wurden dann aber wegen Schwierigkeiten mit dem Dichtschweißverfahren in Rumpftanks untergebracht.

Am 15. Juni 1939 hob die He 176 V1 mit Erich Warsitz am Steuer erstmals erfolgreich ab. Es folgten Flüge vor hohen Luftwaffenvertretern und sogar Adolf Hitler persönlich. Die Raketenfliegerei wurde jedoch als derart gefährlich eingestuft, dass Ernst Udet die Einstellung der weiteren Erprobung befahl – sehr zum Leidwesen von Ernst Heinkel. Zwar wurde die Entscheidung nach Heinkels Bemühungen zurückgenommen, doch liefen weitere Arbeiten auf Privatinitiative. Zur Fertigstellung der Versuchsflugzeuge V2 und V3 kam es höchstwahrscheinlich nicht mehr, die V1 fiel vermutlich alliierten Bomben zum Opfer. ◀

Heinkel He 176

Heinkel He 176	V1
Einsatzzweck	Versuchsflugzeug
Besatzung	1
Erstflug	15.6.1939
Antrieb	Raketentriebwerk Walter HWK R II
Schubleistung ca.	600 kp
Länge	6,40 m
Spannweite	5,00 m
Höhe	1,44 m
Flügelfläche	5,40 m²
Flächenbelastung	300 kg/m²
Leergewicht	780 kg
Rüstgewicht	900 kg
Startgewicht max.	1620 kg
Höchstgeschwindigkeit	630 km/h in Meereshöhe 750 km/h in 4000 m
Landegeschwindigkeit	135 km/h
Steigleistung	ca. 1,1 min auf 4000 m
Startrollstrecke	ca. 480 m
Landerollstrecke	ca. 540 m (15 m Hindernis)
Reichweite optimal	ca. 110 km
Gipfelhöhe	9000 m
Bewaffnung	keine

Das 400 kp Schub leistende HWK-Triebwerk der DSF 194, dem direkten Vorgänger der Me 163, wurde soeben gezündet

Raketen-Versuchsflugzeug

Lippisch-Messerschmitt Me 163 (Teil 1)

Namentlich auf die Messerschmitt-Werke verweisend, hatte die Me 163 tatsächlich nicht allzu viel mit dem berühmten Flugzeugkonstrukteur zu tun – Dr. Alexander Lippisch war der Vater der Me 163

Nurflügel-Pionier und Vater der Me 163: Alexander Lippisch

Schon Anfang der 1920er-Jahre begann Lippisch mit dem Bau von schwanzlosen Gleitern

Schon in den 1920er-Jahren machte Alexander Lippisch durch den Bau von spektakulären schwanzlosen Segelflugzeugen mit gepfeilten Flügeln (Storch-Reihe) auf sich aufmerksam.

Auf der Wasserkuppe in der Rhön gehörte Lippisch, mit Sitznamen Hangwind genannt, zu den bekanntesten Flugzeugkonstrukteuren jener Zeit. Eine Motorisierung der eigenwilligen Apparate ließ nicht lange auf sich warten, so entstand eine Anzahl von schwach motorisierten aber leistungsstarken schwanzlosen Fluggeräten. 1929/30 entstand die Delta I, das »Fliegende Dreieck«, der erste Typ einer Nurflügler-Reihe, von der

Die Delta I 1931 während einer Vorführung in Berlin Tempelhof

Die DFS 39 (Delta IV) in normaler Ausführung. Zu Hochgeschwindigkeitsversuchen wurden Flugzeuge dieses Typs für den Einsatz von Raketentriebwerken aufwendig umgebaut

sich Lippisch ein besonderes Leistungspotential versprach. Als Testpilot fungierte zu dieser Zeit der bekannte und erfolgreiche Segelflieger Günther Groenhoff.

Die Delta-Reihe war seiner Zeit weit voraus und die Leistungen der Maschinen waren entsprechend. Doch das Misstrauen hinsichtlich ungewöhnlicher Konstruktionen und einige tödliche Abstürze ließen Lippischs Arbeit bisweilen in recht ungünstigem Licht erscheinen. Trotz großer Kritik und zeitweise äußerst schwieriger finanzieller Lage (Fördergelder) konnte Lippisch seine Entwicklungsarbeit fortsetzen.

Projekt X

1936 entstand im DFS (Deutsches Forschungsinstitut für Segelflug) Lippischs Konstruktion DFS 39. Zur Erprobung eines Raketentriebwerks sollte 1937 im Rahmen des Projekt X eine DFS 39 umgebaut werden. Der besseren Eignung wegen konzentrierte man sich jedoch 1939 auf die Erprobung des Sonderantriebs in einer modifizierten DFS 194, mit der Heini Dittmar, der neue Chefeinflieger (Groenhoff war zwischenzeitlich in einem Segelflugzeug tödlich verunglückt) im August 1940 erstmals von einem Raketenaggregat angetrieben flog und mit der bis etwa 300 km/h ausgelegten Maschine in Geschwindigkeitsbereiche bis 550 km/h vorstieß.

Anfang 1939 war Lippischs Entwicklungs-Gruppe in die Messerschmitt-Werke in Augsburg eingegliedert worden, wo sie als Abteilung L ihre als streng geheim eingestufte Arbeit unter besseren Bedingungen fortsetzen konnten.

MITTE/OBEN **Start der DFS 194 (Me 194), mit der 45 Flüge mit Raketenantrieb durchgeführt wurden**

Demzufolge kam es auch zur Umbenennung auf Me 163 – ursprünglich war eine Bf 163 als Konkurrenzentwicklung zur Fieseler Fi 156, dem berühmten Storch, als Prototyp gebaut worden. Da das Muster nicht weiter verfolgt wurde, konnte die Bezeichnung 163 verwendet werden und so ein zusätzlicher Deckmantel über die Entwicklung des künftigen Wunder-Jägers gelegt werden.

Gesteuert wurde das Flugzeug wie der Vorgänger über ein kombiniertes Höhen- und Querruder im hinteren Außenbereich der Tragflügel, sowie einem einfachen Seitenruder. Der Start er-

OBEN/MITTE Die Me 163 V4, mit der Heini Dittmar am 2. Oktober 1941 mit 1003,67 km/h einen neuen, inoffiziellen Geschwindigkeits-Weltrekord aufstellte

Cheftestpilot Heini Dittmar in einer DFS 39. Als erster Mensch erreichte er 1000 km/h, die Me 163 zu fliegen schilderte er als das größte Erlebnis seiner fliegerischen Laufbahn

folgte auf einem abwerfbaren zweirädrigen Rollwerk, gelandet wurde auf einer ausfahrbaren Kufe.

Erprobung im Gleitflug

Da das Walter-Triebwerk noch auf sich warten lies, schleppte man die inzwischen fertiggestellte antriebslose Me 163 V4* im Herbst 1940 mittels einer zweimotorigen Messerschmitt Bf 110 auf Höhe, klinkte aus und erprobte die Maschine im Gleitflug. Die Flugeigenschaften des ungewöhnlichen Vogels waren ganz hervorragend. Zur Reduzierung der recht langen Landestrecke wurden Landeklappen eingebaut. Flatterprobleme an Seiten- und Höhenruder konnten binnen 15 Flügen bis zum Frühjahr 1941 behoben werden. Den schwierigen Trudeleigenschaften begegnete Lippisch durch den Einbau von Vorflügeln, wodurch das Flugzeug praktisch nicht mehr ins Trudeln zu bringen war.

Im Sommer 1941 konnte in Peenemünde endlich das Walter-Raketentriebwerk HWK R II 203, ein so genanntes kaltes Triebwerk, in die V4 eingebaut werden. Wegen des hochgradig explosiven und brandgefährlichen T-Stoffs musste größte Sorgfalt auf die Dichtigkeit der Rohrleitungen gelegt werden.

Der erste Start mit Raketenantrieb

Am 10. August 1941 war es schließlich soweit: Der erste »scharfe« Start stand bevor. Obwohl Heini Dittmar schon mit der DFS 194 raketenbetriebene Flüge durchgeführt hatte, war die Sache mit der Me 163 V4 doch noch einmal etwas anderes, da die Schubkraft nun etwa

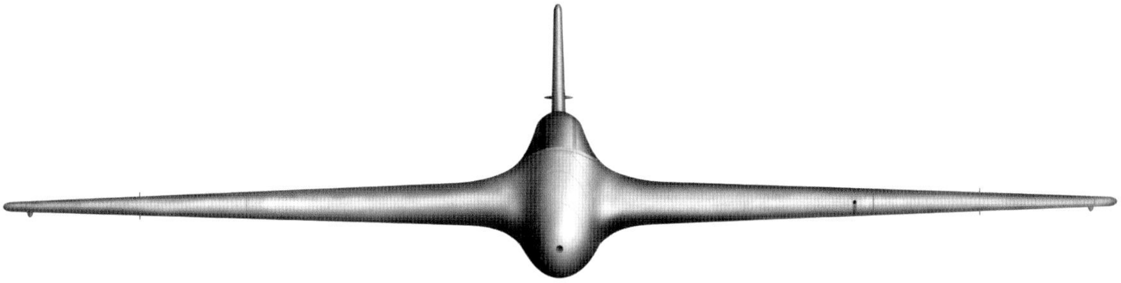

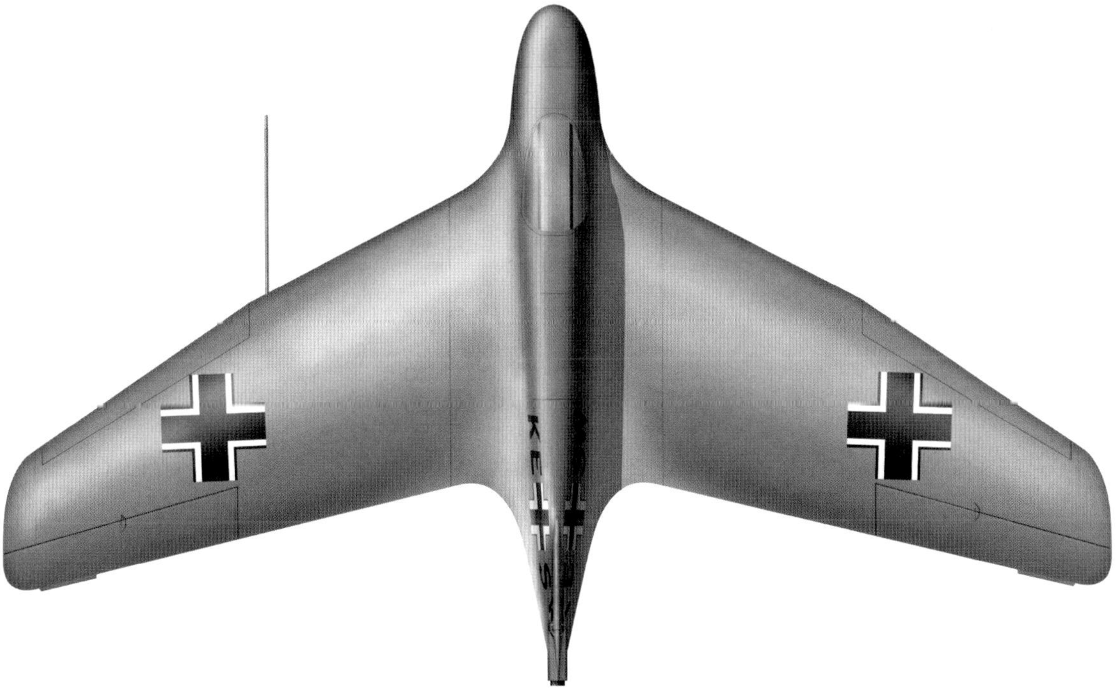

Messerschmitt Me 163 A V4
Peenemünde, Oktober 1941

Lackierung: RLM 02

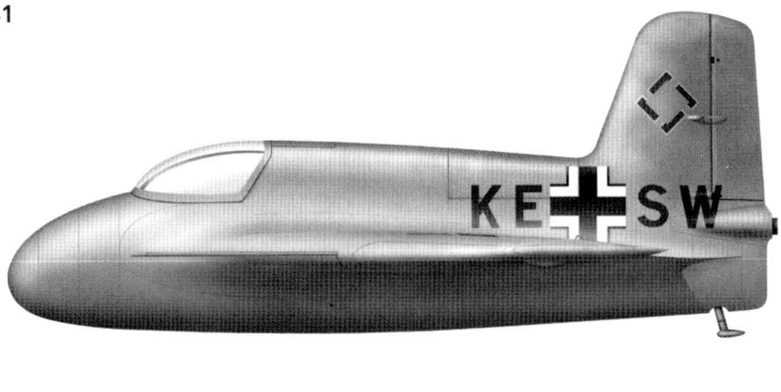

Me 163 A V4 mit ausgefahrenen Landeklappen. Flächen und Seitenleitwerk waren aus Holz, der Rumpf aus Metall gefertigt

doppelt so groß war. So ließen sich mit der Me 163 enorme Flugleistungen erfliegen. Die Beschleunigung der Maschine war phänomenal, die Steiggeschwindigkeit schier unglaublich!

Bei der Höchstgeschwindigkeit sollten rein rechnerisch 1000 km/h machbar sein! So lag es auf der Hand, einen neuen Geschwindigkeits-Weltrekord aufzustellen, auch wenn dieser der Geheimhaltung wegen nicht offiziell sein durfte.

Inoffizieller Geschwindigkeits-Weltrekord

Aus Sicherheitsgründen wollte Dittmar in mindestens 3000 Meter fliegen. Im ersten Anlauf setzt das Triebwerk jedoch bei etwa 900 km/h aus – der Treibstoff war schlichtweg zu Ende. Daher beschloss man, für den nächsten Versuch im Schlepp zu starten und erst in 4000 Meter das Triebwerk zu zünden. Hierzu musste die vollgetankte Me 163 immerhin auf 200 km/h beschleunigt werden, um vom Boden freizukommen. So wurden die Tanks am 2. Oktober 1941 nur dreiviertel gefüllt, was für die Schleppmaschine immer noch Schwerstarbeit bedeutete, bis die Me 163 endlich vom Boden frei kam. In ausreichender Höhe ließ Heini Dittmar das Walter-Triebwerk an und die V4 beschleunigte rapide. Über der Messstrecke befand sich Dittmar in 3000 Meter Höhe, die er exakt beibehielt, während die kleine Me 163 weiterhin beschleunigte. Der Fahrtmesser stand bei 1000 km/h als es am Flugzeug zu flattern begann. Über die linke Fläche begann die Me 163 wegen der nun auftretenden Kompressibilitätsprobleme gewaltig nach unten zu drücken, während Dittmar die Kontrolle über die Maschine verlor und diese nur durch sofortige Schubreduzierung bzw. Abschaltung des Triebwerks kurz darauf zurückgewinnen konnte. Das Aggregat sprang erneut an und Dittmar konnte den Flug mit gemäßigter Geschwindigkeit fortsetzen, bis die Tanks leer waren. Nach geglückter Landung dauerte es noch bis zum Abend, bis der genaue Wert feststand: 1003,67 km/h lautete der neue, wenn auch inoffizielle, absolute Geschwindigkeits-Weltrekord. Dittmar war der Schallmauer gefährlich nahe gerückt und die Probleme darum waren zu dieser Zeit noch neblige Theorie. Weitere Me 163 A wurden zu Versuchs- und Schulungszwecken gebaut, insgesamt wahrscheinlich zehn Maschinen. Die zunächst herkömmlich ausgeführten Vor-

Me 163 A schwebt zur Landung ein

Mindestens eine der an sich unbewaffneten Me 163 A wurde später zu Testzwecken mit Raketen ausgerüstet

Messerschmitt Me 163

Messerschmitt Me 163 A V4	
Einsatzzweck	Hochgeschwindigkeits-Versuchsflugzeug
Besatzung	1
Antrieb	Raketentriebwerk Walter HWK R II 203
Standschub	750 kp
Spannweite	8,85 m
Länge	5,60 m
Höhe	2,22 m
Flügelfläche	17,50 m²
Flügelpfeilung	23,4°
Leergewicht	1450 kg
Startgewicht	2400 kg
Höchstgeschwind.	1003 km/h
Inoffizieller Geschwindigkeits-Weltrekordflug	
Startrollstrecke	1200 m
Steigleistung max.	70 m/sec
Landegeschwindigkeit	160 km/h
Gipfelhöhe	10 000 m
Bewaffnung	keine

flügel ersetzte man ab der V5 durch starre C-Spalt-Vorflügel. Die Leistungen der Me 163 A ließen die Luftwaffenführung aufhorchen, so sollte die weitere Arbeit an dem Typ gezielt Richtung Abfangjäger gerichtet sein und mit der Me 163 B verwirklicht werden.

* Es wird in der Literatur auf die offizielle Weiterführung der ursprünglichen Bf 163, von der drei V-Muster bebaut worden waren, verwiesen. Eine Me 163 V1 hätte es demnach nicht gegeben. Heini Dittmar benannte dagegen laut Wolfgang Spätes Aufzeichnungen schon die DFS 194 als V1; die V2 und V3 seien zu Bruchversuchen verwendet worden

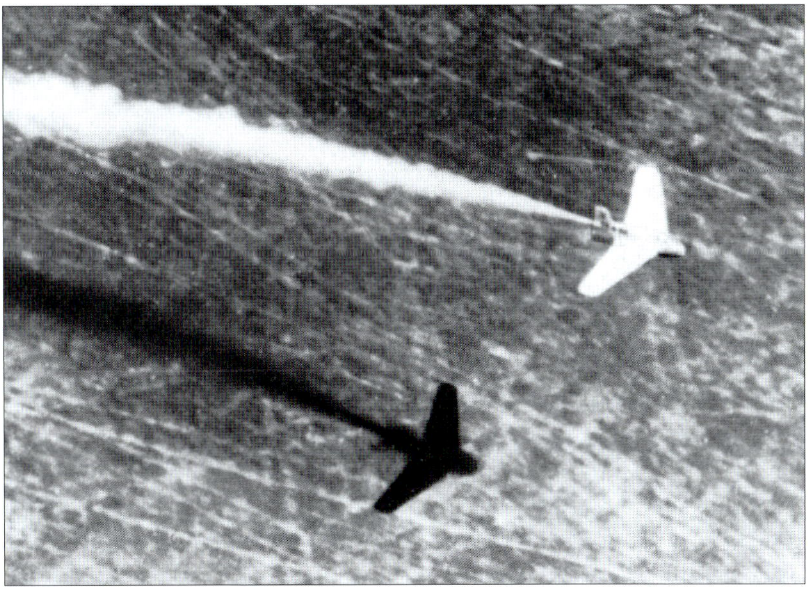

Me 163 A kurz nach dem Start, das Fahrwerk ist bereits abgeworfen

Me 163 A im Überflug, die dunkle Rauchfahne des Raketenantriebs ist weithin sichtbar

Die Weiße 05 des Erprobungskommandos 16, eine Me 163 B-1

■ Das Kraftei

Lippisch-Messerschmitt Me 163 Komet (Teil 2)

Klein, stark, schnell und äußerst gefährlich, so der kurze Steckbrief der Me 163. Gefährlich war dieses Kraftpaket jedoch nicht nur für den Feind, sondern auch für den, der das explosive Geschoss flog

Messerschmitt Me 163 B-0 V2, in der Maschine war noch kein Antrieb eingebaut

Nachdem die Erprobungsflüge mit der Me 163 A als insgesamt positiv bewertet wurden, erging im Herbst 1941 der Auftrag aus der Maschine ein geeignetes Einsatzflugzeug als Abfangjäger zu entwickeln, was zu einer nahezu gänzlichen Neukonstruktion führte. Wie schon bei der Me 163 A entstand der Rumpf in Schalenbauweise aus Metall, während Tragflächen und Seitenleitwerk aus Holz gefertigt wurden. Das insgesamt etwas vergrößerte aber immer noch sehr kleine Flugzeug sollte von einem neuen wesentlich leistungsstärkeren Raketentriebwerk von Hellmuth Walter, dem HWK 109-509 (R II 211), angetrieben werden. Dieses ließ

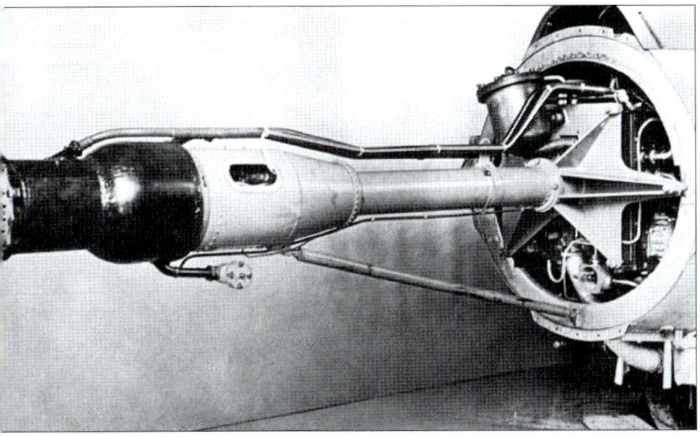

HWK 109-509-Triebwerk in einer Me 163 B. Als Treibstoff dienten 80-prozentiges Wasserstoffsuperoxyd (T-Stoff) und ein Gemisch aus Methanol, Hydrazinhydrat und Wasser (C-Stoff), die in der Brennkammer im Verhältnis 1:3 zerstäubt zusammengeführt wurden, was zu einer kontinuierlichen Explosion führte. Das Aggregat wog ganze 177 Kilogramm

Instrumentenbrett einer Me 163 B, darüber die 90 Millimeter starke Panzerglasscheibe

jedoch weit über die Planvorgabe (Sommer 1942) hinaus auf sich warten. Alternativ war das P 3390 A-Triebwerk von BMW vorgesehen, deren Entwickler jedoch mit noch größeren Schwierigkeiten zu kämpfen hatten. So flog Chefeinflieger (Cheftestpilot) Heini Dittmar die seit April 1942 fertig gestellte Me 163 B-0 V1 am 26. Juni 1942 ohne Antrieb als Gleiter im Schlepp hinter einer zweimotorigen Messerschmitt Bf 110. Gestartet wurde wieder mittels Rollwerk, das beim Einziehen der Landekufe ausgeklinkt wurde. Die Flugeigenschaften der Me 163 B waren hervorragend, das Flugzeug war fliegerisch eine wahre Freude, wenngleich noch zahlreiche kleinere Änderungen vorgenommen werden mussten. Als Bewaffnung waren zunächst zwei schwere 20-mm-Maschinengewehre MG 151/20 mit je 100 Schuss in den Flächenwurzeln eingebaut, die später durch zwei Maschinenkanonen MK 108, Kaliber 30 mm, mit je 60 Schuss ersetzt wurden.

Versuchsflugzeug Me 163 B-0 V8, mit zwei MG 151/20, Kaliber 20 mm, in den Flügelwurzeln

Erstflug mit Raketenantrieb

Da das stärkere Triebwerk immer noch nicht verfügbar war, baute man ein HWK R II 203 aus einer Me 163 A in die Me 163 B-0 V8, mit der Rudolf Opitz am 21. Februar 1943 erstmals raketenbetrieben abhob. Ein paar Monate später, am 24. Juni, flog er schließlich mit dem neuen Triebwerk der Firma Walter, das nun in die bei Messerschmitt in Obertraubling bereits gebauten Maschinen der 70 Flugzeuge umfassenden Vorserie B-0 installiert werden konnte. Wegen

Die Maschinen mussten mit großer Sorgfalt betankt werden. Die sieben Tanks fassten 1660 Liter beziehungsweise gut 2000 kg Treibstoff

Wegen des äußerst aggressiven T-Stoffs mussten die Flugzeugführer spezielle Schutzkleidung tragen, die jedoch auch nur bedingt half

Anspannung vor dem Start, vor der Panzerglasscheibe liegen die Schutzhandschuhe

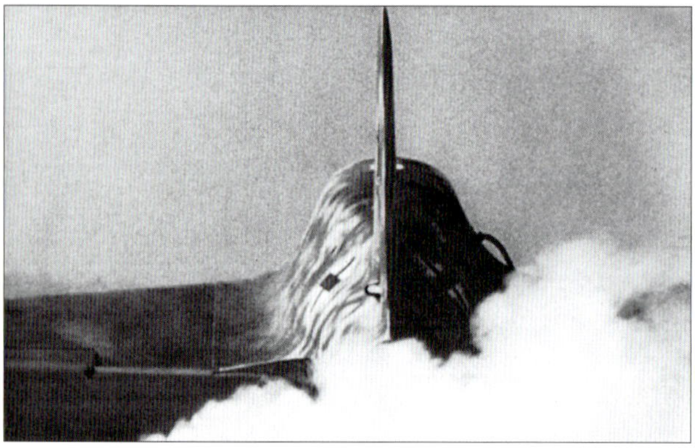

Unter Getöse zündet das Triebwerk

Fauchend steht die Maschine am Startpunkt

wiederholter Differenzen verließ der Konstrukteur der Me 163, Alexander Lippisch, Anfang Mai 1943 die Messerschmitt-Werke und übernahm die Leitung der Luftfahrt-Forschungsanstalt Wien, blieb jedoch als Berater dem Me 163-Projekt verbunden, dessen Leitung nun Rudolf Rentel übernahm.

Einsatzerprobung

Um die Einsatztauglichkeit der Me 163 zu testen beziehungsweise herzustellen, wurde im April 1942 in Peenemünde-West das Erprobungskommando 16 (EK 16) unter Führung des bekannten Vorkriegs-Segelfliegers Wolfgang Späte aufgestellt, der in der Zwischenzeit recht erfolgreich beim Jagdgeschwader 54 als Jagdflieger geflogen war. Vorerst noch auf Me 163 A, folgten Ende 1942 erste antriebslose B-Muster. Erst Anfang 1944 erhielt das Kommando die ersten kompletten Einsatzmaschinen. Ende Januar 1944 erfolgte aus Teilen des EK 16 dann die Aufstellung des ersten Einsatzverbandes (vorerst 20./JG 1, dann 1./JG 400) in Bad Zwischenahn.

Vom Segler auf die »163«

Später verlegte das Jagdgeschwader 400 zum Schutz der Leuna-Werke nach Brandis bei Leipzig. Die angehenden Me 163-Piloten wurden über verschiedene Segelflugzeuge langsam an die schnelle Me 163 herangeführt, wobei unter anderem ein besonderes Augenmerk auf sauber durchgeführte Landungen gelegt wurde, da es wegen der hoch explosiven Treibstoffreste lebensgefährlich war hart zu landen oder gar eine Bruchlandung zu fabrizieren. Zudem war die Landegeschwindigkeit relativ hoch, was ein präzises Aufsetzen zusätzlich erschwerte. Beim Start musste darauf geachtet werden, das Rollwerk erst in sieben bis zehn Meter Höhe auszuklinken, andernfalls der Startwagen vom Boden abprallen und das Flugzeug treffen konnte – meist mit tödlichem Ausgang. Um die Schulung der Flugzeugführer zu erleichtern, wurde Ende 1944 eine antriebslose doppelsitzige Version Me 163 S konzipiert und in wenigen Exemplaren gebaut. Der Fluglehrer saß in überhöhter Position in einer eigenen Kabine hinter dem Schüler. Nach und nach wurden weitere Staffeln des JG 400 aufgestellt und am 13. Mai 1944 flog Major Späte in einer eigens hierfür rot lackierten Me 163 B den ersten offiziellen Einsatz gegen alliierte Flugzeuge.

Schwierige Einsätze

Weiterhin gab es zahlreiche Schwierigkeiten mit der revolutionären neuen Waffe. So war die Schussfolge der schweren Kanonen für eine derart hohe Angriffsge-

Messerschmitt Me 163 B-1a
W.Nr. 191477
13. Staffel/JG 400
Brandis, Anfang 1945

Lackierung: RLM 81/82/76

Staffelwappen der 13./JG 400

Me 163 B-0, V41, geflogen von Major Wolfgang Späte, dem Kommandeur des Erprobungskommandos 16 und späteren Kommodore des JG 400. Späte startete am 13. Mai 1944 mit dieser Maschine zum ersten offiziellen Feindflug. Fliegerisch lobte er die Me 163 über alle Maßen: »Flugeigenschaftsmäßig war die Me 163 das schönste, was man sich vorstellen konnte.«

Weiterentwicklung Me 263, die 1945 noch im Gleitflug erprobt wurde

schwindigkeit zu langsam, nur wenige Schüsse konnten abgegeben werden, bevor wieder abgedreht werden musste. Testflüge mit ungelenkten 55-mm-R 4 M-Raketen an einer Me 163 A verliefen zwar erfolgreich, zur Einsatzreife gelangten diese jedoch nicht mehr. Wegen der geringen Brenndauer des Triebwerks blieb nur im Idealfall für einen zweiten oder gar dritten Anflug Zeit. Dass sich das Triebwerk schon bei geringer negativer Beschleunigung abschaltete, war ein weiteres Problem, dem die Flugzeugführer ausgesetzt waren. Um das HWK-Aggregat wieder anzulassen, musste zwei Minuten gewartet werden – sofern dies überhaupt gelang. Die größte Verwundbarkeit

Mitsubishi J8M1 »Shusui«, die japanische Version der Me 163 B, die nach einfachen Zeichnungen entstand

Ehemals ein Beutestück der RAF, die Me 163 B-1a des Deutschen Museums in München nach ihrer Restaurierung bei MBB

Höhen-/Querruder, Trimmklappe sowie C-Spalt, eine Art starrer Vorflügel, an der Me 163 B-1a des Deutschen Museums

Messerschmitt Me 163 B	
Messerschmitt Me 163 B	
Einsatzzweck	Einsitziger Abfangjäger für den Objektschutz
Antrieb	Raketentriebwerk Walter HWK 109-509 A-1
Standschub	1600 kp (4500 PS am Boden)
Spannweite	9,30 m
Länge	5,70 m (*5,92 m)
Höhe (ohne Rollwerk)	2,50 m
Flügelfläche	19,60 m²
Flügelpfeilung	23,3°
Flügelschränkung	5,7°
Leergewicht	1908 kg
Startgewicht	4310 kg
Zul. Höchstgeschw.	960 km/h
Startrollstrecke	500 m
Landestrecke	600 m
Steigleistung max.	80 m/s
Steigleistung auf	ca. 3,5 min 12 000 m
Landegeschwindigkeit	160 km/h
Gipfelhöhe	12 000 m
Größte erflogene Höhe	15 000 m
Flugdauer b. Vollschub	4 – 5 min
Flugdauer max.	ca. 7,5 min
Bewaffnung	2 x MG 151/20 – 20 mm
ab 46. Flugzeug	2 x MK 108 – 30 mm

*Andere Quellen

gegenüber Feindjägern zeigte die Me 163 im Landeanflug - langsam auf den Einsatzplatz zugleitend, konzentriert auf eine saubere Landung, waren die Me 163 dann eine leichte Beute.

Explosives Kraftei

Mehr jedoch als den Feind hatten die Piloten der Me 163 B das eigene Flugzeug zu fürchten. Denn so atemberaubend der Ritt mit dem Kraftei, so der Spitzname der 163, auch war, so tödlich konnte er auch sein. So stehen Verluste von 5 Prozent (sechs Maschinen) durch direkte Feindeinwirkung einer Verlustrate von 80 Prozent allein bei Start und Landung gegenüber! Nur zwölf Luftsiege wurden offiziell durch Me 163 erzielt.

Die konsequente Weiterentwicklung der Me 163 B führte zur C-Variante, einer vergrößerten und stärker bewaffneten Version, in die ein zweites Triebwerk mit 300 kp Schub für den Marschflug eingebaut wurde, wodurch sich die Einsatzdauer etwa verdoppeln ließ. Eine Serienfertigung erfolgte nicht. Stattdessen sollte die Me 263 (Ju 248) mit Einziehfahrwerk und verlängertem Rumpf und erheblich vergrößerter Einsatzreichweite gebaut werden, dessen erstes Versuchsmuster im Februar 1945 im Gleitflug erprobt wurde. Zum Serienbau kam es auch bei dieser Weiterentwicklung der 163 nicht mehr. In Japan baute man die Me 163 mit Hilfe von einfachen Zeichnungen bei Mitsubishi nach.

364 Me 163 wurden bis etwa Februar 1945 gebaut, die meisten davon bei den Firmen Klemm (B-1a) in Böblingen und Messerschmitt in Regensburg.

Einige dieser brachialen Raketenjäger blieben der Nachwelt erhalten, so die Maschine des Deutschen Museums in München oder die Me 163 B-1a des Imperial War Museums in London. ◀

Eine der zahlreichen Me 163, die den Alliierten nach Kriegsende in die Hände fielen. Hier ein britisches Beutestück, mit dem jedoch nur Gleitflüge unternommen wurden

Me 163 B-1 des Erprobungskommando 16 (siehe auch Foto Seite 82). Lackierung: wahrscheinlich RLM 81/82/76

Me 163 B-1, 11./JG 400, Brandis 1945. Lackierung: möglicherweise RLM 74/75/76

Britisches Beutestück Me 163 B (VF 241) mit typischem Signalanstrich 1945

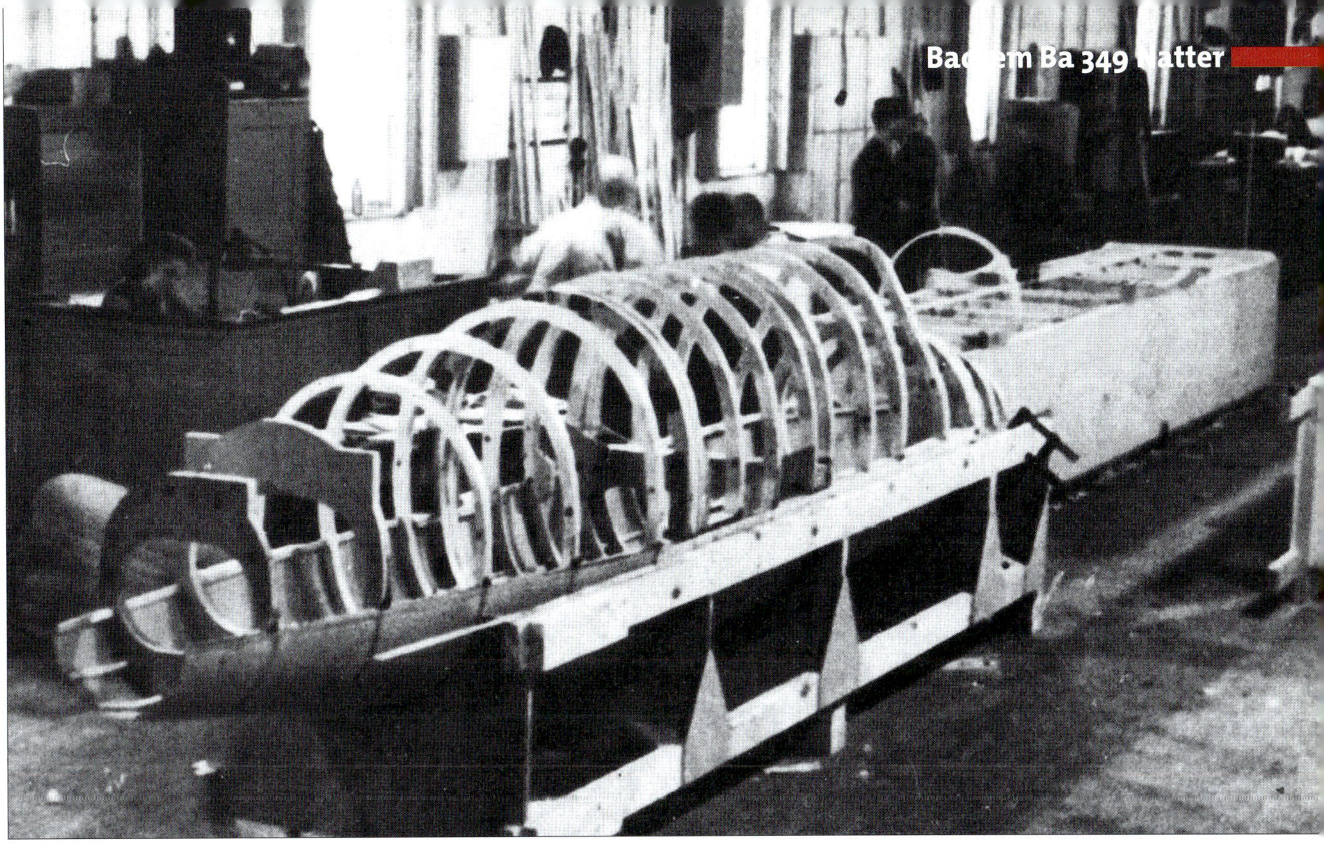

Rumpfgerüst der Natter, als Baustoff diente überwiegend Holz

Fotos, wenn nicht anders vermerkt: Sammlung Ringlstetter

Raketenjäger

Bachem Ba 349 Natter

Es war eine verwegene Anstrengung: Bemannte Raketen sollten die Überlegenheit der alliierten Luftstreitmacht über Deutschland brechen. Die Natter war ohne Zweifel ein radikales Projekt. Und sie hat Luftfahrtgeschichte geschrieben: Mit ihr wurde der erste bemannte Raketenstart der Welt durchgeführt

Die immer erdrückendere alliierte Luftüberlegenheit sowie die zunehmende Treibstoff- und Materialknappheit zwangen die deutsche Führung 1943/44 auch radikale Abwehrlösungen ins Auge zu fassen.

So beauftragte das Reichsluftfahrtministerium (RLM) im Spätsommer 1944 die deutschen Flugzeugbauer mit der Entwicklung eines schnell, einfach und billig herzustellenden Abfangjägers. Dieser sogenannte Verschleißjäger sollte in kurzer Zeit an die feindlichen Bomber herangeführt werden und eine große Zahl abschießen. Da die Zeit für eine langwierige Ausbildung von Flugzeugführern fehlte, sollte der Kleinjäger auch leicht zu steuern und bedienen sein. Als Antrieb war ein Raketentriebwerk vorgesehen, wodurch die Anflugzeit, wenngleich auf Kosten der Reichweite, auf ein Minimum beschränkt blieb. Die hohe Geschwindigkeit machte das Flugzeug auch für Begleitjäger und Abwehrschützen in den Bombern zu einem äußerst schwer zu bekämpfenden Gegner.

Neben Junkers (EF 127), Heinkel (P.1077) und Messerschmitt (P.1104), reichte (obwohl nicht direkt beauftragt) auch die Firma Bachem in Bad Waldsee einen Entwurf ein.

Bachem, einst Technischer Direktor der Fieseler-Werke, hatte sich mit einem kleinen Zulieferbetrieb für die Luftfahrtindustrie 1943 selbstständig gemacht. Schon im Sommer 1944 hatten Erich Bachem und Willy Fiedler mit der Ausarbeitung eines Entwurfs für einen derartigen Abfangjäger begonnen. Überraschenderweise entschied man sich im RLM für Bachems Vorschlag und erteilte im September 1944 einen Auftrag über 15 Musterflugzeuge.

Projekt BP 20

Die BP 20, so die Projektbezeichnung, war als Mitteldecker ausgelegt und fast komplett in klassischer Holzbauweise mit Sperrholzbeplankung gefertigt. Die Tragflächenstummel mit nur 3,60 Metern Spannweite wiesen einen rechteckigen Grundriss und ein bis zu den Randbögen gleichbleibendes symmetrisches Profil mit durchgehendem Flügelholm

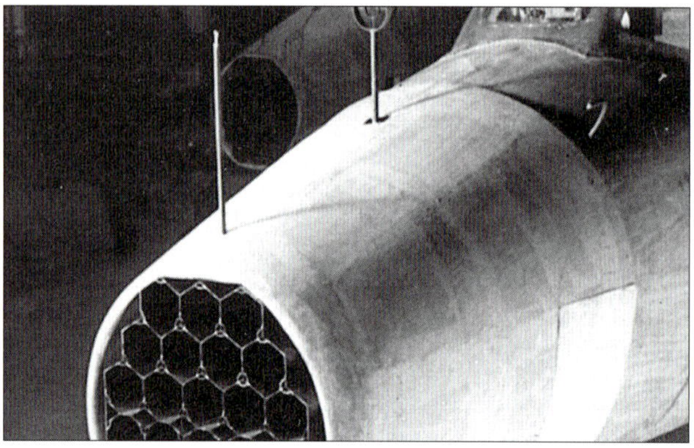

Versuchseinbau zur Aufnahme von 24 RZ 73-Raketen.

Gleiter BP 20 M 3 mit Fahrwerk zur Tragschlepperprobung an einer He 111 im Dezember 1944 (Schlepphaken auf den Flächen).

RECHTS Vorbereitungen zum Start auf dem Heuberg: Per Seil wird die Natter auf das Startgerüst gezogen, dessen Hauptmast ein Baumstamm zu sein scheint (siehe auch Zeichnung Seite 93).

auf. Dies war auch beim Leitwerk der Fall, wobei die Höhenruderflächen gleichzeitig als Querruder dienten.

Der Rumpf war dreiteilig aufgebaut und über Trennstellen verbunden. Das Vorderteil mit der Rumpfspitze nahm die Bewaffnung auf, die entweder aus 24 drallstabilisierten Raketengeschossen RZ 73 »Föhn«, Kaliber 73 mm, oder 33 Raketengeschossen »Orkan« 55-mm-R4/M bestand. Bis zum Abfeuern der ungelenkten Raketen sorgte eine Plexiglashaube für die richtige Aerodynamik. In einer ersten Ausführung sollten zwei Maschinenkanonen MK 108, Kaliber 30 mm, mit je 30 Schuss eingebaut werden.

Das mittlere Rumpfsegment beinhaltete den größten Teil der geschlossenen Kabine samt Flugzeugführersitz. Der Pilot wurde durch 15 mm dicke Panzerplatten vor und hinter dem Sitz sowie einer 60 mm starken Frontscheibe (am Vorderteil) aus Panzerglas gegen Beschuss geschützt. Die beiden Treibstofftanks (C-Stoff und T-Stoff), wie auch zwei Bergungsfallschirme, fanden ebenfalls im Mittelteil Platz.

Als Hauptantrieb wählte man ein Flüssigkeits-Raketentriebwerk Walter HWK 109-509A mit einer Schubleistung von maximal 1700 kp, das im hinteren Teil des Rumpfes eingebaut war. Zusätzlich kamen zunächst zwei (oder vier 500-kp-Raketen), später vier (Ba 349 B) Feststoffraketen Schmidding SG 34 mit einer Schubkraft von je 1200 kp für den Start zum Einsatz. Diese wurden seitlich außerhalb des Rumpfes befestigt und hatten eine Brenndauer von zehn Sekunden. Danach wurden sie abgeworfen.

Im Oktober 1944 erhielt das Projekt durch das RLM die offizielle Bezeichnung Ba 349 (8-349), etwas später wurde das Flugzeug auch in das Jäger-Notprogramm aufgenommen.

Einsatzkonzept

Der Kleinjäger wurde senkrecht und automatisch von einer Lafette aus gestartet, was einige Vorteile brachte: Man benötigte kein Flugfeld, was eine enorme Mobilität und Tarnfähigkeit bedeutete. Die Explosionsgefahr bei der Landung durch Reste der äußerst gefährlichen Raketenkraftstoffe wurde insofern umgangen, als dass man bei Bachem überhaupt keine Landung vorsah. Außerdem konnten junge Flugzeugführer sehr schnell ausgebildet werden, da das zeitintensive Starten und Landen nicht geübt werden musste. Beim Annähern an den feindlichen Bomberverband unterstützte den Piloten ein Funkleitsystem. Selbst der Übergang vom Steig- in den Horizontalflug geschah automatisch durch einen Drei-Achsen-Regler. Nach Sichtkontakt übernahm der Flugzeugführer. Für den eigentlichen Angriff stand nur wenig Zeit zur Verfügung, maximal zwei Anflüge

waren möglich. Mit 800 bis 1000 km/h Annäherungsgeschwindigkeit war die Gefahr, von Feindjägern erwischt zu werden, dafür eher gering. Zumal die Natter ein extrem kleines Ziel darstellte und der Vorhaltewinkel der Jagdflieger auf den Geschwindigkeiten von Kolbenmotorjägern basierte. Gleiches galt für die Bordschützen in den Bombern. Nach Beendigung des Angriffs beziehungsweise Aufbrauchen des Treibstoffs sollte der Abfangjäger nach unten wegtauchen. In sicherer Höhe und mit verlangsamter Fahrt wurde die Kabinenhaube abgesprengt und der Flugzeugführer stieg aus, samt Instrumentenbrett und anderen wichtigen Einbauten, die am

BP 20 A auf der Startrampe. Die Zeichen auf den Flächen (auch Unterseite) erleichterten die Beobachtung des Flugverhaltens

Beeindruckende Steigleistung: Start geglückt, schon etwa eine Minute später war die Natter auf 12 000 Meter

Zur Erprobung von Triebwerk und Bremsschirm wird die BP 20 M 22 startklar gemacht

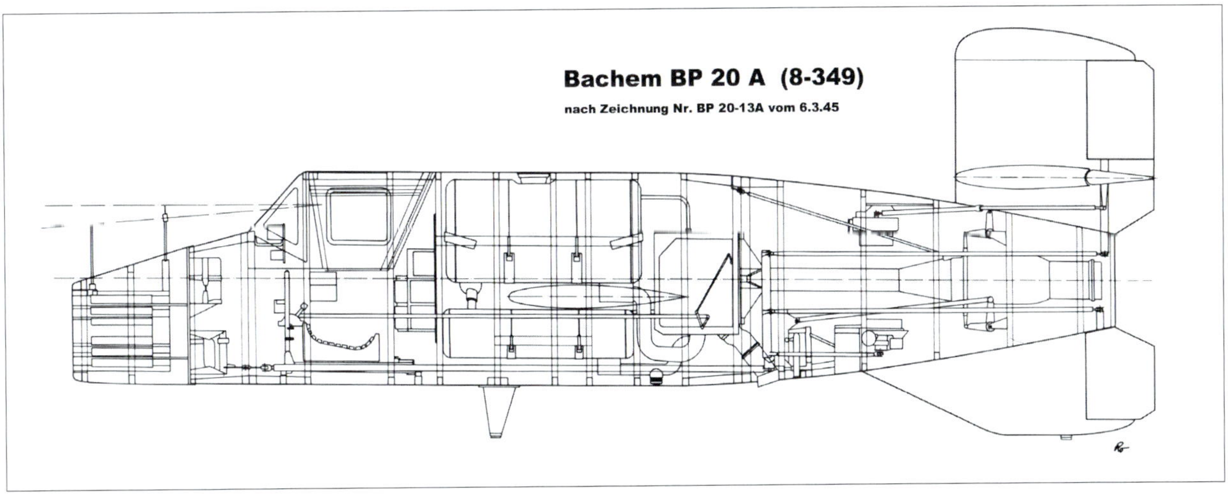

Fallschirm des Piloten hingen. Außerdem trennte sich automatisch das Heck samt Triebwerk vom Rest des Rumpfes und schwebte per Fallschirm zur Erde, brauchbar für einen neuen Einsatz.

Erprobung

Zunächst lief die Erprobung der Natter im Schleppflug hinter oder (im Tragschleppflug) unter einer Heinkel He 111 zur Untersuchung der Flugeigenschaften an, wofür die Musterflugzeuge M 1 bis M 6 Verwendung fanden. Während die M 1 auf einem Startwagen gezogen wurde, erhielten die M 2 und 3 ein festes Dreibeinfahrwerk. Keine der Maschinen hatte einen Antrieb erhalten, im Heck befand sich ein Fallschirm. Fliegerisch erwies sich die Ba 20 bei Geschwindigkeiten von bis zu 700 km/h als insgesamt durchaus zufriedenstellend.

Nachdem der erste Senkrechtstart wegen einer verschmorten Leitung zum Auslösen der Freigabe von der Startlafette mit einem verbrannten Flugzeug endete, glückte der zweite am 22. Dezember 1944 auf dem Heuberg bei Hechingen einwandfrei. In Ermangelung eines HWK109-509A hatte man allerdings nur mit vier Startraketen auskommen müssen. Zehn derartige Starts sollen durchgeführt worden sein, die nicht immer von Erfolg gekrönt waren. Als schwierig stellte sich unter anderem die ungleichmäßige Schubrichtung der Feststoffraketen heraus. Am 25. Februar 1945

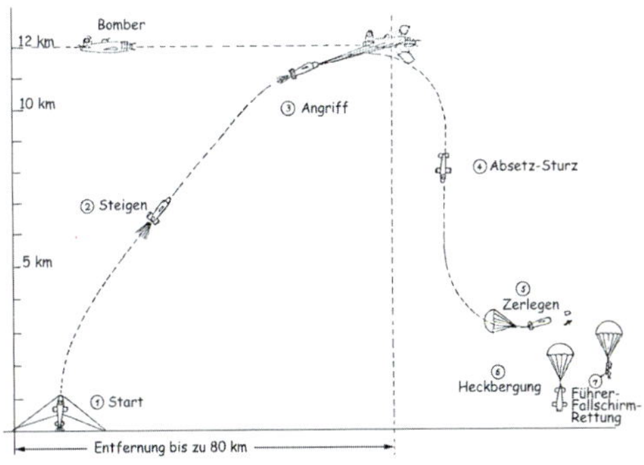

Einsatz-Skizzierung - Bachem Ba 349 "Natter"

So stellte man sich den Einsatz mit der Natter vor

Das Natter-Replikat im Deutschen Museum München

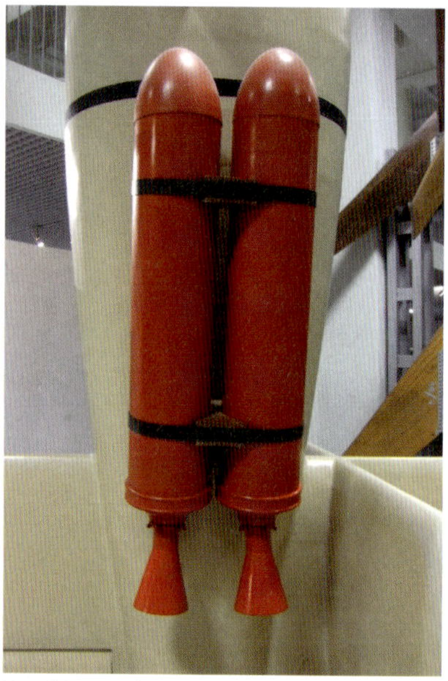

Zwei Startraketen an jeder Seite sorgten für mächtig zusätzlichen Schub

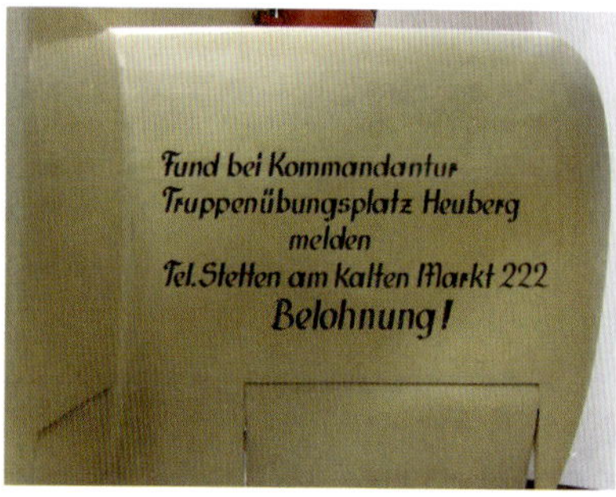

Hinweis für den Finder auf den Höhenflossen der Natter zur Wiederverwendung des Triebwerks

Spätestens bei näherer Betrachtung fällt die bemerkenswerte Einfachheit der Natter ins Auge

fand der erste Start mit einer (abgesehen von einer Puppe im Cockpit) komplett ausgerüsteten Maschine statt. Automatisch gelenkte Steuerflächen im Abgasstrahl des HWK-Triebwerks halfen den unregelmäßigen Strahl der Startraketen auszugleichen. Die Steuerflächen wurden solange mit Wasser gekühlt, bis die Feststoffraketen abgebrannt waren. Im Laufe der Erprobung wurden unterschiedlich hohe Startlafetten verwendet. Nach anfänglichen 17 Metern kamen 12,5 und acht Meter hohe Starthilfen zum Einsatz. Für die Serie plante man eine Neun-Meter-Lafette.

Ab Januar 1945 liefen Untersuchungen im Windkanal der Deutschen Versuchsanstalt für Luftfahrt (DVL) in Berlin Adlershof mit einem Modell im Maßstab 1:2,5. Deren Auswertung gelangte jedoch nicht mehr vollständig in die Hände der Entwicklungsmannschaft um Bachem.

Erster bemannter Raketenstart der Welt

Inzwischen hatte das SS-Führungshauptamt die Leitung des Projekts übernommen und erteilte sogleich den Befehl, einen bemannten Start durchzuführen, um die Maschine so schnell wie möglich zum Einsatz bringen zu können. Wenngleich man bei Bachem noch weitere unbemannte Starts beabsichtigt hatte.

Am 1. März 1945 bestieg Lothar Sieber, der sich freiwillig gemeldet hatte, die PB 20 M 23. Nach geglücktem Start und anfänglich sauberem Steigflug flog die Kabinenhaube davon, die Maschine drehte sich mit etwa 20 bis 30 Grad auf den Rücken und verschwand in den Wolken. Bald darauf kam sie in senkrechtem Sturzflug wieder heraus und zerschellte am Boden. Lothar Sieber war tot. Offiziell wurde ein schadhaftes Scharnier der Kabinenhaube als Unfallursache angegeben.

Tatsächlich könnten es fehlerhaft befestigte Startraketen oder flatternde Steuerflächen im Abgasstrahl des HWK 109-509A gewesen sein. Als Sieber aussteigen wollte, wurde die komplette Haube samt Kopfstütze weggerissen und Siebers Kopf nach hinten geschleudert, wodurch er möglicherweise bewusstlos wurde oder gar einen Genickbruch erlitt. Manche Quellen sprechen sogar von einem Befehl, der Sieber dazu zwang, die Maschine nicht aufzugeben. Lothar Sieber gilt durch seinen wagemutigen Einsatz als der Pilot des ersten bemannten Raketenstarts.

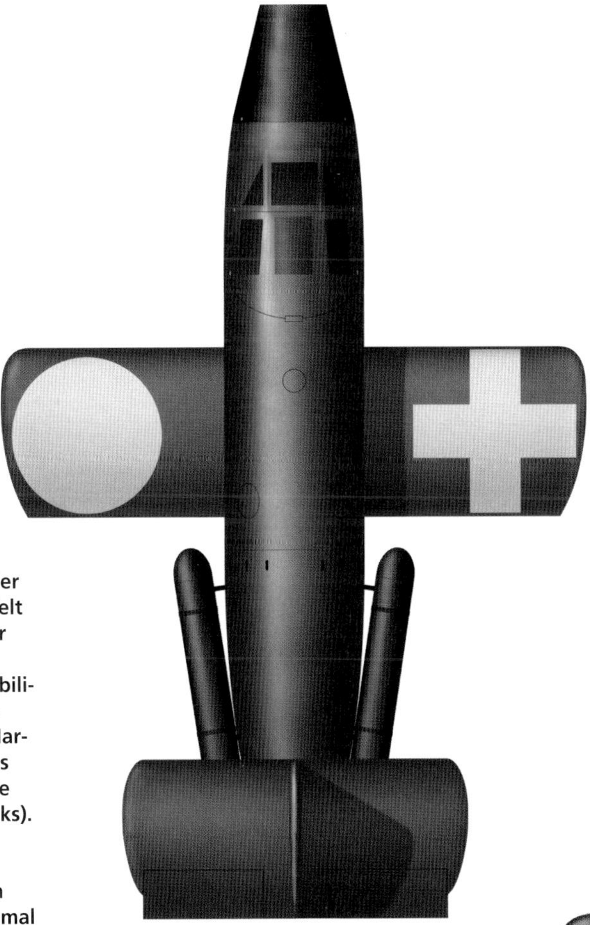

Bachem BP 20 A

Die Maschine ist hier in normaler Auslegung dargestellt. Sie erhielt für den Abschuss aber offenbar stark vergrößerte, abwerfbare Höhenleitwerksflächen zur Stabilitätsverbesserung. Die Flächenunterseiten trugen ebenfalls Markierungen zur Beobachtung des Flugverhaltens (siehe Foto Seite 90 oben rechts und 91 oben links).

Lackierung:
Vermutlich ein Grauton, jedoch spekulativ, RLM 02, wie manchmal dargestellt, jedoch unwahrscheinlich!

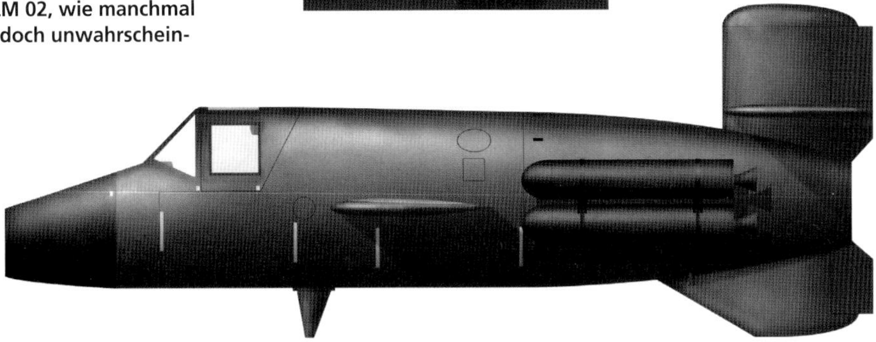

In St. Leonhard, Österreich, erbeuteten US-amerikanische Truppen vier Ba 349

Ba 349-Serien

Die meisten zur Erprobung benutzten BP 20 entsprachen der Ausführung Ba 349 A. Bei der B-Version erhöhte man die Spannweite auf vier Meter und vergrößerte außerdem die Flächentiefe. Der Rumpf fiel um 30 cm länger aus, die Tankkapazität wurde um 150 auf 750 kg erweitert.

Die C-Variante erhielt weiter nach hinten verlegte Tragflächen, die separat transportiert und in den Rumpf eingeschoben wurden. Aufgrund von Windkanaluntersuchungen setzte man das Höhenleitwerk nun auf das Seitenleitwerk. Aus einer geplanten Schul-Natter wurde nichts mehr: Ein zweimotoriges Kolbenmotor-Flugzeug sollte die Kabine einer Natter in ihren Bug aufnehmen, der Schüler hätte über ein Zwischengestänge das Flugzeug steuern können.

36 Ba 349 beziehungsweise BP 20 wurden gebaut, 22 davon zur Erprobung benutzt. Vier Maschinen fielen US-Truppen in die Hände, eine den Sowjets, der Rest wurde von den Deutschen vernichtet.

Im Deutschen Museum steht ein Replikat dieses Fluggeräts, das ein Stück Luftfahrtgeschichte geschrieben hat. ◀

Technische Daten Bachem Natter

Bachem	BP 20 A	BP 20 B
Einsatzzweck	einsitziger Abfangjäger	
Erstflug	1944	1944
Hauptantrieb	HWK 109-509 A-2	HWK 109-509 A-2
Schubleistung	150 – 1700 kp	150 – 1700 kp
Zusatzantrieb	2 x SG 34	4 x SG 34
Schubleistung	2 x 1200 kp (ges. 2400)	4 x 1200 kp (ges. 4800)
Spannweite	3,60 m	4,00 m
Flügeltiefe	1,00 m	1,20 m
Höhenleitwerks-spannweite	2,30 m	2,40 m
Länge	5,72 m	6,02 m
Höhe	2,20 m	2,23 m
Rumpfbreite	0,90 m	0,90 m
Flügelfläche	2,70 m²	3,70 m²
Leergewicht	800 kg	1095 kg
Gewicht Startraketen	230 kg	460 kg
Gewicht Treibstoff	600 kg (365 l T-Stoff und 165 l C-Stoff)	750 kg (400 l T-Stoff und 190 l C-Stoff)
Startgewicht	1630 – 2050 kg	2270 kg
Flächenbelastung voll/leer	453/222 kg/m²	568/233 kg/m²
Höchstgeschwindigkeit	1000 km/h	1000 km/h
Steiggeschwindigkeit	880 km/h	675 – 790 km/h
Steigwinkel nach Start	60°	60°
Startbeschleunigung in 0 m	21,50 m/sec²	19,50 m/sec²
Steigzeit	3000 m in 21 sec 6000 m in 36 sec 9000 m in 48 sec 12 000 m in 63 sec 15 000 m in 76 sec	3000 m in 22 sec 6000 m in 37 sec 9000 m in 52 sec 12 000 m in 67,5 sec 15 000 m in 84 sec
Zeit bis Startraketenabwurf	10 sec	10 sec
Höhe beim Startraketenabwurf	1180 m	1050 m
Reichweite bei 300 kp Schub bei 100 kp Schub	 45,50 km in 3000 m 64 km in 3000 m 70 km in 6000 m 64 km in 9000 m 55 km in 12000 m	 59,50 km in 3000 m 93,50 km in 3000 m 97,50 km in 6000 m 92 km in 9000 m 81 km in 12000 m
Kampfzeit bei 100 kp Schub	4,60 min in 3000 m 5,15 min in 6000 m 4,85 min in 9000 m 3,90 min in 12 000 m	7,40 min in 3000 m 7,80 min in 6000 m 7,45 min in 9000 m 6,75 min in 12 000 m
Gipfelhöhe	16 000 m	16 000 m
Bewaffnung	24 x RZ 73 oder 33 x R 4/M oder 49 x SG 119	24 x RZ 73 oder 2 x MK 108 mit je 30 Schuss

Ebenfalls erhältlich ...

ISBN 0978-3-7654-7009-7

Die Junkers Ju 52 verkörpert einen Meilenstein in der internationalen Luftfahrtgeschichte. Sie war ein Wegbereiter des heutigen modernen Flugzeugbaus. Helmut Erfurth präsentiert neu recherchiertes Archivmaterial, ergänzt mit aktuellen und historischen Fotografien. Es vermittelt die Entwicklung eines Flugzeugs, das Geschichte schrieb und noch in der Gegenwart weltweit als fliegende Legende fasziniert. – Überarbeitete und ergänzte Neuausgabe.

ISBN 978-3-86245-307-8

Die Jahre von 1933 bis 1945 waren eine Epoche der Pionierleistungen in der Luftfahrt: Innovationen im Flugzeugbau, Technikeuphorie, die ersten Transatlantik-Flüge. Der Aufstieg der Lufthansa, flugsportliche Erfolge, Messerschmitt Bf 109 und die immense militärische Aufrüstung. Differenzier t folgt dieser Band den Spuren einer prägenden Zeit für die deutsche Luftfahrt. Üppig bebildert mit authentischen Aufnahmen und zum günstigen Preis.

Diesen Anblick eines Fw-190-Replikats wird es so schnell nicht wieder geben: Denn die FW 190 A-8/N mit der Werknummer 990013 – hier im rasanten Vorbeiflug präsentiert – musste 2010 wegen eines Motoraussetzers im Mittelmeer notwassern.

Foto: Andreas Zeitler